工科类院校通用教材

数学物理方法简明教程

（第二版）

郭玉翠

人民交通出版社

内 容 提 要

本书是为高等工科院校各专业开设“数学物理方法”课程的本科生编写的教材,是在第一版的基础上修订而成的。修订后,增加了应用数学软件 Maple 辅助求解定解问题的内容,从而体现了特别强调理论完整和突出应用的特点。

本书可以作为高等工科学校各专业本科生的教材,也可以作为教学参考书或工程技术人员的参考资料。

图书在版编目(CIP)数据

数学物理方法简明教程 / 郭玉翠编. —2 版. —北京:人民交通出版社,2007.5
ISBN 978-7-114-06536-1

Ⅰ. 数… Ⅱ. 郭… Ⅲ. 数学物理方法-高等学校-教材
Ⅳ. 0411.1

中国版本图书馆 CIP 数据核字(2007)第 064164 号

高等工科院校通用教材

书　　名:数学物理方法简明教程(第二版)
著 作 者:郭玉翠
责任编辑:富砚博
出版发行:人民交通出版社
地　　址:(100011)北京市朝阳区安定门外外馆斜街 3 号
网　　址:http://www.ccpress.com.cn
销售电话:(010)85285838,85285995
总 经 销:北京中交盛世书刊有限公司
经　　销:各地新华书店
印　　刷:三河市吉祥印务有限公司
开　　本:787×1092　1/16
印　　张:14
字　　数:352 千
版　　次:2007 年 5 月　第 2 版
印　　次:2007 年 5 月　第 1 次印刷
书　　号:ISBN 978-7-114-06536-1
印　　数:0001-5000 册
定　　价:29.00 元

第二版前言

本书是北京邮电大学出版社出版的《数学物理方法简明教程》(第一版)的修订版,此次修订在保持原有内容和特色的基础上,主要做了如下改动:

(1)修改了原版中几处印刷错误。

(2)应读者的要求,增加了例题的数量。因为“数学物理方法”是一门综合性较强的课程,通过各个侧面、不同角度的例题,可以使读者更直接地了解数学物理方程和特殊函数理论以及应用的各个方面,起到加深理解和拓宽眼界的作用。

(3)增加了应用计算机软件 Maple 来辅助求解数学物理定解问题的内容。因为“数学物理方法”这门课程作为众多理工科学生的基础课之一,在后续课和完成学业后的科研工作中都有许多应用,需要学生清楚地理解其中的概念和娴熟地掌握解题方法并且了解结果的物理意义。但是由于课程本身的内容多而难,题目繁而杂,被公认为是一门难学的课程。主要体现在公式推导多,求解习题往往要计算复杂的积分或级数等。随着计算机的深入普及,功能强大的数学软件,如 Maple 等为复杂数学问题的求解提供了有力的工具,笔者近年来在科研和教学工作中对应用数学软件求解数学物理问题有了一些体会,现在尝试着将这些内容加到本次修订的教材中。目的是将较繁琐的数学运算,比如求解常微分方程,计算积分,求解复杂代数方程等借助于计算机完成,可使读者更专注于模型(数学物理方程)的建立、物理思想的形成和数学方法应用于物理过程的理论体系等。数学软件 Maple 的符号运算功能强大,它的最大好处是不用编程,可以直接进行符号运算,因此读者不用另外学习编程的知识,更不要求以能编程为学习基础,这会带来极大的方便。读者只要在计算机上装上 Maple 软件,直接输入命令即可,一节课的时间就可以学会使用了。

(4)在第 4 章和第 5 章末各增加了一节选学内容,为学有余力的读者更系统地了解特殊函数的某些知识之用。

本书适合工科各专业 34 ~ 54 学时的本科生使用。标有 * 的内容可以作为选讲内容。

本书的再版,得到人民交通出版社的大力支持,特别是得到了谢仁物编审和高静芳编辑的热情帮助,对此深表感谢。本书责任编辑富砚博编审的尽心与敬业,更使本书增色不少,在此对富编审表示诚挚的感谢。

由于作者水平有限,疏漏甚至错误还可能在书中出现,敬请读者师友不吝赐教。

编著者

2007 年 2 月

第一版前言

本书为高等工科院校通讯电子类本科学生学习数学物理方法这门课程而编写,参考高等工科院校数学教学大纲并结合编者在北京邮电大学讲授这门课程的经验和体会而完成。与同类教材相比,这本教材的特点是:

(1)根据电子通讯类专业的特点,在确保基本概念准确和理论体系完整的前提下,加强实际背景的阐述,突出数学物理方法作为数学应用于物理与工程科学的桥梁作用,以培养学生综合应用数学知识解决实际问题的能力。

(2)在讲法上,先从有实际背景的问题导出基本方程和定解条件,然后按照数学物理方程的各种解法逐步展开,以分离变量法为主,讨论了三类基本方程在直角坐标系、极坐标系、柱坐标系和球坐标系下的分离变量法的一般步骤及其边界条件的处理。"特殊函数"部分,将特殊函数方程的解法与特殊函数方程从求解数学物理定解问题中的引出分开来讲,突出层次,这样不但使学生易于接受,也便于学生进一步学习本书以外的其他特殊函数。因为无论是数学物理方程还是特殊函数,内容都是非常丰富的,作为一本工科院校的工程数学教材,不可能将如此丰富的所有知识都吸收进来。但我们尽量使本书起到引论的作用,为学生打开一扇门。像在实际应用中很重要的格林函数法一章也是分层次处理,讲清问题的基本概念,为深入学习与研究打下基础。

(3)为了适应现代物理学中大量求解偏微分方程的需要,在第 8 章中对非线性偏微分方程和积分方程作了初步介绍,体现了教材的现代化精神。

本书的编写与出版得到闵祥伟教授的热情鼓励与帮助,得到了北京邮电大学理学院及北京邮电大学出版社的大力支持,在此一并表示深深的感谢。

由于编者水平有限,书中一定存在不少缺点甚至错误,望读者不吝赐教。

编者

2002 年 12 月

目　录

第 1 章　数学物理定解问题——典型方程和定解条件的导出

这一章将介绍数学物理方程的基本概念，典型方程的推导，定解条件的给出，定解问题的提法以及线性偏微分方程的分类与化简。

所谓数学物理方程，是指从物理学、工程科学与技术科学的实际问题中导出的，反映物理量之间关系的偏微分方程和积分方程。本章主要介绍几个典型的二阶偏微分方程：波动方程、热传导方程、Laplace 方程、Poisson 方程和 Helmholtz 方程等。下面以实例说明。

1.1　典型方程的推导

1.1.1　波动方程

1. 均匀弦的微小横振动

设有一根均匀柔软的细弦，平衡时沿直线拉紧，而且除了受不随时间变化的张力及弦本身的重力外，不受其他外力的作用。下面研究弦做微小横振动的规律。所谓“横向”是指全部运动出现在一个平面内，而且弦上的点沿垂直于 x 轴的方向运动（如图 1.1.1 所示）。所谓“微小”是指运动的幅度及弦在任意位置处切线的倾角都很小，以致它们的高于一次方的项可以忽略不计。

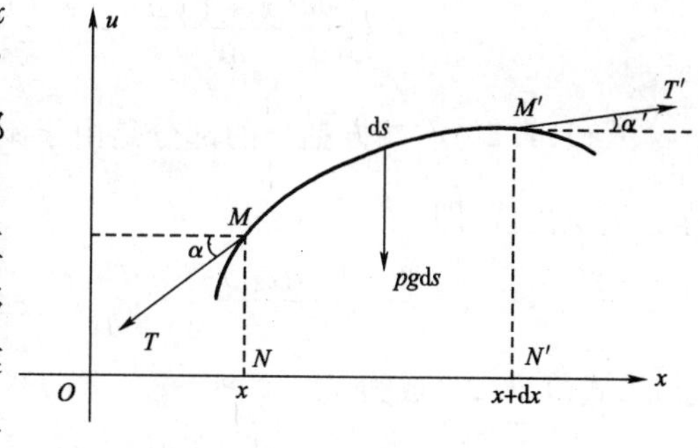

图　1.1.1

设弦上具有横坐标为 x 的点，在时刻 t 的位置为 M，位移 NM 记为 u，显然，在振动过程中位移 u 是变量 x 和 t 的函数，即 $u=u(x,t)$。现在来建立位移 u 满足的方程。采用微元法，我们把弦上点的运动先看成小弧段的运动，然后再考虑小弧段趋于零的极限情况。在弦上任取一弧段 $\widehat{MM'}$，其长为 $\mathrm{d}s$，设 ρ 是弦的线密度，弧段 $\widehat{MM'}$ 两端所受的张力依次记作 T,T'。由于假定弦是柔软的，所以在任意点处张力的方向总是沿着弦在该点的切线方向。现在考虑弧段 $\widehat{MM'}$ 在 t 时刻的受力和运动情况。根据 Newton 第二定律，作用于弧段上任一方向上力的总和等于这段弧的质量乘以该方向上的运动加速度。

在 x 方向弧段 $\widehat{MM'}$ 的受力总和为 $-T\cos\alpha+T'\cos\alpha'$，由于弦只作横向运动，所以

$$-T\cos\alpha+T'\cos\alpha'=0 \tag{1.1.1}$$

按照上述所做的弦作微小振动的假设，可知在振动过程中弦上 M 点与 M' 点处切线的倾角都很小，即 $\alpha\approx0,\alpha'\approx0$，从而由

$$\cos\alpha = 1 - \frac{\alpha^2}{2!} + \frac{\alpha^4}{4!} - \cdots$$

可知,当我们略去 α 和 α' 的所有高于一次方的各项时,就有

$$\cos\alpha \approx 1 \qquad \cos\alpha' \approx 1$$

代入到式(1.1.1),便可近似得到

$$T = T'$$

在 u 方向弧段 $\widehat{MM'}$ 的受力总和为 $-T\sin\alpha + T'\sin\alpha' - \rho g \mathrm{d}s$,其中 $-\rho g \mathrm{d}s$ 是弧段 $\widehat{MM'}$ 的重力。又因为当 $\alpha \approx 0, \alpha' \approx 0$ 时

$$\sin\alpha = \frac{\tan\alpha}{\sqrt{1 + \tan^2\alpha}} \approx \tan\alpha = \frac{\partial u(x,t)}{\partial x}$$

$$\sin\alpha' \approx \tan\alpha' = \frac{\partial u(x + \mathrm{d}x,t)}{\partial x}$$

$$\mathrm{d}s = \sqrt{1 + \left[\frac{\partial u(x,t)}{\partial x}\right]^2}\mathrm{d}x \approx \mathrm{d}x$$

设小弧段在时刻 t 沿 u 方向的加速度近似为 $\frac{\partial^2 u(x,t)}{\partial t^2}$,小弧段的质量为 $\rho \mathrm{d}s$,由 Newton 第二运动定律,有

$$-T\sin\alpha + T'\sin\alpha' - \rho g \mathrm{d}s = \rho \mathrm{d}s \frac{\partial^2 u(x,t)}{\partial t^2} \tag{1.1.2}$$

或

$$T\left[\frac{\partial u(x + \mathrm{d}x,t)}{\partial x} - \frac{\partial u(x,t)}{\partial x}\right] - \rho g \mathrm{d}x \approx \rho \frac{\partial^2 u(x,t)}{\partial t^2}\mathrm{d}x \tag{1.1.2$'$}$$

式(1.1.2′)右端方括号的部分是由于 x 产生 $\mathrm{d}x$ 的变化引起的 $\frac{\partial u(x,t)}{\partial x}$ 的改变量,可以用微分近似代替,即

$$\frac{\partial u(x + \mathrm{d}x,t)}{\partial x} - \frac{\partial u(x,t)}{\partial x} \approx \frac{\partial}{\partial x}\left[\frac{\partial u(x,t)}{\partial x}\right]\mathrm{d}x = \frac{\partial^2 u(x,t)}{\partial x^2}\mathrm{d}x$$

于是,式(1.1.2′)成为

$$\left[T\frac{\partial^2 u(x,t)}{\partial x^2} - \rho g\right]\mathrm{d}x \approx \rho \frac{\partial^2 u(x,t)}{\partial t^2}\mathrm{d}x$$

或

$$\frac{T}{\rho}\frac{\partial^2 u(x,t)}{\partial x^2} \approx \frac{\partial^2 u(x,t)}{\partial t^2} + g$$

一般说来,张力较大时弦振动的速度变化很快,即 $\frac{\partial^2 u(x,t)}{\partial t^2}$ 要比 g 大得多,所以又可以把 g 略去。这样,经过逐步略去一些次要的量,抓住主要的量,在 $u(x,t)$ 关于 x 和 t 都是二次连续可微的前提下,最后得出 $u(x,t)$ 应近似地满足方程

$$\frac{\partial^2 u(x,t)}{\partial t^2} = a^2 \frac{\partial^2 u(x,t)}{\partial x^2} \tag{1.1.3}$$

这里 $a^2 = T/\rho$。式(1.1.3)称为弦振动方程,也称一维波动方程。

如果在振动过程中,弦上还另受到一个与弦的振动方向平行的外力作用,且假定在时刻 t 弦上 x 点处的外力密度为 $F(x,t)$,显然式(1.1.1)和式(1.1.2)分别为

$$-T\cos\alpha + T'\cos\alpha' = 0$$

$$F\mathrm{d}s - T\sin\alpha + T'\sin\alpha' - \rho g\mathrm{d}s = \rho\mathrm{d}s\frac{\partial^2 u(x,t)}{\partial t^2}$$

重复上面的推导,可得有外力作用时弦的振动方程

$$\frac{\partial^2 u(x,t)}{\partial t^2} = a^2\frac{\partial^2 u(x,t)}{\partial x^2} + f(x,t) \tag{1.1.4}$$

其中 $f(x,t) = \frac{1}{\rho}F(x,t)$,表示 t 时刻单位质量的弦在 x 点所受的外力。式(1.1.4)称为弦的强迫振动方程。

方程(1.1.3)和(1.1.4)的差别在于方程(1.1.4)的右端多了一个与未知函数 u 无关的项 $f(x,t)$,这个项称为自由项。包括有非零自由项的方程称为非齐次方程。自由项恒等于零的方程称为齐次方程。方程(1.1.3)为一维齐次波动方程,方程(1.1.4)为一维非齐次波动方程。

2. 均匀弹性杆的微小纵振动

一根弹性杆,如果其中任意小段受外界影响发生纵振动,必然使杆上与它相邻的部分发生伸长或缩短,这段杆的伸长或缩短又使与它相邻的部分产生伸长或缩短,以此类推,杆上任意小段的纵振动必然传播到整根杆。这种振动的传播就是波。

现在推导杆的纵振动方程。设杆的弹性模量(杆伸长单位长度所需要的力)为 E,质量密度为 ρ,作用于杆上的外力密度为 $F(x,t)$。

取 x 轴沿杆的轴线方向,以 $u(x,t)$ 表示 x 点、t 时刻的纵向位移。使用微元法,考虑杆上的一小段 $[x,x+\Delta x]$ 的运动情况。以 $\sigma(x,t)$ 记杆上 x 点、t 时刻的应力(杆在伸缩过程中各点相互之间单位截面上的作用力),其方向沿 x 轴,现在求杆上 x 点、t 时刻的应变(相对伸长)。如图 1.1.2所示,$A'B'$表示 AB 段(平衡位置)在 t 时刻所处的位置,则 AB 段的相对伸长是

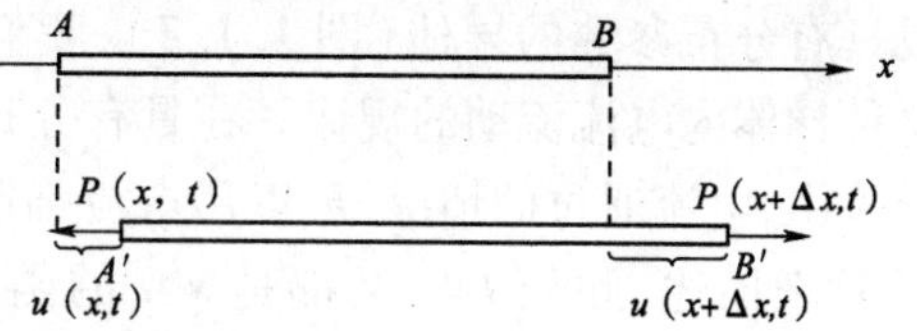

图 1.1.2　弹性杆的微小纵振动

$$\frac{\overline{A'B'} - \overline{AB}}{\overline{AB}} = \frac{u(x+\Delta x,t) - u(x,t)}{\Delta x} \tag{1.1.5}$$

而 x 点的应变则是

$$\lim_{\Delta x\to 0}\frac{u(x+\Delta x,t) - u(x,t)}{\Delta x} = \frac{\partial u(x,t)}{\partial x}$$

由于振动是微小的(不超过杆的弹性限度),由 Hooke 定律有

$$\sigma(x,t) = E\frac{\partial u(x,t)}{\partial x} \tag{1.1.6}$$

设杆的横截面为 S(设为常数),则由 Newton 第二定律,$[x,x+\Delta x]$段的运动方程是

$$\rho S\Delta x\frac{\partial^2 u(\xi,t)}{\partial^2 t}\bigg|_{\xi=x+\theta_1\Delta x} = \sigma(x+\Delta x,t)S - \sigma(x,t)S + F(x+\theta_2\Delta x,t)S\Delta x$$

$$= ES\frac{\partial u(\xi,t)}{\partial \xi}\bigg|_{\xi=x+\Delta x} - ES\frac{\partial u(\xi,t)}{\partial \xi}\bigg|_{\xi=x} + F(x+\theta_2\Delta x,t)S\Delta x$$

$$\approx ES\frac{\partial^2 u(\xi,t)}{\partial \xi^2}\bigg|_{\xi=x}\Delta x + F(x+\theta_2\Delta x,t)S\Delta x \tag{1.1.7}$$

其中常数 θ_1、θ_2 满足 $0\leqslant\theta_i\leqslant 1\quad(i=1,2)$,并利用了 Hooke 定律式,而且将函数$\frac{\partial u(\xi,t)}{\partial \xi}\Big|_{\xi=x+\Delta x}$在 $\xi=x$ 处展开为泰勒级数并取了前两项。以 $S\Delta x$ 除上式的两端后,令 $\Delta x\to 0$ 取极限,得到

$$\rho u_{tt}(x,t) = Eu_{xx}(x,t) + F(x,t) \tag{1.1.8}$$

记

$$a = \sqrt{\frac{E}{\rho}},\quad f(x,t) = \frac{F(x,t)}{\rho}$$

则方程最后变为

$$u_{tt}(x,t) = a^2 u_{xx}(x,t) + f(x,t)$$

这就是杆的纵振动方程,也是一维波动方程。由以上两个例子可见,不同物理过程中的规律,可以用同一个数学物理方程来表示,并且这种性质不只是存在于以上两个例子之间,在以下的推导中,我们还可以看到这种现象。正因为如此,才有可能用一种物理现象去模拟另一种物理现象。

3. 传输线方程

对于直流电或低频的交流电,电路的 Kirchhoff 定律指出同一支路中电流相等。但对于较高频率的电流(指频率未高到能显著地辐射电磁波的状况),电路中导线的自感和电容效应不可忽略,因而同一支路中电流可能不再相等。

现在考虑一来一往的高频传输线,将它抽象成具有分布参数的导体(图 1.1.3),我们来研究这种导体内电流流动的规律。在具有分布参数的导体中,电流通过的情况,可以用电流强度 I 与电压 V 来描述,此处 I 与 V 都是 x、t 的函数,记作 $I(x,t)$ 与 $V(x,t)$。以 R、L、C、G 分别表示下列参数:

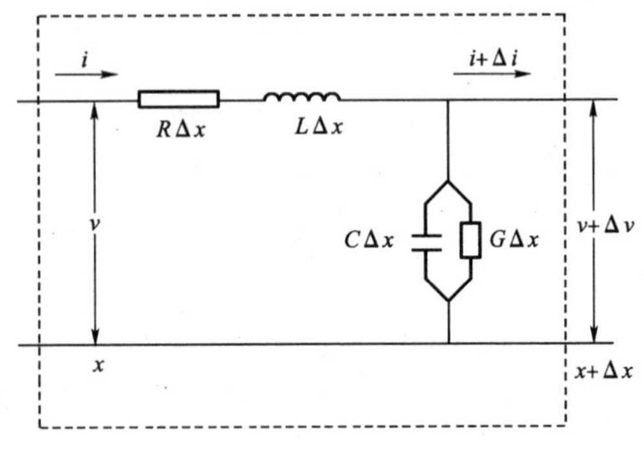

图 1.1.3

R——每一回路单位的串联电阻;

L——每一回路单位的串联电感;

C——每单位长度的分路电容;

G——每单位长度的分路电导。

采用微元法,根据 Kirchhoff 第二定律,在长度为 Δx 的传输线中,电压降应该等于电动势之和,即

$$V - (V+\Delta V) = R\Delta x\cdot I + L\Delta x\cdot\frac{\partial I}{\partial t}$$

两边除以 Δx,并且令 $\Delta x\to 0$ 取极限,得

$$\frac{\partial V}{\partial x} = -RI - L\frac{\partial I}{\partial t} \tag{1.1.9}$$

另外,由 Kirchhoff 第一定律,流入节点 x 的电流应该等于流出该节点的电流,即

$$I = (I + \Delta I) + C\Delta x \cdot \frac{\partial V}{\partial t} + G\Delta x \cdot (V + \Delta V)$$

同样,等式两边除以 Δx,并且令 $\Delta x \to 0$ 取极限,并注意 $\Delta x \cdot \Delta V$ 是高阶无穷小,忽略不计,得

$$\frac{\partial I}{\partial x} = -C\frac{\partial V}{\partial t} - GV \tag{1.1.10}$$

将方程(1.1.9)与方程(1.1.10)合并,即得 I、V 应满足如下方程组

$$\begin{cases} \dfrac{\partial I}{\partial x} + C\dfrac{\partial V}{\partial t} + GV = 0 \\ \dfrac{\partial V}{\partial x} + L\dfrac{\partial I}{\partial t} + RI = 0 \end{cases}$$

从这个方程组消去 V(或 I),即可得到 I(或 V)所满足的方程。例如,为了消去 V,我们将方程(1.1.10)对 x 微分(假定 V 与 I 对 x、t 都是二次连续可微的),同时在方程(1.1.9)两端乘以 C 后再对 t 微分,并把两个结果相减,即得

$$\frac{\partial^2 I}{\partial x^2} + G\frac{\partial V}{\partial x} - LC\frac{\partial^2 I}{\partial t^2} - RC\frac{\partial I}{\partial t} = 0$$

将方程(1.1.9)中的$\frac{\partial V}{\partial x}$代入上式,得

$$\frac{\partial^2 I}{\partial x^2} = LC\frac{\partial^2 I}{\partial t^2} + (RC + GL)\frac{\partial I}{\partial t} + GRI \tag{1.1.11}$$

这就是电流 I 满足的微分方程。采用类似的方法从方程(1.1.9)与方程(1.1.10)中消去 I 可得电压 V 满足的方程

$$\frac{\partial^2 V}{\partial x^2} = LC\frac{\partial^2 V}{\partial t^2} + (RC + GL)\frac{\partial V}{\partial t} + GRV \tag{1.1.12}$$

方程(1.1.11)或方程(1.1.12)称为传输线方程。

根据不同的具体情况,对参数 R、L、C、G 作不同的假定,就可以得到传输线方程的各种特殊形式。例如,在高频传输的情况下,电导与电阻所产生的效应可以忽略不计,也就是说可令 $G = R = 0$,此时方程(1.1.11)与方程(1.1.12)可以分别简化为

$$\frac{\partial^2 I}{\partial t^2} = \frac{1}{LC}\frac{\partial^2 I}{\partial x^2}$$

$$\frac{\partial^2 V}{\partial t^2} = \frac{1}{LC}\frac{\partial^2 V}{\partial x^2}$$

这两个方程称为高频传输线方程。

若令 $a^2 = \frac{1}{LC}$,这两个方程与方程(1.1.3)完全相同。从而再一次表明,同一个方程可以用来描述不同的物理现象。

一维波动方程只是波动方程中最简单的情况,在流体力学、声学及电磁场理论中,还要研究高维的波动方程。

4. 电磁场方程

从物理学我们知道,电磁场的特性可以用电场强度 $\boldsymbol{E}$ 与磁场强度 $\boldsymbol{H}$ 以及电感应强度 $\boldsymbol{D}$

与磁感应强度 $\boldsymbol{B}$ 来描述。联系这些量的 Maxwell 方程组为

$$\mathrm{rot}\boldsymbol{H}=\boldsymbol{J}+\frac{\partial \boldsymbol{D}}{\partial t} \tag{1.1.13}$$

$$\mathrm{rot}\boldsymbol{E}=-\frac{\partial \boldsymbol{B}}{\partial t} \tag{1.1.14}$$

$$\mathrm{div}\boldsymbol{B}=0 \tag{1.1.15}$$

$$\mathrm{div}\boldsymbol{D}=\rho \tag{1.1.16}$$

式中 $\boldsymbol{J}$ 为传导电流的面密度;ρ 为电荷的体密度。

这组方程还必须与下述场的物质方程

$$\boldsymbol{D}=\varepsilon\boldsymbol{E} \tag{1.1.17}$$

$$\boldsymbol{B}=\mu\boldsymbol{H} \tag{1.1.18}$$

$$\boldsymbol{J}=\sigma\boldsymbol{E} \tag{1.1.19}$$

相联立,其中 ε 是介质的介电常数,μ 是导磁率,σ 为导电率。我们假定介质是均匀而且是各向同性的,此时 ε、μ、σ 均为常数。

方程(1.1.13)与方程(1.1.14)都同时包含有 $\boldsymbol{E}$ 与 $\boldsymbol{H}$, 从中消去一个变量,就可以得到关于另一个变量的微分方程。例如先消去 $\boldsymbol{H}$,在方程(1.1.13)两端求旋度(假定 $\boldsymbol{H}$、$\boldsymbol{E}$ 都是二次连续可微的)并利用方程(1.1.17)与方程(1.1.19)得

$$\mathrm{rotrot}\boldsymbol{H}=\varepsilon\frac{\partial}{\partial t}\mathrm{rot}\boldsymbol{E}+\sigma\mathrm{rot}\boldsymbol{E}$$

将方程(1.1.14)与方程(1.1.18)代入上式得

$$\mathrm{rotrot}\boldsymbol{H}=-\varepsilon\mu\frac{\partial^2\boldsymbol{H}}{\partial t^2}-\sigma\mu\frac{\partial\boldsymbol{H}}{\partial t}$$

由公式 $\mathrm{rotrot}\boldsymbol{H}=\mathrm{graddiv}\boldsymbol{H}-\nabla^2\boldsymbol{H}$, 及 $\mathrm{div}\boldsymbol{H}=\frac{1}{\mu}\mathrm{div}\boldsymbol{B}=0$, 代入上式后得到 $\boldsymbol{H}$ 所满足的方程

$$\nabla^2\boldsymbol{H}=\varepsilon\mu\frac{\partial^2\boldsymbol{H}}{\partial t^2}+\sigma\mu\frac{\partial\boldsymbol{H}}{\partial t}$$

这里 ∇^2 称为 Laplace 算子或 Laplace 算符。在三维直角坐标系中, $\nabla^2=\frac{\partial^2}{\partial x^2}+\frac{\partial^2}{\partial y^2}+\frac{\partial^2}{\partial z^2}$, 在二维直角坐标系中 $\nabla^2=\frac{\partial^2}{\partial x^2}+\frac{\partial^2}{\partial y^2}$。

同理,从方程(1.1.13)与方程(1.1.14)中消去 $\boldsymbol{H}$,即得到 $\boldsymbol{E}$ 所满足的方程

$$\nabla^2\boldsymbol{E}=\varepsilon\mu\frac{\partial^2\boldsymbol{E}}{\partial t^2}+\sigma\mu\frac{\partial\boldsymbol{E}}{\partial t}$$

如果介质不导电($\sigma=0$),则上面两个方程简化为

$$\frac{\partial^2\boldsymbol{H}}{\partial t^2}=\frac{1}{\varepsilon\mu}\nabla^2\boldsymbol{H} \tag{1.1.20}$$

$$\frac{\partial^2\boldsymbol{E}}{\partial t^2}=\frac{1}{\varepsilon\mu}\nabla^2\boldsymbol{E} \tag{1.1.21}$$

方程(1.1.20)与方程(1.1.21)称为(矢量形式的)三维波动方程。

若取 $\boldsymbol{E}$ 或 $\boldsymbol{H}$ 的任一分量为 u,则可将上述三维波动方程以标量函数的形式表示出来,即

$$\frac{\partial^2 u}{\partial t^2} = a^2 \nabla^2 u = a^2\left(\frac{\partial^2 u}{\partial x^2} + \frac{\partial^2 u}{\partial y^2} + \frac{\partial^2 u}{\partial z^2}\right) \tag{1.1.22}$$

其中 $a^2 = \frac{1}{\varepsilon\mu}$，$u$ 是 $\boldsymbol{E}$(或 $\boldsymbol{H}$)的任意一个分量。方程(1.1.22)是标量形式的三维波动方程。

1.1.2　热传导方程和扩散方程

1. 热传导方程

常识告诉我们，热量具有从温度高的地方向温度低的地方流动的性质，即一块热的物体，如果体内每一点的温度不全一样，则在温度较高点处的热量就要向温度较低点处流动，这种现象就是热传导。由于热量的传导过程总是表现为温度随时间和点的位置的变化，所以，解决热传导问题都要归结为求物体内温度的分布。现在我们来推导均匀且各向同性的导热体在传热过程中温度所满足的微分方程。与上例类似，我们不是先讨论一点处的温度，而是先考虑一个区域的温度。为此，采用微元法，在物体中任取一个闭曲面 S，它所包围的区域记作 V(图 1.1.4)。假设在时刻 t、区域 V 内点 $M(x,y,z)$ 处的温度为 $u(x,y,z,t)$，$\boldsymbol{n}$ 为曲面元素 ΔS 的法向(从 V 内指向 V 外)。

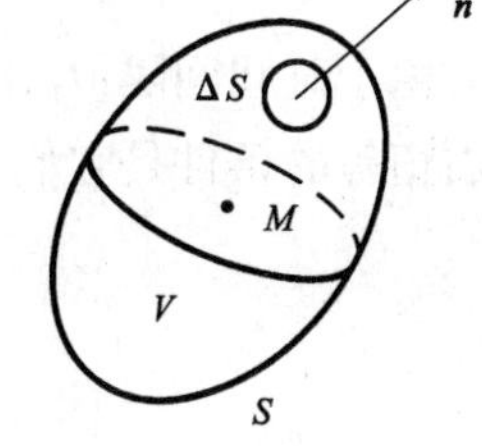

图　1.1.4

由传热学中的 Fourier 实验定律可知，物体在无穷小时间段 dt 内，流过一个无穷小面积 dS 的热量 dQ 与时间 dt、曲面面积 dS 以及物体温度 u 沿曲面 dS 的法线方向的方向导数$\frac{\partial u}{\partial n}$三者成正比，即

$$\mathrm{d}Q = -k\frac{\partial u}{\partial n}\mathrm{d}S\mathrm{d}t = -k(\mathrm{grad}u)_n\mathrm{d}S\mathrm{d}t = -k\mathrm{grad}u\cdot\mathrm{d}\boldsymbol{S}\mathrm{d}t$$

其中 $k=k(x,y,z)$ 称为物体的热传导系数。当物体为均匀且各向同性的导热体时，k 为常数。负号是由于热量的流向和温度梯度的正向，即 grad$u$ 的方向相反而产生的。这就是说$\frac{\partial u}{\partial n} = \mathrm{grad}u\cdot\boldsymbol{n} > (<) 0$ 时，物体的温度沿 $\boldsymbol{n}$ 的方向增加(减小)，而热流方向却与此相反，故沿 $\boldsymbol{n}$ 的方向通过曲面的热量应该是负(正)的。

利用上面的关系，从时刻 t_1 到时刻 t_2，通过曲面 S 流入区域 V 的全部热量为

$$Q_1 = \int_{t_1}^{t_2}\left[\iint_S k\mathrm{grad}u\cdot\mathrm{d}\boldsymbol{S}\right]\mathrm{d}t$$

流入的热量使 V 内温度发生了变化，在时间间隔$[t_1,t_2]$内区域 V 内各点温度从 $u(x,y,z,t_1)$变化到 $u(x,y,z,t_2)$，则在$[t_1,t_2]$时间间隔内，体积 V 内温度升高所需要的热量为

$$Q_2 = \iiint_V c\rho[u(x,y,z,t_1) - u(x,y,z,t_2)]\mathrm{d}V$$

其中，c 为物体的比热(即单位质量的物体升高单位温度所需要的热量)，ρ 为物体的密度。对各向同性的物体来说，它们都是常数。

由于热量守恒，流入的热量应等于物体温度升高所需吸收的热量，即

$$\int_{t_1}^{t_2}\left[\iint_S k\mathrm{grad}u\cdot\mathrm{d}\boldsymbol{S}\right]\mathrm{d}t = \iiint_V c\rho[u(x,y,z,t_1) - u(x,y,z,t_2)]\mathrm{d}V$$

此式左端的曲面积分中 S 是闭曲面。假设函数 u 关于 x,y,z 具有二阶连续偏导数,关于 t 具有一阶连续偏导数,可以利用 Gauss 公式将它化为三重积分,即

$$\iint_S k\,\mathrm{grad}u \cdot \mathrm{d}\boldsymbol{S} = \iiint_V k\,\mathrm{div}(\mathrm{grad}u)\,\mathrm{d}V = \iiint_V k\,\nabla^2 u\,\mathrm{d}V$$

同时,右端的体积分可以写成

$$\iiint_V c\rho\left(\int_{t_1}^{t_2}\frac{\partial u}{\partial t}\mathrm{d}t\right)\mathrm{d}V = \int_{t_1}^{t_2}\left(\iiint_V c\rho\frac{\partial u}{\partial t}\mathrm{d}V\right)\mathrm{d}t$$

因此有

$$\int_{t_1}^{t_2}\left(\iiint_V k\ \nabla^2 u\,\mathrm{d}V\right)\mathrm{d}t = \int_{t_1}^{t_2}\left(\iiint_V c\rho\frac{\partial u}{\partial t}\mathrm{d}V\right)\mathrm{d}t \tag{1.1.23}$$

由于时间间隔$[t_1,t_2]$及区域 V 都是任意取的,并且被积函数是连续的,所以式(1.1.23)左右恒等的条件是它们的被积函数恒等,即

$$\frac{\partial u}{\partial t} = a^2\nabla^2 u = a^2\left(\frac{\partial^2 u}{\partial x^2}+\frac{\partial^2 u}{\partial y^2}+\frac{\partial^2 u}{\partial z^2}\right) \tag{1.1.24}$$

其中 $a^2=\dfrac{k}{c\rho}$。方程(1.1.24)称为三维热传导方程。

若物体内有热源,其强度为 $F(x,y,z,t)$,则相应的热传导方程为

$$\frac{\partial u}{\partial t} = a^2\left(\frac{\partial^2 u}{\partial x^2}+\frac{\partial^2 u}{\partial y^2}+\frac{\partial^2 u}{\partial z^2}\right)+f(x,y,z,t) \tag{1.1.25}$$

其中 $f=\dfrac{F}{c\rho}$。

作为特例,如果所考虑的物体是一根细杆(或一块薄板),或者即使不是细杆(或薄板),而其中的温度 u 只与 x、t(或 x,y,t)有关,则方程(1.1.24)就变成一维热传导方程

$$\frac{\partial u}{\partial t} = a^2\frac{\partial^2 u}{\partial x^2} \tag{1.1.26}$$

或二维热传导方程

$$\frac{\partial u}{\partial t} = a^2\left(\frac{\partial^2 u}{\partial x^2}+\frac{\partial^2 u}{\partial y^2}\right) \tag{1.1.27}$$

2. 扩散方程

物质因空间浓度不均匀而从浓度高的地方向浓度低的地方运动，这种现象称为扩散。选择物质的浓度 $u(x,\ y,\ z,\ t)$作为描写扩散现象的特征物理量，浓度的不均匀性用浓度的梯度 $\mathrm{grad}u$ 来表征。扩散现象的强弱用扩散流强度 $\boldsymbol{q}$（单位时间通过单位截面的物质流量）来描述。扩散满足如下规律：浓度的不均匀程度和由此引起的扩散现象的强弱之间的关系为

$$\boldsymbol{q} = -k\,\mathrm{grad}u \tag{1.1.28}$$

或写成分量形式

$$
\begin{aligned}
q_1 &= -k\frac{\partial u}{\partial x} = -ku_x \\
q_2 &= -k\frac{\partial u}{\partial y} = -ku_y \qquad (1.1.28') \\
q_3 &= -k\frac{\partial u}{\partial z} = -ku_z
\end{aligned}
$$

其中 q_1、q_2 和 q_3 分别表示 $\boldsymbol{q}$ 沿 x、y 和 z 方向的分量。k 是扩散系数,不同的物质扩散系数不同。负号表示扩散转移的方向(浓度减少的方向)与浓度梯度(浓度增大的方向)相反。

现在应用扩散规律方程(1.1.28)或方程(1.1.28′)来研究浓度在空间中的分布和在时间中的变化。在空间中任取一个微小六面体,位于 x 和 $x+\mathrm{d}x$, y 和 $y+\mathrm{d}y$,以及 $z+\mathrm{d}z$ 之间,如图 1.1.5 所示,这个平行六面体内浓度的变化取决于扩散流强度 $\boldsymbol{q}$ 是向它汇聚或从它发散,也就是取决于穿过它的表面的流量。

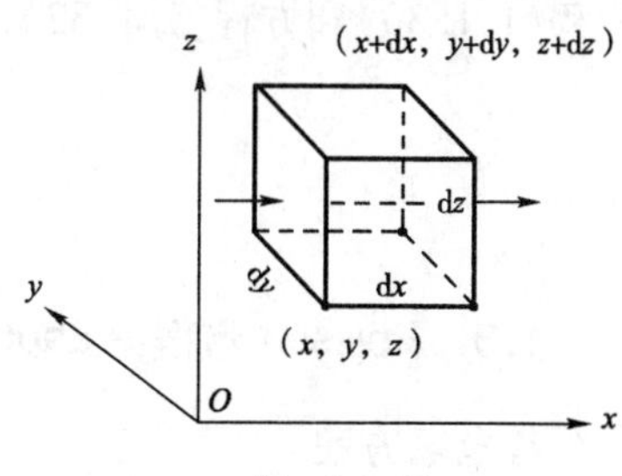

图　1.1.5

现在假设扩散只沿 x 方向进行,扩散流并不穿过前后和上下四面,而只穿过左右两面。设 $q_1|_x\mathrm{d}y\mathrm{d}z$ 从左面流入,$q_1|_{x+\mathrm{d}x}\mathrm{d}y\mathrm{d}z$ 从右面流出,因此通过左右两面的净流量是

$$Q_1 = -(q_1|_{x+\mathrm{d}x} - q_1|_x)\mathrm{d}y\mathrm{d}z = -\frac{\partial q_1}{\partial x}\mathrm{d}x\mathrm{d}y\mathrm{d}z$$

将扩散规律方程(1.1.28′)的第一式代入,得

$$Q_1 = \frac{\partial}{\partial x}(ku_x)\mathrm{d}x\mathrm{d}y\mathrm{d}z$$

如果小六面体中没有源和汇(即这种物质的原子或分子既不从其他物质转化出来也不转化成其他物质),则浓度对时间的变化率为

$$\frac{\partial u}{\partial t} = \frac{Q_1(\text{净流量})}{\mathrm{d}x\mathrm{d}y\mathrm{d}z} = \frac{\partial(ku_x)}{\partial x} \qquad (1.1.29)$$

这就是一维扩散方程。如果扩散系数在空间中是均匀的,则扩散方程(1.1.29)简化成为 $u_t = ku_{xx}$。如果引入记号 $a^2=k$,则一维扩散方程就成为

$$u_t = a^2u_{xx} \qquad (1.1.30)$$

这和一维热传导方程(1.1.26)是一样的。

如果考虑空间 x、y、z 三个方向都有扩散发生,如同计算通过左右两面的流量一样,计算通过前后和上下四面的流量,而通过小六面体的总流量是通过六个面的流量之和,则方程(1.1.30)成为三维扩散方程

$$u_t - \left[\frac{\partial(ku_y)}{\partial x} + \frac{\partial(ku_y)}{\partial y} + \frac{\partial(ku_z)}{\partial z}\right] = 0 \qquad (1.1.31)$$

如果扩散系数在空间是均匀的,则方程(1.1.31)变为

$$
\begin{aligned}
&u_t - a^2(u_{xx}+u_{yy}+u_{zz}) = 0 \\
&\text{即}\ u_t - a^2\nabla^2 u = 0 \qquad (1.1.32)
\end{aligned}
$$

这个方程与三维热传导方程(1.1.24)是一样的。

在这里我们简单介绍一下源和汇的问题。假设所研究的物质具有放射性,退变的半衰期

是β,则单纯由退变所导致的浓度的时间变化率为 $-\frac{\ln 2}{\beta}u$,这样一维和三维的扩散方程(1.1.30)和方程(1.1.32)应分别修改为

$$u_t - a^2 u_{xx} + \frac{\ln 2}{\beta}u = 0$$

和

$$u_t - a^2 \nabla^2 u + \frac{\ln 2}{\beta}u = 0$$

又如所研究的物质由于链式反应而增值,浓度的增值时间变化率为 $b^2 u$,这样一维和三维的扩散方程(1.1.30)和方程(1.1.32)应分别修改为

$$u_t - a^2 u_{xx} - b^2 u = 0$$

和

$$u_t - a^2 \nabla^2 u - b^2 u = 0$$

1.1.3 Poisson 方程和 Laplace 方程

1. 静电场方程

现在从方程(1.1.16)与方程(1.1.17)推导出静电场的电位所满足的微分方程。将方程(1.1.17)代入方程(1.1.16),得

$$\mathrm{div}\boldsymbol{D} = \mathrm{div}(\varepsilon \boldsymbol{E}) = \varepsilon \mathrm{div}\boldsymbol{E} = \rho$$

而电场强度 $\boldsymbol{E}$ 与电位 u 之间存在关系

$$\boldsymbol{E} = -\mathrm{grad}u$$

于是有

$$\mathrm{div}(\mathrm{grad}u) = -\frac{\rho}{\varepsilon}$$

而 $\mathrm{div}(\mathrm{grad}u) = \nabla^2 u$,于是静电场的电位满足

$$\nabla^2 u = -\frac{\rho}{\varepsilon} \tag{1.1.33}$$

这个非齐次方程叫做 Poisson 方程。

如果静电场是无源的,即 $\rho = 0$,则方程(1.1.33)变成

$$\nabla^2 u = 0 \tag{1.1.34}$$

这个方程叫做 Laplace 方程,即无源静电场的电势满足 Laplace 方程。

2. 稳定温度场方程

在热传导问题中,如果物体内部不存在热源,物体周围的环境温度不随时间变化,则经过相当长时间以后,物体内各点处的温度将不随时间变化,趋于稳定状态,这时 $u_t = 0$,热传导方程(1.1.24)变成 Laplace 方程

$$\nabla^2 u = 0$$

既稳定温度场也满足 Laplace 方程。

1.1.4 Helmholtz 方程

下面的方程

$$\nabla^2 u + \lambda u = 0$$

称为 Helmholtz 方程。以后在讨论用分离变量法求解波动方程、热传导方程时就会用到这个方程。量子力学中的定态 Schrödinger 方程是典型的 Helmholtz 方程

$$-\frac{h^2}{2m}\nabla^2\varphi(x,y,z) + V(x,y,z)\varphi(x,y,z) = E\varphi(x,y,z) \tag{1.1.35}$$

其中 $V(x,y,z)$是粒子势能,$\varphi(x,y,z)$是描述微观粒子运动状态的所谓波函数。如果采用习惯的记号 $u(x,y,z)$来代替 $\varphi(x,y,z)$,并加以整理,式(1.1.30)就成为 Helmholtz 方程的形式

$$\nabla^2 u + \lambda u = 0 \tag{1.1.36}$$

其中 $\lambda = \frac{2m}{h^2}(E-V)$。

显然,当系数 $\lambda=0$ 时,Helmholtz 方程(1.1.36)就退化为 Laplace 方程。

应当指出,很多重要的物理、力学学科的基本方程都是偏微分方程,由于篇幅和传统学科划分的限制,我们这里只讨论最基本的偏微分方程:波动方程、热传导方程(或称扩散方程)和 Laplace 方程等。它们中都含有 Laplace 算符 ∇^2,在前面我们已经给出了它在直角坐标系中的表达式,而在研究具有圆形、圆柱形或球形边界的物理系统时,采用正交曲线坐标系(如平面极坐标系,空间柱坐标系和球坐标系等)比较合适,这就需要将方程在这类坐标系中写出来,下面列出 Laplace 算符 ∇^2在平面极坐标系、空间柱坐标系和球坐标系中的表达式。

在平面极坐标系(ρ,φ)中,$u=u(\rho,\varphi)$或 $u=u(\rho,\varphi,t)$

$$\nabla^2 u = \frac{\partial^2 u}{\partial\rho^2} + \frac{1}{\rho}\frac{\partial u}{\partial\rho} + \frac{1}{\rho^2}\frac{\partial^2 u}{\partial\varphi^2} \tag{1.1.37}$$

在柱坐标系(ρ,φ,z)中,$u=u(\rho,\varphi,z)$或 $u=u(\rho,\varphi,z,t)$

$$\nabla^2 u = \frac{\partial^2 u}{\partial\rho^2} + \frac{1}{\rho}\frac{\partial u}{\partial\rho} + \frac{1}{\rho^2}\frac{\partial^2 u}{\partial\varphi^2} + \frac{\partial^2 u}{\partial z^2} \tag{1.1.38}$$

而在球坐标系(r,θ,φ)中,$u=u(r,\theta,\varphi)$或 $u=u(r,\theta,\varphi,t)$

$$\nabla^2 u = \frac{1}{r^2}\frac{\partial}{\partial r}\left(r^2\frac{\partial u}{\partial r}\right) + \frac{1}{r^2\sin\theta}\frac{\partial}{\partial\theta}\left(\sin\theta\frac{\partial u}{\partial\theta}\right) + \frac{1}{r^2\sin^2\theta}\frac{\partial^2 u}{\partial\varphi^2} \tag{1.1.39}$$

这些公式的推导见附录 A。

1.2 定解条件

上一节所讨论的是如何将一个具体物理问题所遵从的规律用数学式子表达出来,即得到了该物理现象所应满足的泛定方程。除此之外,还需要把这个问题所满足的特定条件也用数学式子表达出来,这是因为任何一个具体的物理过程都是处在特定条件之下的。比如上节导出的弦振动方程是一切柔软均匀细弦作微小横向振动的共同规律。但我们知道,一个具体的弦振动在某一时刻的运动状态一定与此时刻之前某个时刻的状态以及对弦两端的约束有关。因此,研究弦的具体运动,除了列出方程外,还必须给出其所处的特定条件。其他物理现象也如此。

各个具体问题所处的特定条件,即研究对象所处的特定"环境"和"历史",定义为数学物理问题的边界条件和初始条件。

1.2.1 初始条件

对于随着时间变化的问题,必须考虑研究对象特定的“历史”,就是说追溯到运动开始时刻的所谓“初始”时刻的状态,即初始条件。

对于热传导问题,初始状态指的是物理量 u 的初始分布(初始温度分布等),因此初始条件是

$$u(x,y,z,t)\big|_{t=0} = \varphi(x,y,z) \tag{1.2.1}$$

其中 $\varphi(x,y,z)$ 为已知函数。

对于振动过程(弦、膜、较高频率交变电流沿传输线传播、电磁波等),只给出初始“位移”式(1.2.1)是不够的,还需给出初始“速度”

$$u_t(x,y,z,t)\big|_{t=0} = \psi(x,y,z) \tag{1.2.2}$$

其中 $\psi(x,y,z)$ 也为已知函数。

从数学角度看,就时间 t 这个自变量而言,热传导过程的泛定方程中只出现 t 的一阶导数 $\frac{\partial u}{\partial t}$,是一阶微分方程,所以只需一个初始条件式(1.2.1);振动过程的泛定方程则出现二阶导数 u_{tt},是二阶微分方程,所以需要两个初始条件式(1.2.1)和式(1.2.2)。

在周期性外源引起的传导或周期性外力作用下的振动问题中,经过很多周期后,初始条件引起的自由传导或自由振动衰减到可以认为已经消失,这时的传导或振动可以认为完全是由周期性外源或外力引起的。处理这类问题时,完全可以忽略初始条件的影响。这类问题叫做无初始条件的问题。

另外,稳定场问题(静电场、静磁场及稳定温度分布等)与时间无关,不存在初始条件。

1.2.2 边界条件

物理量在它所占“范围”即区域的边界上的分布总比内部的分布直观得多,因为边界上的“情况”总可以通过观察、测量甚至规定得出。通过边界上的条件来探索物理量在区域内部的分布,实际上是解决数学物理问题的重要方法,所以给出边界条件非常重要。

所谓边界,即区域边界点所组成的集合。一维区域(例如弦)的边界,即两个端点 $x=0$, $x=l$;二维区域的边界为曲线或折线;三维区域 Ω 的边界为曲面 Σ,如图 1.2.1 所示。

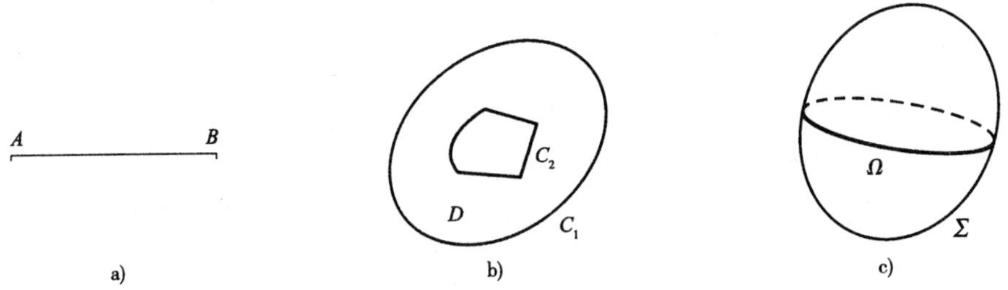

图 1.2.1

a)一维区域(A、B 为边界点);b)二维区域 D(边界为曲线 C_1 和折线 C_2);c)三维区域 Ω(边界为曲面 Σ)

以下我们将区域通记为Ω,将其边界记为$\partial\Omega$,则边界条件主要有以下几种类型,其中第一、第二和第三类条件是常用的。

1. 第一类边界条件——直接给出物理量在边界上的分布

$$u(M,t)\big|_{M\in\partial\Omega}=f_1(M,t) \tag{1.2.3}$$

对于弦振动问题,若两端固定,相应的边界条件为$u\big|_{x\in\partial\Omega}=0$,或$u\big|_{x=0}=0$, $u\big|_{x=l}=0$, 即为第一类边界条件;对热传导问题,如果在导热过程中,物体边界$\partial\Omega$上的温度为已知,则边界条件为

$$u\big|_{\partial\Omega}=u_0 \tag{1.2.4}$$

也为第一类边界条件。第一类边界条件又称为 Dirichlet 条件。

2. 第二类边界条件

给出物理量的梯度在边界上的分布

$$\left.\frac{\partial u}{\partial n}\right|_{\partial\Omega}=f_2(M,t) \tag{1.2.5}$$

其中$\boldsymbol{n}$为边界$\partial\Omega$的法线方向。

弦振动问题中的自由端属于这类边界条件,这是因为弦在自由端处不受位移方向的外力,从而在这个端点上弦在位移方向的张力应该为零。由1.1节的推导过程可知,此时相应的边界条件为

$$\left.T\frac{\partial u}{\partial x}\right|_{x=l}=0$$

即

$$\left.\frac{\partial u}{\partial x}\right|_{x=l}=0$$

对热传导问题,若物体Ω与周围介质处于绝热状态,或者说边界$\partial\Omega$上的热量流速始终为零,则由1.1节的推导过程可知在$\partial\Omega$上必满足

$$\left.\frac{\partial u}{\partial n}\right|_{\partial\Omega}=0$$

第二类边界条件又称为 Neuman 条件。

3. 第三类边界条件

给出物理量及其边界上法线方向导数的线性关系

$$\left.\left(u+\sigma\frac{\partial u}{\partial n}\right)\right|_{\partial\Omega}=f_3(M,t) \tag{1.2.6}$$

其中σ为常数。弦振动问题的弹性支承,即是这类边界条件。在弹性支承时,由 Hooke 定律可知

$$\left.T\frac{\partial u}{\partial x}\right|_{x=l}=-ku\big|_{x=l}$$

即

$$\left.\left(\frac{\partial u}{\partial x}+\sigma u\right)\right|_{x=l}=0$$

其中$\sigma=\dfrac{k}{T}$, k为弹性体的弹性系数。

对热传导方程来说,也有类似情况。如果在导热过程中,物体的内部通过边界$\partial\Omega$与周围介质有热量交换,以u_1表示和物体相接触的介质温度,这时利用另一个热传导实验定律:从一种介质流入到另一种介质的热量和两个介质间的温度差成正比

$$\mathrm{d}Q = k_1(u - u_1)\mathrm{d}S\mathrm{d}t$$

其中k_1是两介质的热交换系数。在物体内部任取一个无限贴近于边界$\partial\Omega$的闭曲面Γ,由于在$\partial\Omega$内侧热量不能积累,所在Γ上的热量流速应等于边界$\partial\Omega$上的热量流速,而在Γ上的热量流速为$\left.\frac{\mathrm{d}Q}{\mathrm{d}S\mathrm{d}t}\right|_\Gamma = -k\left.\frac{\partial u}{\partial n}\right|_\Gamma$,所以,当物体和外界有热交换时,相应的边界条件为

$$-k\left.\frac{\partial u}{\partial n}\right|_{\partial\Omega} = -k_1(u - u_1)\,|_{\partial\Omega}$$

即

$$\left.\left(\frac{\partial u}{\partial n} + \sigma u\right)\right|_{\partial\Omega} = \sigma u_1\,|_{\partial\Omega}$$

其中$\sigma = k_1/k$。第三类边界条件又称为混合边界条件。

式(1.2.4)、式(1.2.5)、式(1.2.6)中的函数$f_i(i=1,2,3)$都是定义在边界$\partial\Omega$上的已知函数(一般来说还依赖t)。不论哪一种边界条件,当它的数学表达式中的自由项(即不依赖于u的项)恒为零时,这种边界条件称为齐次的,否则称为非齐次的。

当然,边界条件并不只限于以上三类。还有各式各样的边界条件,有时甚至是非线性的边界条件:

$$-\left.\frac{\partial u}{\partial n}\right|_{\partial\Omega} = C(u^4\,|_{\partial\Omega} - u_0{}^4)$$

其中C是一个常数,u_0是外界的温度,u和u_0都是绝对温标。

除了初始条件和边界条件外,有些具体的物理问题还需附加一些其他条件才能确定其解。

4. 其他条件

在研究具有不同媒质的问题中,方程的数目增多,除了边界条件外,还需加上不同媒质界面处的衔接条件。如在静电场问题中,在两种电介质的交界面S上电势应当相等(连续),电位移矢量的法向分量也应当相等(连续),因而有衔接条件

$$u_1\,|_{\partial\Omega} = u_2\,|_{\partial\Omega} \tag{1.2.7}$$

$$\varepsilon_1\left.\frac{\partial u_1}{\partial n}\right|_{\partial\Omega} = \varepsilon_2\left.\frac{\partial u_2}{\partial n}\right|_{\partial\Omega} \tag{1.2.8}$$

其中u_1和u_2分别代表两种介质的电势,ε_1和ε_2则分别为两种电介质的介电常数。设它们的电位移矢量分别为$\boldsymbol{D}_1$和$\boldsymbol{D}_2$,则由

$$D_{1n}\,|_{\partial\Omega} = D_{2n}\,|_{\partial\Omega}$$

和电动力学中关系式

$$\boldsymbol{D} = \varepsilon\boldsymbol{E} = -\varepsilon\,\nabla u$$

立即可得式(1.2.8)(D_{1n}和D_{2n}分别代表$\boldsymbol{D}_1$和$\boldsymbol{D}_2$的法向分量)。

在某些情况下,出于物理上的合理性等原因,要求解是单值、有限的。提出所谓自然边界条件,这些条件通常都不是由研究的问题直接明确给出的,而是根据解的特殊要求自然加上去的,故称为自然边界条件。如欧拉(Euler)方程

$$x^2y'' + 2xy' - l(l+1)y = 0$$

的通解为

$$y = Ax^l + Bx^{-l(l+1)}$$

在区间$[0,a]$中,由于受物理上要求解有限的条件限制,故有自然条件

$$y|_{x=0} \to 有限$$

从而在$[0,a]$上其解应表示为$y = Ax^l$。

所谓"没有边界条件的问题"是一种抽象结果。实际物理系统都是有限的,必然有边界,可以给出边界条件。但是,如果着重研究不靠近边界处的情形,在不太长的时间间隔内,边界的影响还没有来得及传到,不妨认为边界在"无穷远处",将问题抽象成无边界条件的问题。

1.3　定解问题的提法

在前两节中,我们推导出几种不同类型偏微分方程,并且讨论了与它们相应的初始条件与边界条件的表达式,初始条件和边界条件统称为定解条件。把某个偏微分方程和相应的定解条件结合在一起,就构成了一个定解问题。

只有初始条件,没有边界条件的定解问题称为初值问题(或称 Cauchy 问题);反之,没有初始条件,只有边界条件的定解问题称为边值问题;既有初始条件也有边界条件的问题称为混合问题。

一个定解问题提得是否符合实际情况,当然必须靠实验来证实。然而从数学角度来看,可以从以下三方面加以检验,即讨论解的适定性问题:

(1)解的存在性,即看所归纳的问题是否有解;

(2)解的唯一性,即看是否只有一个解;

(3)解的稳定性,即看当定解条件有微小变动时,解是否相应地只有微小的变动,否则所得的解就无实用价值,因为定解条件通常总是利用实验方法获得的,因而所提的结果,总有一定的误差,如果因此而使解的变化很大,那么这种解显然不能符合客观实际的要求。

如果一个定解问题存在唯一且稳定的解,则此问题的解称为适定的。在以后的讨论中,我们把着眼点放在定解问题的解法上,而很少讨论它的适定性,这是因为讨论定解问题的适定性,往往十分困难,而本书所讨论的定解问题基本上都是经典的,它们的适定性都是经过证明了的。

1.4　二阶线性偏微分方程的分类与化简——解的迭加原理

1.4.1　含有两个自变量二阶线性偏微分方程的分类与化简

鉴于我们在第一节中导出的偏微分方程都是二阶线性的,并且两个自变量的情形又是最常见的,这里我们对其共性加以进一步地讨论。

含有两个自变量的二阶线性偏微分方程的一般形式是

$$A(x,y)u_{xx} + 2B(x,y)u_{xy} + C(x,y)u_{yy} + D(x,y)u_x + E(x,y)u_y + F(x,y)u = f(x,y) \tag{1.4.1}$$

设 $\Delta = B^2 - AC = \Delta(x,y)$,$x$、$y \in D \subset R^2$, 若 $M(x_0,y_0) \in D$, 使

(1) $\Delta(x_0,y_0) > 0$,称式(1.4.1)在 M 点为双曲型方程。比如一维波动方程 $u_{tt} - a^2 u_{xx} = 0$ 是双曲型方程。

(2) $\Delta(x_0,y_0) = 0$,称式(1.4.1)在 M 点为抛物型方程。一维热传导方程 $u_t - a^2 u_{xx} = 0$ 是抛物型方程。

(3) $\Delta(x_0,y_0) < 0$,称式(1.4.1)在 M 点为椭圆型方程。二维 Laplace 方程 $u_{xx} + u_{yy} = 0$ 为椭圆型方程。

定理 1 设有可逆变换

$$\begin{cases} \xi = \xi(x,y) \\ \eta = \eta(x,y) \end{cases} \tag{1.4.2}$$

其中 ξ、η 有二阶连续偏导数,且行列式 $J = \begin{vmatrix} \xi_x & \xi_y \\ \eta_x & \eta_y \end{vmatrix} \neq 0$

则(1)在变换式(1.4.2)之下,方程(1.4.1)变为自变量是 ξ、η 的方程,但方程类型不变;(2)对三种不同类型的方程,各存在一组特殊的变换,使新方程变为如下标准型。

双曲型:$u_{\xi\eta} = H_1(\xi,\eta,u,u_\xi,u_\eta)$ 或 $u_{\xi\xi} - u_{\eta\eta} = H_2(\xi,\eta,u,u_\xi,u_\eta)$

椭圆型:$u_{\xi\xi} + u_{\eta\eta} = H(\xi,\eta,u,u_\xi,u_\eta)$

抛物线型:$u_{\xi\xi} = K(\xi,\eta,u,u_\xi,u_\eta)$

证明 (1)由复合函数求导法,有

$$\begin{cases} u_x = u_\xi \xi_x + u_\eta \eta_x \\ u_y = u_\xi \xi_y + u_\eta \eta_y \\ u_{xx} = u_{\xi\xi} {\xi_x}^2 + u_\xi \xi_{xx} + u_{\xi\eta} \xi_x \eta_x + u_{\xi\eta} \xi_x \eta_x + u_{\eta\eta} {\eta_x}^2 + u_\eta \eta_{xx} \\ \quad = u_{\xi\xi} {\xi_x}^2 + 2u_{\xi\eta} \xi_x \eta_x + u_{\eta\eta} {\eta_x}^2 + u_\xi \xi_{xx} + u_\eta \eta_{xx} \\ u_{xy} = u_{\xi\xi} \xi_x \xi_y + u_{\xi\eta}(\xi_x \eta_y + \xi_y \eta_x) + u_{\eta\eta} \eta_x \eta_y + u_\xi \xi_{xy} + u_\eta \eta_{xy} \\ u_{yy} = u_{\xi\xi} {\xi_y}^2 + 2u_{\xi\eta} \xi_y \eta_y + u_{\eta\eta} {\eta_y}^2 + u_\xi \xi_{yy} + u_\eta \eta_{yy} \end{cases} \tag{1.4.3}$$

将式(1.4.3)代入式(1.4.1),并整理得

$$\overline{A} u_{\xi\xi} + 2\overline{B} u_{\xi\eta} + \overline{C} u_{\eta\eta} + \overline{D} u_\xi + \overline{E} u_\eta + \overline{F} u = \overline{G} \tag{1.4.1'}$$

其中

$$\begin{cases} \overline{A} = A{\xi_x}^2 + 2B\xi_x\xi_y + C{\xi_y}^2,\ \overline{B} = A\xi_x\eta_x + B(\xi_x\eta_y + \xi_y\eta_x) + C\xi_y\eta_y \\ \overline{C} = A{\eta_x}^2 + 2B\eta_x\eta_y + C{\eta_y}^2,\ \overline{D} = A\xi_{xx} + 2B\xi_{xy} + C\xi_{yy} + D\xi_x + E\xi_y \\ \overline{E} = A\eta_{xx} + 2B\eta_{xy} + C\eta_{yy} + D\eta_x + E\eta_y,\quad \overline{F} = F, \overline{G} = f \end{cases} \tag{1.4.4}$$

以上复合函数的求导过程和系数的化简整理计算起来很繁琐,也容易出错,我们可以借助于应用数学软件,比如 Maple,在计算机上完成, 带“ > ”的行为直接输入的命令,不带此符号的行为输出行:

```
> d1:=diff(u(xi(x,y),eta(x,y)),x);
```

$$d_1 := D_1(u)(\xi(x,y),\eta(x,y))\left(\frac{\partial}{\partial x}\xi(x,y)\right) + D_2(u)(\xi(x,y),\eta(x,y))\left(\frac{\partial}{\partial x}\eta(x,y)\right)$$

```
> d2:=diff(u(xi(x,y),eta(x,y)),y);
```

$$d_2 := D_1(u)(\xi(x,y),\eta(x,y))\left(\frac{\partial}{\partial y}\xi(x,y)\right) + D_2(u)(\xi(x,y),\eta(x,y))\left(\frac{\partial}{\partial y}\eta(x,y)\right)$$

```
> d11:=simplify(diff(u(xi(x,y),eta(x,y)),x$2));
```

$$\begin{aligned} d_{11} := & D_{1,1}(u)(\xi(x,y),\eta(x,y))D_1(\xi)(x,y)^2 \\ & +2D_1(\xi)(x,y)D_{1,2}(u)(\xi(x,y),\eta(x,y))D_1(\eta)(x,y) \\ & +D_1(u)(\xi(x,y),\eta(x,y))D_{1,1}(\xi)(x,y)+D_{2,2}(u)(\xi(x,y),\eta(x,y))D_1(\eta)(x,y)^2 \\ & +D_2(u)(\xi(x,y),\eta(x,y))D_{1,1}(\eta)(x,y) \end{aligned}$$

```
> d22:=simplify(diff(u(xi(x,y),eta(x,y)),y$2));
```

$$\begin{aligned} d_{22} := & D_{1,1}(u)(\xi(x,y),\eta(x,y))D_1(\xi)(x,y)^2 \\ & +2D_2(\xi)(x,y)D_{1,2}(u)(\xi(x,y),\eta(x,y))D_2(\eta)(x,y) \\ & +D_1(u)(\xi(x,y),\eta(x,y))D_{2,2}(\xi)(x,y)+D_{2,2}(u)(\xi(x,y),\eta(x,y))D_2(\eta)(x,y)^2 \\ & +D_2(u)(\xi(x,y),\eta(x,y))D_{2,2}(\eta)(x,y) \end{aligned}$$

```
> d12:=simplify(diff(u(xi(x,y),eta(x,y)),x,y));
```

$$\begin{aligned} d_{12} := & D_1(\xi)(x,y)D_{1,1}(u)(\xi(x,y),\eta(x,y))D_2(\xi)(x,y) \\ & +D_1(\xi)(x,y)D_{1,2}(u)(\xi(x,y),\eta(x,y))D_2(\eta)(x,y) \\ & +D_1(u)(\xi(x,y),\eta(x,y))D_{1,2}(\xi)(x,y) \\ & +D_1(\eta)(x,y)D_{1,1}(u)(\xi(x,y),\eta(x,y))D_2(\xi)(x,y) \\ & +D_1(\eta)(x,y)D_{1,2}(u)(\xi(x,y),\eta(x,y))D_2(\eta)(x,y) \\ & +D_2(u)(\xi(x,y),\eta(x,y))D_{1,2}(\eta)(x,y) \end{aligned}$$

```
> new:=simplify(A* d11+2* B* d12+C* d22+D* d1+E* d2+F* u);
```

$$\begin{aligned} new := & AD_{1,1}(u)(\xi(x,y),\eta(x,y))D_1(\xi)(x,y)^2 \\ & +2AD_1(\xi)(x,y)D_{1,2}(u)(\xi(x,y),\eta(x,y))D_1(\eta)(x,y) \\ & +AD_1(u)(\xi(x,y),\eta(x,y))D_{1,1}(\xi)(x,y)+AD_{2,2}(u)(\xi(x,y),\eta(x,y)) \\ & D_1(\eta)(x,y)^2+AD_2(u)(\xi(x,y),\eta(x,y))D_{1,1}(\eta)(x,y) \\ & +2BD_1(\xi)(x,y)D_{1,1}(u)(\xi(x,y),\eta(x,y))D_2(\xi)(x,y) \\ & +2BD_1(\xi)(x,y)D_{1,2}(u)(\xi(x,y),\eta(x,y))D_2(\eta)(x,y) \\ & +2BD_1(u)(\xi(x,y),\eta(x,y))D_{1,2}(\xi)(x,y) \\ & +2BD_1(\eta)(x,y)D_{1,2}(u)(\xi(x,y),\eta(x,y))D_2(\xi)(x,y) \\ & +2BD_1(\eta)(x,y)D_{2,2}(u)(\xi(x,y),\eta(x,y))D_2(\eta)(x,y) \\ & +2BD_2(u)(\xi(x,y),\eta(x,y))D_{1,2}(\eta)(x,y) \\ & +CD_{1,1}(u)(\xi(x,y),\eta(x,y))D_2(\xi)(x,y)^2 \\ & +2CD_2(\xi)(x,y)D_{1,2}(u)(\xi(x,y),\eta(x,y))D_2(\eta)(x,y) \\ & +CD_1(u)(\xi(x,y),\eta(x,y))D_{2,2}(\xi)(x,y)+CD_{2,2}(u)(\xi(x,y),\eta(x,y)) \\ & D_2(\eta)(x,y)^2+CD_2(u)(\xi(x,y),\eta(x,y))D_{2,2}(\eta)(x,y) \\ & +DD_1(u)(\xi(x,y),\eta(x,y))D_1(\xi)(x,y) \\ & +DD_2(u)(\xi(x,y),\eta(x,y))D_1(\eta)(x,y)+ED_1(u)(\xi(x,y),\eta(x,y)) \\ & D_2(\xi)(x,y)+ED_2(u)(\xi(x,y),\eta(x,y))D_2(\eta)(x,y)+Fu \end{aligned}$$

```
> c1:=coeff(new,D[1,1](u)(xi(x,y),eta(x,y)));
```

$c_1:=AD_1(\xi)(x,y)^2+2BD_1(\xi)(x,y)D_2(\xi)(x,y)+CD_2(\xi)(x,y)^2$

```
> c2:=coeff(new,D[1,2](u)(xi(x,y),eta(x,y)));
```

$$c_2:=2AD_1(\xi)(x,y)D_1(\eta)(x,y)+2BD_1(\xi)(x,y)D_2(\eta)(x,y)+2BD_1(\eta)(x,y)D_2(\xi)(x,y)+2CD_2(\xi)(x,y)D_2(\eta)(x,y)$$

```
> c3:=coeff(new,D[2,2](u)(xi(x,y),eta(x,y)));
```

$c_3:=AD_1(\eta)(x,y)^2+2BD_1(\eta)(x,y)D_2(\eta)(x,y)+CD_2(\eta)(x,y)^2$

```
> c4:=coeff(new,D[1](u)(xi(x,y),eta(x,y)));
```

$c_4:=AD_{1,1}(\xi)(x,y)+2BD_{1,2}(\xi)(x,y)+CD_{2,2}(\xi)(x,y)+DD_1(\xi)(x,y)+ED_2(\xi)(x,y)$

```
> c5:=coeff(new,D[2](u)(xi(x,y),eta(x,y)));
```

$c_5:=AD_{1,1}(\eta)(x,y)+2BD_{1,2}(\eta)(x,y)+CD_{2,2}(\eta)(x,y)+DD_1(\eta)(x,y)+ED_2(\eta)(x,y)$

其中 d_1、d_2、d_{11}、d_{22}和 d_{12}依次表示 u_x、u_y、u_{xx}、u_{yy}和 u_{xy},式子“new”表示变换后用变量 ξ 和 η 表示的方程,而 c_1、c_2、c_3、c_4 和 c_5 分别表示 $u_{\xi\xi}$、$u_{\xi\eta}$、$u_{\eta\eta}$、u_ξ 和 u_η 的系数。

由式(1.4.4)易证

$$\bar{\Delta}=\bar{B}^2-\bar{A}\bar{C}=J^2(B^2-AC)=J^2\Delta$$

因为 $J\neq0$, 所以 $J^2>0$, $\bar{\Delta}$ 与 Δ 同号,式(1.4.1)与式(1.4.1′)同类型。

(2)将式(1.4.1′)改写成

$$\bar{A}u_{\xi\xi}+2\bar{B}u_{\xi\eta}+Cu_{\eta\eta}=H(\xi,\eta,u,u_\xi,u_\eta)$$

从系数 $\bar{A}$、$\bar{C}$ 的表达式可见,如果取一阶偏微分方程

$$Az_x{}^2+2Bz_xz_y+Cz_y{}^2=0 \tag{1.4.5}$$

的一个特解作为新自变量 ξ,则有

$$A\xi_x{}^2+2B\xi_x\xi_y+C\xi_y{}^2=0$$

即 $\bar{A}=0$。同理,取式(1.4.5)的另一个特解作为新自变量 η,则 $\bar{C}=0$,这样可将式(1.4.1)化成标准型。式(1.4.5)的求解可化成常微分方程的求解。将式(1.4.5)改写为

$$A\left(-\frac{z_x}{z_y}\right)^2-2B\left(-\frac{z_x}{z_y}\right)+C=0 \tag{1.4.6}$$

将 $z(x,t)=C$ 当做定义隐函数 $y=y(x)$ 的方程,则$\frac{\mathrm{d}y}{\mathrm{d}x}=-\frac{z_x}{z_y}$, 这样式(1.4.6)就是

$$A\left(\frac{\mathrm{d}y}{\mathrm{d}x}\right)^2-2B\left(\frac{\mathrm{d}y}{\mathrm{d}x}\right)+C=0 \tag{1.4.7}$$

当 $B^2-AC>0$ 时,有

$$\frac{\mathrm{d}y}{\mathrm{d}x}=\frac{2B+\sqrt{4B^2-4AC}}{2A}=\frac{B+\sqrt{B^2-AC}}{A}\quad 及\quad \frac{\mathrm{d}y}{\mathrm{d}x}=\frac{B-\sqrt{B^2-AC}}{A} \tag{1.4.7′}$$

求出式(1.4.7′)的一个特解 $\xi(x,y)=C_1$ 后,取 $\xi=\xi(x,y)$ 作为新的自变量,则在式(1.4.4)中有 $\bar{A}=0$;求得式(1.4.7′)的另一个特解 $\eta(x,y)=C_2$ 后,又取 $\eta=\eta(x,y)$,作为新的自变量使 $\bar{C}=0$。式(1.4.7)叫做式(1.4.1)的特征方程。特征方程的一般积分 $\xi(x,y)=C_1$,$\eta(x,y)=C_2$,叫做式(1.4.1)的特征线。

1. 双曲型

$B^2-AC>0$ 时,式(1.4.7′)各给出一组实特征线$\begin{cases}\xi(x,y)=C_1\\\eta(x,y)=C_2\end{cases}$,取 $\xi=\xi(x,y)$,$\eta=\eta(x,y)$

代入式(1.4.1),有 $\overline{A}=\overline{C}=0$,则式(1.4.1′)成为

$$u_{\xi\eta} = H_1(\xi,\eta,u,u_\xi,u_\eta) \tag{1.4.8}$$

或再作变换

$$\begin{cases}\xi = \alpha+\beta \\ \eta = \alpha-\beta\end{cases} \quad 即 \begin{cases}\alpha = \dfrac{1}{2}(\xi+\eta) \\ \beta = \dfrac{1}{2}(\xi-\eta)\end{cases}$$

则式(1.4.1′)变成

$$u_{\alpha\alpha} - u_{\beta\beta} = H_2(\alpha,\beta,u,u_\alpha,u_\beta) \tag{1.4.9}$$

式(1.4.8)或式(1.4.9)就是双曲型方程的标准形式。

2. 抛物型

当 $B^2-AC=0$ 时,式(1.4.7)成为

$$\left(\sqrt{A}\frac{\mathrm{d}y}{\mathrm{d}x}-\sqrt{C}\right)^2 = 0$$

因此只有一组实特征线 $\xi(x,y)=C_1$。取 $\xi=\xi(x,y)$,作为新的自变量,有 $\overline{A}=0$,取 $\eta=\eta(x,y)$ 为异于 $\xi(x,y)$ 的任意变量,则有 $\overline{B}=0$,从而式(1.4.1′)变为

$$u_{\eta\eta} = K(\xi,\eta,u,u_\xi,u_\eta) \tag{1.4.10}$$

式(1.4.10)是抛物线方程的标准型。

3. 椭圆型

当 $B^2-AC<0$ 时,特征方程(1.4.7)给出两组复特征线 $\xi(x,y)=$ 常数,$\eta(x,y)=\overline{\xi}(x,y)=$ 常数(η 是 ξ 的复共轭)。取 $\xi=\xi(x,y)$,$\eta=\eta(x,y)=\overline{\xi}(x,y)$ 作为新的自变量,则 $\overline{A}=0$,$\overline{C}=0$,代入式(1.4.1)后,有

$$u_{\xi\eta} = K_1(\xi,\eta,u,u_\xi,u_\eta) \tag{1.4.11}$$

这时 ξ、η 是复变数。为了使方程中的变量和函数都用实数表示,再设 $\xi=\alpha+i\beta$,$\eta=\alpha-i\beta$,即

$$\alpha = \mathrm{Re}\xi = \frac{1}{2}(\xi+\eta),\ \beta = \mathrm{Im}\xi = \frac{1}{2i}(\xi-\eta)$$

则式(1.4.11)化成

$$u_{\alpha\alpha} + u_{\beta\beta} = \overline{K}(\alpha,\beta,u,u_\alpha,u_\beta) \tag{1.4.12}$$

式(1.4.12)为椭圆型方程的标准型。

例 1　讨论方程 $y^2u_{xx}-x^2u_{yy}=0$ 的类型,并化为标准型 (x、$y\neq0$)。

解　$A=y^2$,$B=0$,$C=-x^2$,所以

$$B^2-AC=x^2y^2>0$$

故所给方程为双曲型的。其特征方程为

$$y^2\left(\frac{\mathrm{d}y}{\mathrm{d}x}\right)^2-x^2=0$$

即

$$\frac{\mathrm{d}y}{\mathrm{d}x}=\pm\frac{x}{y}$$

解之有

$$\frac{y^2}{2}-\frac{x^2}{2}=C_1,\ \frac{y^2}{2}+\frac{x^2}{2}=C_2$$

特征曲线为
$$\xi=\frac{y^2}{2}-\frac{x^2}{2}=C_1$$
$$\eta=\frac{y^2}{2}+\frac{x^2}{2}=C_2$$

令
$$\begin{cases}\xi=\dfrac{y^2}{2}-\dfrac{x^2}{2}\\ \eta=\dfrac{y^2}{2}+\dfrac{x^2}{2}\end{cases}$$

将新变量代入原方程,用 Maple 计算:

```
> xi(x,y):=y^2/2-x^2/2;
```
$$\xi(x,y):=\frac{y^2}{2}-\frac{x^2}{2}$$

```
> eta(x,y):=y^2/2+x^2/2;
```
$$\eta(x,y):=\frac{y^2}{2}+\frac{x^2}{2}$$

```
>simplify(y^2* diff(u(xi(x,y),eta(x,y)),x $2) -x^2* diff(u(xi(x,y),
eta(x,y)),y $2) =0);
```
$$-4y^2 D_{1,2}(u)\left(\frac{y^2}{2}-\frac{x^2}{2},\frac{y^2}{2}+\frac{x^2}{2}\right)x^2-y^2D_1(u)\left(\frac{y^2}{2}-\frac{x^2}{2},\frac{y^2}{2}+\frac{x^2}{2}\right)$$
$$+y^2D_2(u)\left(\frac{y^2}{2}-\frac{x^2}{2},\frac{y^2}{2}+\frac{x^2}{2}\right)-x^2D_1(u)\left(\frac{y^2}{2}-\frac{x^2}{2},\frac{y^2}{2}+\frac{x^2}{2}\right)$$
$$-x^2D_2(u)\left(\frac{y^2}{2}-\frac{x^2}{2},\frac{y^2}{2}+\frac{x^2}{2}\right)=0$$

整理一下,即得
$$u_{\xi\eta}=-\frac{2\eta}{4(\eta^2-\xi^2)}u_\xi+\frac{2\xi}{4(\eta^2-\xi^2)}u_\eta$$

例 2 将方程 $x^2u_{xx}+2xyu_{xy}+y^2u_{yy}=0$ 化成标准型,并求其通解。

解 特征方程为
$$x^2\left(\frac{\mathrm{d}y}{\mathrm{d}x}\right)^2-2xy\frac{\mathrm{d}y}{\mathrm{d}x}+y^2=0$$

解得 $x\dfrac{\mathrm{d}y}{\mathrm{d}x}-y=0,y=c_1x$, 即$\dfrac{y}{x}=c_1$。令$\begin{cases}\xi=\dfrac{y}{x}\\ \eta=y\end{cases}$, 用 Maple 计算

```
> xi(x,y):=y/x;
```
$$\xi(x,y):=\frac{y}{x}$$

```
> eta(x,y):=y;
```
$$\eta(x,y):=y$$

```
>simplify(x^2* diff(u(xi(x,y),eta(x,y)),x $2) +2* x* y* diff(u(xi(x,
y),eta(x,y)),x,y) +y^2* diff(u(xi(x,y),eta(x,y)),y $2) =0);
```

$$y^2 D_{2,2}(u)\left(\frac{y}{x},y\right)=0$$

即原方程化为

$$u_{\eta\eta}=0$$

或
$$\frac{\partial}{\partial\eta}\left(\frac{\partial u}{\partial\eta}\right)=0$$

将上述方程积分两次,得其通解为

$$u=f_1(\xi)\eta+f_2(\xi)$$

其中f_1、f_2是两个任意函数。带回原变量得

$$u=f_1\left(\frac{y}{x}\right)\eta+f_2\left(\frac{y}{x}\right)$$

例3 将$u_{xx}+u_{xy}+u_{yy}+u_x=0$化为标准型。

解 $\Delta=\frac{1}{4}-1<0$,所给方程为椭圆型,特征方程为

$$\left(\frac{dy}{dx}\right)^2-\frac{dy}{dx}+1=0$$

即
$$\frac{dy}{dx}=\frac{1}{2}\pm i\frac{\sqrt{3}}{2}$$

解为

$$y-\frac{x}{2}-i\frac{\sqrt{3}}{2}x=C_1$$

$$y-\frac{x}{2}+i\frac{\sqrt{3}}{2}x=C_2$$

令$\alpha=y-\frac{1}{2}x$, $\beta=-\frac{\sqrt{3}}{2}x$,用Maple计算:

```
> alpha(x,y):=y-1/2*x;
```

$$\alpha(x,y):=y-\frac{x}{2}$$

```
> beta(x,y):=-sqrt(3)/2*x;
```

$$\beta(x,y):=-\frac{\sqrt{3}x}{2}$$

```
>simplify(diff(u(alpha(x,y),beta(x,y)),x$2)+diff(u(alpha(x,y),beta(x,y)),x,y)+diff(u(alpha(x,y),beta(x,y)),y$2)+diff(u(alpha(x,y),beta(x,y)),x)=0);
```

$$\frac{3}{4}D_{1,1}(u)\left(y-\frac{x}{2},-\frac{\sqrt{3}x}{2}\right)+\frac{3}{4}D_{2,2}(u)\left(y-\frac{x}{2},-\frac{\sqrt{3}x}{2}\right)-\frac{1}{2}D_1(u)\left(y-\frac{x}{2},-\frac{\sqrt{3}x}{2}\right)-\frac{1}{2}D_2(u)\left(y-\frac{x}{2},-\frac{\sqrt{3}x}{2}\right)\sqrt{3}=0$$

即将所给方程化为

$$u_{\alpha\alpha} + u_{\beta\beta} = \frac{2}{3}u_\alpha + \frac{2\sqrt{3}}{3}u_\beta$$

1.4.2 线性偏微分方程解的迭加原理

最后需要指出线性偏微分方程(1.4.1)具有一个非常重要的特性,称为迭加原理,即若 u_i 是方程

$$Lu_i = f_i \quad (i = 1,2,\cdots)$$

的解,而且级数

$$u = \sum_{i=1}^{\infty} c_i u_i$$

收敛,并且能够逐项微分两次,其中 $c_i(i=1,2,\cdots)$ 为任意常数,则 u 一定是方程

$$Lu = \sum_{i=1}^{\infty} c_i f_i$$

的解(当然要假定这个方程右端的级数是收敛的)。特别地,如果 $u_i(i=1,2,\cdots)$ 是二阶齐次方程

$$Lu=0$$

的解,则只要 $u=\sum\limits_{i=1}^{\infty}c_iu_i$ 收敛,并且可以逐项微分两次,u 一定也是这个方程的解。这个结论的证明非常容易(留作练习),但它却是下一章要讲的分离变量法的出发点。

习　题　1

1. 一均匀杆的原长为 l,一端固定,另一端沿杆的轴线方向拉长 e 而静止,突然放手任其振动,试建立振动方程与定解条件。

2. 长为 l 的弦两端固定,开始时在 $x=c$ 受冲量 k 的作用,试写出相应的定解问题。

3. 长为 l 的均匀杆,侧面绝缘一端温度为零,另一端有恒定热流 q 进入(即单位时间内通过单位截面积流入的热量为 q),杆的初始温度分布是 $\frac{x(l-x)}{2}$,试写出相应的定解问题。

4. 半径为 R 而表面熏黑的金属长圆柱体,受到阳光照射,阳光方向垂直于柱轴,热流强度为 M,写出这个圆柱的热传导问题的边界条件。

5. 若 $F(z)$、$G(z)$ 是两个任意二次连续可微函数,验证

$$u=F(x+at)+G(x-at)$$

满足方程

$$\frac{\partial^2 u}{\partial t^2}=a^2\frac{\partial^2 u}{\partial x^2}$$

6. 验证线性齐次方程的迭加原理。即若 $u_1(x,y),u_2(x,y),\cdots,u_n(x,y),\cdots$ 均是线性二阶齐次方程

$$A\frac{\partial^2 u}{\partial x^2}+2B\frac{\partial^2 u}{\partial x\partial y}+C\frac{\partial^2 u}{\partial y^2}+D\frac{\partial u}{\partial x}+E\frac{\partial u}{\partial y}+Fu=0$$

的解，其中 A、B、C、D、E、F 都只是 x、y 的函数，而且级数 $u=\sum_{i=1}^{\infty} c_i u_i(x,y)$ 收敛，其中 $c_i(i=1,2,\cdots)$ 为任意常数，并对 x、y 可以逐次微分两次，求证 $u=\sum_{i=1}^{\infty} c_i u_i(x,y)$ 仍是原方程的解。

7. 把下列方程化为标准型。

(1) $u_{xx}+4u_{xy}+5u_{yy}+u_x+2u_y=0$

(2) $u_{xx}+yu_{yy}=0$

(3) $u_{xx}+xu_{yy}=0$

(4) $y^2u_{xx}+x^2u_{yy}=0$

第2章 分离变量法

第1章中我们讨论了怎样将一个物理问题表达为定解问题,这一章以及以下几章的任务是讨论怎样去求解这些定解问题。也就是说,在已经列出方程和定解条件之后,怎样去求既满足方程又满足定解条件的解。

从微积分学得知,在计算诸如多元函数的微分和积分(重积分等)时总是把它们转化为单元函数的相应问题来解决,与此类似,求解偏微分方程的定解问题也可以设法把它们转化为常微分方程的定解问题来求解。分离变量法就是这样一种常用的转化方法。在这一章中,我们将通过一些实例,讨论分离变量法及其应用。

2.1 (1+1)维齐次方程的分离变量法

我们将函数 $u(x,t)$ 满足的偏微分方程称为(1+1)维偏微分方程,表示空间1维和时间1维之意。下面我们来讨论求解这类方程的分离变量方法。

2.1.1 有界弦的自由振动

由第1章的讨论可知,两端固定弦的自由振动规律问题可以归结为求解下列定解问题:

$$\begin{cases} \dfrac{\partial^2 u}{\partial t^2} = a^2 \dfrac{\partial^2 u}{\partial x^2} \quad (0 < x < l, t > 0) & (2.1.1) \\ u|_{x=0} = 0, \quad u|_{x=l} = 0 \quad (t > 0) & (2.1.2) \\ u|_{t=0} = \varphi(x), \quad \left.\dfrac{\partial u}{\partial t}\right|_{t=0} = \psi(x) \quad (0 < x < l) & (2.1.3) \end{cases}$$

这个问题的特点是,偏微分方程是线性齐次的,边界条件也是齐次的。求解这样的问题可以运用迭加原理。我们知道,在求解常系数齐次常微分方程的初值问题时,是在先不考虑初始条件的情况下,求出满足方程的足够多的特解,再利用迭加原理做出这些特解的线性组合,构成方程的通解,然后利用初始条件来确定通解中的任意常数,得到初值问题的特解。这就启发我们要求解定解问题方程(2.1.1)~(2.1.3),须首先寻求齐次方程(2.1.1)满足边界条件(2.1.2)的足够多的具有简单形式(变量被分离的形式)的特解,再利用它们做线性组合,得到方程满足边界条件的一般解,再使这个一般解满足初始条件式(2.1.3)。

这种思想方法,还可以从物理模型中得到启示。从物理学知道,乐器发出的声音可以分解成各种不同频率的声音,每种频率的单音,振动时形成正弦曲线,其振幅依赖于时间 t。每个单音可以表示为

$$u(x,t) = A(t)\sin\omega x$$

的形式,这种形式的特点是 $u(x,t)$ 中的变量 x 和 t 被分离出来了。

根据上面的分析,我们来求方程(2.1.1)的具有变量分离形式

$$u(x,t) = X(x)T(t) \tag{2.1.4}$$

的非零解,并要求它满足齐次边界条件式(2.1.2)。式中 $X(x)$、$T(t)$ 分别表示只与 x 有关和只与 t 有关的待定函数。将式(2.1.4)代入方程(2.1.3),由

$$\frac{\partial^2 u}{\partial x^2} = X''(x)T(t),\quad \frac{\partial^2 u}{\partial t^2} = X(x)T''(t)$$

得

$$X(x)T''(t) = a^2X''(x)T(t)$$

或

$$\frac{X''(x)}{X(x)} = \frac{T''(t)}{a^2T(t)}$$

这个式子的左端仅是 x 的函数,右端仅是 t 的函数,一般情况下两者不可能相等,只有当它们均为常数时才能相等。令此常数为 $-\lambda$,则有

$$\frac{X''(x)}{X(x)} = \frac{T''(t)}{a^2T(t)} = -\lambda$$

这样,我们得到两个常微分方程

$$T''(t) + \lambda a^2T(t) = 0 \tag{2.1.5}$$

$$X''(x) + \lambda X(x) = 0 \tag{2.1.6}$$

利用边界条件式(2.1.2),由 $u(x,t) = X(x)T(t)$,有

$$X(0)T(t) = 0,\quad X(l)T(t) = 0$$

但 $T(t) \neq 0$, 因为如果 $T(t) = 0$,则 $u(x,t) \equiv 0$,与要求非零解矛盾,所以

$$X(0) = X(l) = 0 \tag{2.1.7}$$

因此,要求方程(2.1.1)满足边界条件式(2.1.2)的变量分离形式的解,就先要从下列常微分方程的边值问题

$$\begin{cases} X''(x) + \lambda X(x) = 0 \\ X(0) = X(l) = 0 \end{cases}$$

中解出 $X(x)$。

现在我们来求非零解 $X(x)$。要求出 $X(x)$ 并不是一个简单问题,因为方程(2.1.6)包含一个待定任意常数 λ。因此我们的任务是要确定 λ 取何值时方程(2.1.6)才有满足条件式(2.1.7)的非零解,并且求出这个非零解 $X(x)$。这样的问题称为常微分方程(2.1.6)在条件式(2.1.7)下的本征值问题(也称固有值问题或特征值问题)。使方程(2.1.6)、(2.1.7)有非零解的 λ 称为该问题的本征值(也称固有值或特征值),相应的非零解 $X(x)$ 称为本征函数(也称固有函数或特征函数)。下面我们对 λ 取值的三种情况进行讨论。

(1)设 $\lambda < 0$ 时,设 $\lambda = -k^2$, 这时方程(2.1.6)是一个二阶线性常系数常微分方程,容易求出其通解为

$$X(x) = Ae^{-kx} + Be^{kx}$$

也可以用数学软件 Maple 求解:

```
> ode:=diff(X(x),x$2)-k^2*X(x)=0;
```

$$ode:=\left(\frac{d^2}{dx^2}X(x)\right)-k^2X(x)=0$$

```
> dsolve(ode);
```

$$X(x)=\_C_1e^{(kx)}+\_C_2e^{(-kx)}$$

结果是一样的。式中 A、B(或$_C_1$、$\_C_2$)为积分常数,由条件(2.1.7)得

$$\begin{cases}A+B=0\\-Ae^{-kl}+Be^{kl}=0\end{cases}$$

由此解得 $A=B=0$,即 $X(x)=0$,为平凡解,不符合非零解的要求,故不可能有 $\lambda<0$。

(2)设 $\lambda=0$ 时,方程(3.1.5)的通解是

$$X(x)=Ax+B$$

由边界条件(2.1.6)仍得 $A=B=0$,即 $X(x)=0$,为平凡解,故也不可能有 $\lambda=0$。

(3)设 $\lambda=\beta^2>0$ 时,此时方程(2.1.6)的通解可由 Maple 求出

```
> ode:=diff(X(x),x$2)+beta^2*X(x)=0;
```

$$ode:=\left(\frac{d^2}{dx^2}X(x)\right)+\beta^2X(x)=0$$

```
> dsolve(ode);
```

$$X(x)=\_C_1\sin(\beta x)+\_C_2\cos(\beta x)$$

即方程(2.1.6)的通解为

$$X(x)=A\cos\beta x+B\sin\beta x$$

代入条件式(2.1.7),得

$$A=0,\quad B\sin\beta l=0$$

由于 $B\neq0$(否则 $X(x)\equiv0$),故 $\sin\beta l=0$,即

$$\beta=\frac{n\pi}{l}\quad(n=1,2,\cdots)$$

(n 为负整数的情况可以不必考虑,因为例如 $n=-2$ 时,$B\sin\frac{-2\pi}{l}x=-B\sin\frac{2\pi}{l}x$,仍是 $B'\sin\frac{2\pi}{l}x$的形式)。从而得到一系列固有值与固有函数

$$\lambda_n=\frac{n^2\pi^2}{l^2}\quad(n=1,2,\cdots)\tag{2.1.8}$$

$$X_n(x)=B_n\sin\frac{n\pi}{l}x\quad(n=1,2,\cdots)\tag{2.1.9}$$

确定了固有值 λ 之后,将它代入到常微分方程(2.1.5),用 Maple 得其通解为

```
> ode:=diff(T(t),t$2)+a^2*n^2*Pi^2/l^2*T(t)=0;
```

$$ode:=\left(\frac{d^2}{dt^2}T(t)\right)+\frac{a^2n^2\pi^2T(t)}{l^2}=0$$

```
> dsolve(ode);
```

$$T(t)=\_C_1\sin\left(\frac{\pi nat}{l}\right)+\_C_2\cos\left(\frac{\pi nat}{l}\right)$$

即

$$T_n(t) = C'_n\cos\frac{n\pi a}{l}t + D'_n\sin\frac{n\pi a}{l}t \quad (n = 1,2,\cdots) \tag{2.1.10}$$

于是由式(2.1.9)和式(2.1.10)得到满足方程(2.1.1)和边界条件式(2.1.2)的一组变量分离形式的特解

$$u_n(x,t) = \left(C_n\cos\frac{n\pi a}{l}t + D_n\sin\frac{n\pi a}{l}t\right)\sin\frac{n\pi}{l}x \quad (n = 1,2,\cdots) \tag{2.1.11}$$

其中 $C_n = B_nC_n'$,$D_n = B_nD_n'$是任意常数。至此我们的第一步工作完成了,求出了既满足方程(2.1.6)又满足边界条件式(2.1.7)的无穷多个非零特解(2.1.11)。为了求出原问题的解,还须满足初始条件式(2.1.3)。为此将式(2.1.11)中的所有函数 $u_n(x,t)$迭加起来,得

$$u(x,t) = \sum_{n=1}^{\infty} u_n(x,t) = \sum_{n=1}^{\infty}\left(C_n\cos\frac{n\pi a}{l}t + D_n\sin\frac{n\pi a}{l}t\right)\sin\frac{n\pi}{l}x \tag{2.1.12}$$

由迭加原理可知,如果式(2.1.12)右端的无穷级数是收敛的,而且关于 x 和 t 都能逐项微分两次,则它的和 $u(x,t)$也满足方程(2.1.1)和边界条件式(2.1.2)。现在要适当选择 C_n、D_n,使函数 $u(x,t)$也满足初始条件式(2.1.3)。为此必须有

$$\begin{cases} u(x,t)\big|_{t=0} = u(x,0) = \displaystyle\sum_{n=1}^{\infty} C_n\sin\frac{n\pi}{l}x = \varphi(x) \\ \left.\dfrac{\partial u}{\partial t}\right|_{t=0} = u_t(x,0) = \displaystyle\sum_{n=1}^{\infty} D_n\frac{n\pi a}{l}\sin\frac{n\pi}{l}x = \psi(x) \end{cases} \tag{2.1.13}$$

因为 $\varphi(x)$和 $\psi(x)$是定义在$[0,l]$上的函数,所以只要选取 C_n 为 $\varphi(x)$的 Fourier 正弦级数展开式的系数,$\frac{n\pi a}{l}D_n$ 为 $\psi(x)$的 Fourier 正弦级数展开式的系数即可,也就是取

$$C_n = \frac{2}{l}\int_0^l \varphi(x)\sin\frac{n\pi}{l}x\mathrm{d}x, D_n = \frac{2}{n\pi a}\int_0^l \psi(x)\sin\frac{n\pi}{l}x\mathrm{d}x \tag{2.1.14}$$

初始条件式(2.1.3)就能满足。将式(2.1.14)所确定的 C_n、D_n 代入到式(2.1.12),就得到了原定解问题的解。

当然,如上所述,要使式(2.1.12)所确定的函数 $u(x,t)$满足方程(2.1.1)~(2.1.3),除了其中的系数 C_n、D_n 必须由式(2.1.14)确定外,还要求其中的级数收敛,并且能够对 x 和 t 逐项微分两次 。这些要求只要对 $\varphi(x)$和 $\psi(x)$加上一些条件就能满足。可以证明(参阅谷超豪、李大潜等编《数学物理方法》,2002 年第二版第 1 章第 3 节),如果 $\varphi(x)$三次连续可微,$\psi(x)$二次连续可微,且 $\varphi(0) = \varphi(l) = \varphi''(0) = \varphi''(l) = \psi(0) = \psi(l) = 0$,则问题(2.1.1)~(2.1.3)的解存在,并且这个解可以由式(2.1.12)给出,其中 C_n、D_n 由式(2.1.14)确定。这样的解称为古典解。

以上方法的特点是就是利用具有变量分离形式的特解(2.1.4)来构造定解问题(2.1.1)~(2.1.3)的解,故这一方法称为分离变量法。18 世纪初,Fourier 首先利用这种方法求解偏微分方程,这种求解过程显示了 Fourier 级数的作用与威力,因此分离变量法又称为 Fourier 方法。

需要指出的是,当 $\varphi(x)$和 $\psi(x)$不满足这里所述的条件时,由式(2.1.12)和式(2.1.14)确定的函数 $u(x,t)$不具备古典解的要求,它只能是原定解问题的 一个形式解。根据实变函数的理论,只要 $\varphi(x)$和 $\psi(x)$在$[0,l]$上是 L^2 可积的,函数列

$$\varphi_n(x) = \sum_{k=1}^{n} C_k \sin\frac{k\pi}{l}x \qquad \psi_n(x) = \sum_{k=1}^{n} \frac{k\pi a}{l} D_k \sin\frac{k\pi}{l}x$$

分别平均收敛(设 f_n、f 都是平方可积的,如对任给 $\varepsilon > 0$,存在 N,当 $n > N$ 时,有 $\left\{\int_E (f_n - f)^2 \mathrm{d}x\right\}^{\frac{1}{2}} < \varepsilon$ 成立,则称 f_n 平均收敛于 f。)于 $\varphi(x)$ 和 $\psi(x)$,其中 C_k、D_k 由式(2.1.14)确定。

如果将初始条件代之以

$$u(x,t)\big|_{t=0} = \varphi_n(x) \qquad \left.\frac{\partial u(x,t)}{\partial t}\right|_{t=0} = \psi_n(x)$$

则相应的定解问题的解为

$$S_n(x,t) = \sum_{k=1}^{n}\left(C_k \cos\frac{k\pi a}{l}t + D_k \sin\frac{k\pi a}{l}t\right)\sin\frac{k\pi}{l}x$$

当 $n\to\infty$,它平均收敛于式(2.1.12)所给的形式解 $u(x,t)$。由于 $S_n(x,t)$ 既满足方程(2.1.1)及边界条件式(2.1.2),又近似地满足初始条件式(2.1.3),所以当 n 很大时,可以把 $S_n(x,t)$ 看成是原定解问题的近似解。作为近似解平均收敛的极限 $u(x,t)$,当然也是很有意义的。

此外,从上述求解偏微分方程的方法来看,在大多数情况下,也都是先求形式解,然后在一定条件下验证这个形式解就是古典解。这个验证的过程称为综合工作。鉴于篇幅和讲授时间的限制,也因为本书中所讨论的问题都是经典问题,在今后的叙述中,都不去做这个综合工作。也不去讨论所得的形式解成为古典解时需要附加的条件,只要求得到形式解,就认为问题得到了解决。

从前面的运算过程可以看出,用分离变量法求解定解问题的关键步骤是确定固有函数和运用迭加原理。这些运算之所以能够进行,是因为所讨论的偏微分方程和边界条件都是线性齐次的,这是使用分离变量法的基础,希望读者注意。

例 1 求解下列定解问题:

$$\begin{cases} \dfrac{\partial^2 u}{\partial t^2} = a^2 \dfrac{\partial^2 u}{\partial x^2} \quad (0 < x < l, t > 0) \\ u\big|_{x=0} = 0, \quad \left.\dfrac{\partial u}{\partial x}\right|_{x=l} = 0 \quad (t > 0) \\ u\big|_{t=0} = x^2 - 2lx, \quad \left.\dfrac{\partial u}{\partial t}\right|_{t=0} = 0 \quad (0 < x < l) \end{cases}$$

解 这里所考虑的方程仍是式(2.1.1),所不同的只是在 $x = l$ 这一端的边界条件不是第一类齐次边界条件 $u\big|_{x=l} = 0$,而是第二类齐次边界条件 $\left.\dfrac{\partial u}{\partial x}\right|_{x=l} = 0$。因此,通过分离变量[即令 $u(x,t) = X(x)T(t)$]的步骤后,仍得到方程(2.1.5)与方程(2.1.6)

$$T''(t) + \lambda a^2 T(t) = 0$$

$$X''(x) + \lambda X(x) = 0$$

但条件式(2.1.7)应代之以

$$X(0) = X'(l) = 0 \tag{2.1.7'}$$

相应的固有值问题为求

$$\begin{cases} X''(x) + \lambda X(x) = 0 \\ X(0) = X'(l) = 0 \end{cases}$$

的非零解。

重复前面的讨论可知，只有当 $\lambda = \beta^2 > 0$ 时，上述固有值问题才有非零解。此时式(2.1.6)的通解仍为

$$X(x) = A\cos\beta x + B\sin\beta x$$

代入条件式(2.1.7′)，得

$$A = 0, \quad B\cos\beta l = 0$$

由于 $B \neq 0$，故 $\cos\beta l = 0$，即

$$\beta = \frac{2n+1}{2l}\pi \quad (n = 0,1,2,\cdots)$$

从而得到一系列固有值与固有函数

$$\lambda_n = \frac{(2n+1)^2\pi^2}{4l^2}, \ X_n(x) = B_n \sin\frac{(2n+1)\pi}{2l}x \quad (n = 0,1,2,\cdots)$$

与这些固有值相对应的方程(2.1.5)的通解为

$$T_n(t) = C'_n \cos\frac{(2n+1)\pi a}{2l}t + D'_n \sin\frac{(2n+1)\pi a}{2l}t \quad (n = 0,1,2,\cdots)$$

于是，所求定解问题的解可表示为

$$u(x,t) = \sum_{n=0}^{\infty}\left(C_n\cos\frac{(2n+1)\pi a}{2l}t + D_n\sin\frac{(2n+1)\pi a}{2l}t\right)\sin\frac{(2n+1)\pi}{2l}x$$

利用初始条件确定其中的任意常数 C_n、D_n，得

$$D_n = 0$$

$$C_n = \frac{2}{l}\int_0^l (x^2 - 2lx)\sin\frac{(2n+1)\pi}{2l}x\mathrm{d}x$$

这个积分可用 Maple 计算

```
> c[n]:=2/l* int((x^2 -2* l* x)* sin((2* n+1)* Pi* x/(2* l)),x=0..l);
```

$$c_n := -\frac{4l^2(8 + 4\sin(\pi n)n\pi^2 + 4\sin(\pi n)n^2\pi^2 + \sin(\pi n)\pi^2 + 8\sin(\pi n))}{\pi^3(8n^3 + 12n^2 + 6n + 1)}$$

```
> factor(8* n^3 +12* n^2 +6* n+1);
```

$$(2n+1)^3$$

因为，$\sin n\pi = 0$，故可知

$$c_n = -\frac{32l^2}{(2n+1)^3\pi^3}$$

因此，所求定解问题的解为

$$u(x,t) = -\frac{32l^2}{\pi^3}\sum_{n=0}^{\infty}\frac{1}{(2n+1)^3}\cos\frac{(2n+1)\pi a}{2l}t\sin\frac{(2n+1)\pi}{2l}x$$

在上面定解问题的求解过程中,我们看到求解本征值问题和确定形式解中的任意常数是关键。本征值问题与所给的边界条件有关,而确定常数主要是计算初始函数的 Fourier 展开系数,这两个关键步骤可以借助于数学软件,比如 Maple 进行。例如在上述积分结果中令 $\sin(n\pi)=0$,和使 $8n^3+12n^2+6n+1=(2n+1)^3$ 的过程,也可以在 Maple 中完成,只要在 Maple 中输入命令:

```
> res1:=int((x^2-2*l*x)*sin((2*n+1)*Pi*x/(2*l)),x=0..l);
```

$$res1:=-\frac{2l^3(8+4\sin(\pi n)n\pi^2+4\sin(\pi n)n^2\pi^2+\sin(\pi n)\pi^2+8\sin(\pi n))}{\pi^3(8n^3+12n^2+6n+1)}$$

```
> res2:=subs(sin(Pi*n)=0,res1);
```

$$res2:=-\frac{16l^3}{\pi^3(8n^3+12n^2+6n+1)}$$

```
> factor(8*n^3+12*n^2+6*n+1);
```

$$(2n+1)^3$$

这样,借助于计算机的帮助,就可以避开原来的难点或繁琐的推导与计算,读者就可以节省大量原来用来计算的时间来思考问题本身。

为了加深理解,我们来分析一下级数形式解(2.1.12)的物理意义。先分析级数的每一项

$$u_n(x,t)=\left(C_n\cos\frac{n\pi a}{l}t+D_n\sin\frac{n\pi a}{l}t\right)\sin\frac{n\pi}{l}x\quad(n=1,2,\cdots)$$

的物理意义。分析的方法是,先固定时间 t,看看在任意指定时刻弦振动的波形是什么形状;再固定弦上一点,看看该点的振动规律。

把式(2.1.11)括号内的式子改变形式,得到

$$u_n(x,t)=A_n\cos(\omega_n t-\theta_n)\sin\frac{n\pi}{l}x$$

其中 $A_n=\sqrt{C_n+D_n}$,$\omega_n=\dfrac{n\pi a}{l}$,$\theta_n=\arctan\dfrac{C_n}{D_n}$。当时间 t 取固定值 t_0 时,得

$$u_n(x,t_0)=A'_n\sin\frac{n\pi}{l}x$$

其中 $A'_n=A_n\cos(\omega_n t_0-\theta_n)$ 是一个固定值。这表示在任意时刻,波形 $u_n(x,t_0)$ 的形状都是一些正弦曲线,只是它们的振幅随着时间的改变而改变。

当弦上任意一点的横坐标 x 取定值 x_0 时,得

$$u_n(x_0,t)=B_n\cos(\omega_n t-\theta_n)$$

其中 $B_n=A_n\sin\dfrac{n\pi}{l}x_0$ 是一个定值。这说明弦上以 x_0 点为横坐标的点作简谐振动,其振幅为 B_n,角频率为 ω_n,初位相为 θ_n。若 x 取另外一个定值,情况也一样。只是振幅 B_n 不同而已。所以 $u_n(x,t)$ 表示这样一些振动波:弦上各点以同样的角频率 ω_n 作简谐振动,各点的初位相也相同,而各点的振幅则随位置的改变而改变;此振动波在任意时刻的外形是一条正弦曲线。

这种振动还有一个特点,在 $[0,l]$ 范围内还有 $n+1$ 个点(包括两个端点)永远保持不动。这是因为在 $x_m=\dfrac{ml}{n}$ $(m=0,1,2,\cdots,n)$ 这些点上,$\sin\dfrac{n\pi}{l}x_m=\sin m\pi=0$ 的缘故。这些点在物理

上称为节点。这也说明 $u_n(x,t)$ 的振动是在 $[0,l]$ 范围内的分段振动,其中有 $n+1$ 个节点。人们把这种包含节点的振动波叫做驻波。另外驻波还有 n 点达到最大值(读者可以自己讨论),这种使振动达到最大值的点叫做腹点。图 2.1.1 是用 Maple 画出的在某一时刻 t,$n=1$、2、3 时的驻波形状。而在时间段 $t\in[0,10]$ 内,$n=1$、2、3 时,立体形式的驻波见图 2.1.2。

综上所述,可知 $u_1(x,t),u_2(x,t),\cdots,u_n(x,t),\cdots$ 是一系列驻波,它们的频率、位相与振幅都随 n 不同而不同。因此我们可以说,一维波动方程用分离变量法解出的解 $u(x,t)$ 是由一系列驻波迭加而成的,而每一个驻波的波形由固有函数确定,它的频率由固有值确定。这完全符合实际情况。因为人们在考察弦的振动时,就发现许多驻波,他们的迭加又可以构成各种各样的波形,因此很自然地会想到用驻波的迭加表示弦振动方程的解。这就是分离变量法的物理背景,所以分离变量法又称驻波法。

```
> plot([sin(Pi* x),sin(2* Pi* x),sin(3* Pi* x)],x=0..1);
```

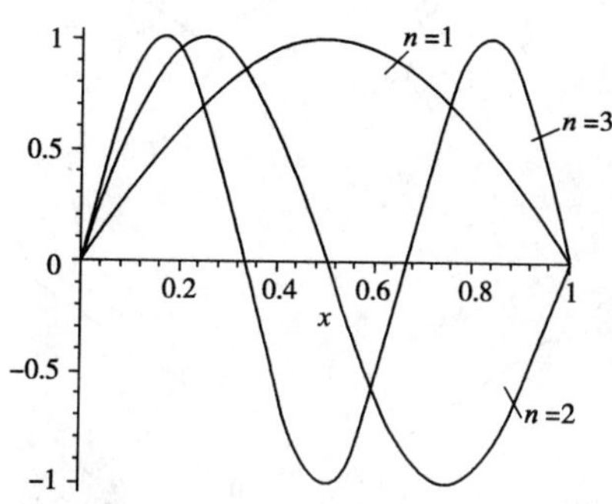

图　2.1.1

```
> plot3d(cos(t-Pi/2)* sin(Pi* x),t=0..10,x=0..1);
> plot3d(cos(t-Pi/2)* sin(2* Pi* x),t=0..10,x=0..1);
> plot3d(cos(t-Pi/2)* sin(3* Pi* x),t=0..10,x=0..1);
```

2.1.2　有限长杆上的热传导

设有一个均匀细杆,长为 l,两端点的坐标为 $x=0$,$x=l$,杆的侧面是绝热的,且在端点 $x=0$ 处温度为零度,而在另一端 $x=l$ 处杆的热量自由地发散到周围温度是零度的介质中去(参考 1.2 节解中第三类边界条件,并注意到在杆的 $x=l$ 端的截面上,外法线方向就是 x 轴的正方向)。已知初始温度为 $\varphi(x)$,求杆上的温度变化规律。问题可以化为求解下列定解问题

$$\begin{cases} \dfrac{\partial u}{\partial t}=a^2\dfrac{\partial^2 u}{\partial x^2} \quad (0<x<l,\ t>0) & (2.1.15) \\ u(0,t)=0, \quad \dfrac{\partial u(l,t)}{\partial t}+hu(l,t)=0 \quad (t>0) & (2.1.16) \\ u(x,0)=\varphi(x) \quad (0<x<l) & (2.1.17) \end{cases}$$

我们仍用分离变量法来求解这个问题。首先求出满足边界条件而且是变量被分离形式的特解,为此设

$$u(x,t)=X(x)T(t) \tag{2.1.18}$$

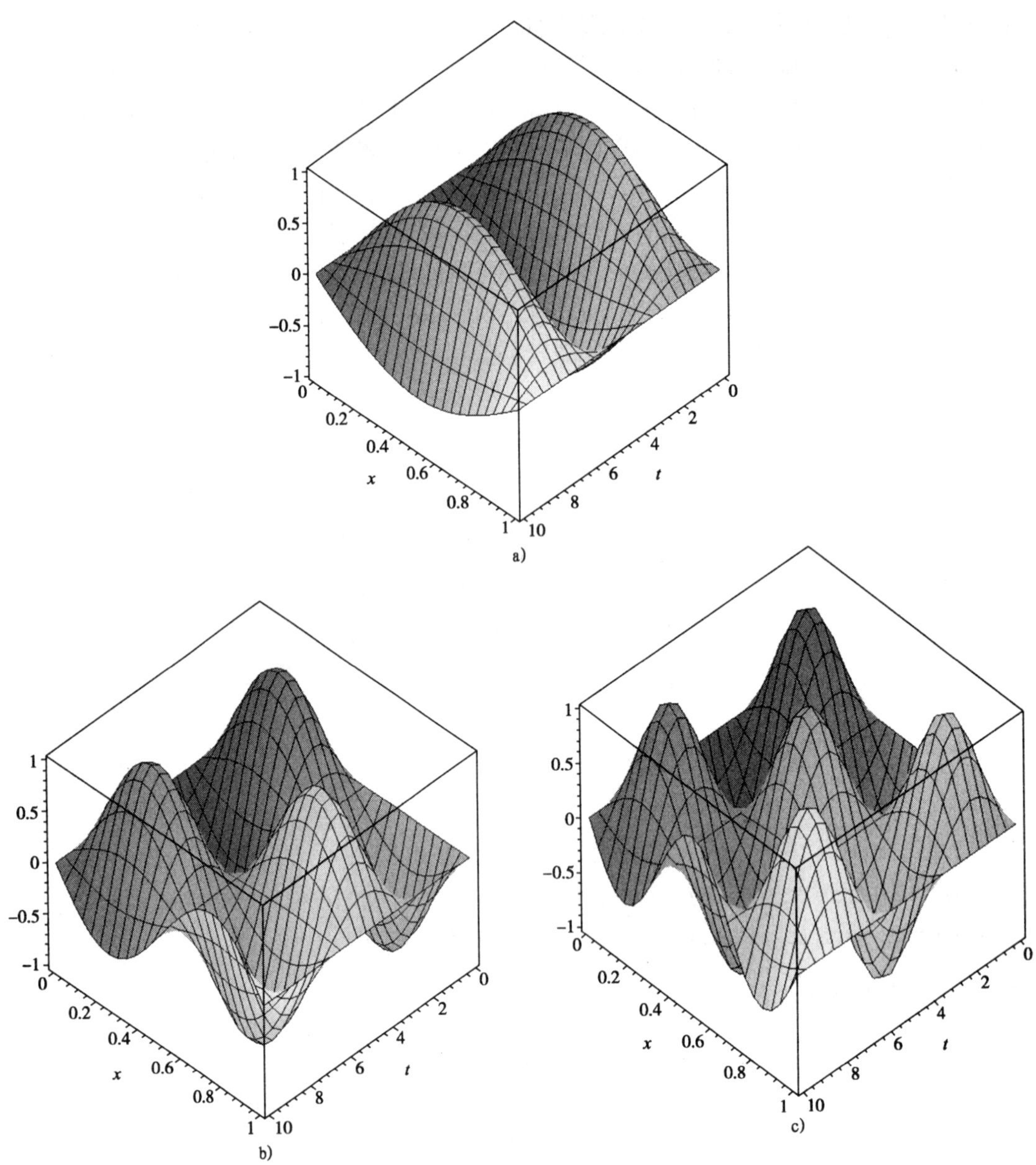

图 2.1.2

代入到方程(2.1.15),得

$$X''(x) + \lambda X(x) = 0 \tag{2.1.19}$$

和

$$T'(t) + a^2\lambda T(t) = 0 \tag{2.1.20}$$

其中 $\lambda>0$(对 $\lambda<0$ 和 $\lambda=0$ 的情况,可以像 2.1.1 节那样进行讨论,得知当 $\lambda<0$ 和 $\lambda=0$ 时,方程没有满足边界条件的非零解)为待定常数。由边界条件得

$$X(0) = 0, \quad X'(l) + hX(l) = 0 \tag{2.1.21}$$

式(2.1.19)和式(2.1.21)构成本征值问题。现求解之。

设式(2.1.19)的通解为

$$X(x) = A\cos\sqrt{\lambda}x + B\sin\sqrt{\lambda}x \tag{2.1.22}$$

考虑边界条件式(2.1.21),由 $X(0)=0$ 得 $A=0$,由 $X'(l)+hX(l)=0$ 得

$B\sqrt{\lambda}\cos\sqrt{\lambda}l + hB\sin\sqrt{\lambda}l = 0$,因为 $B\neq0$,有

$$\sqrt{\lambda}\cos\sqrt{\lambda}l + h\sin\sqrt{\lambda}l = 0 \tag{2.1.23}$$

为了求出 λ,令 $\lambda=\beta^2$,并将式(2.1.23)写成

$$\tan\gamma = \alpha\gamma \tag{2.1.24}$$

其中 $\gamma=\beta l=\sqrt{\lambda}l$, $\alpha=-\dfrac{1}{hl}$。方程(2.1.24)的解可以看作曲线 $y_1=\tan\gamma$ 与直线 $y_2=\alpha\gamma$ 交点的横坐标(图2.1.3)。显然,由于函数 $\tan x$ 为周期函数,故这样的交点有无穷多个,即方程(2.1.24)有无穷多个根。由这些根可以确定出固有值 $\lambda=\beta^2$。设方程(2.1.24)的无穷多个正根[不取负根是由于负根与正根只差一个符号(图2.1.3),再根据2.1.1节中所述的同样理由]依次为

$$\gamma_1,\gamma_2,\cdots,\gamma_n,\cdots$$

于是得到固有值问题式(2.1.19)和式(2.1.21)的无穷多个固有值

$$\lambda_1=\beta_1^2=\frac{\gamma_1^2}{l^2},\quad \lambda_2=\beta_2^2=\frac{\gamma_2^2}{l^2},\quad \cdots,\quad \lambda_n=\beta_n^2=\frac{\gamma_n^2}{l^2},\quad \cdots$$

和相应的固有函数

$$X_n(x) = B_n\sin\beta_n x \quad (n=1,2,\cdots)$$

```
> plot({tan(x), -1/2* x},x= -10..10,y= -10..10);
```

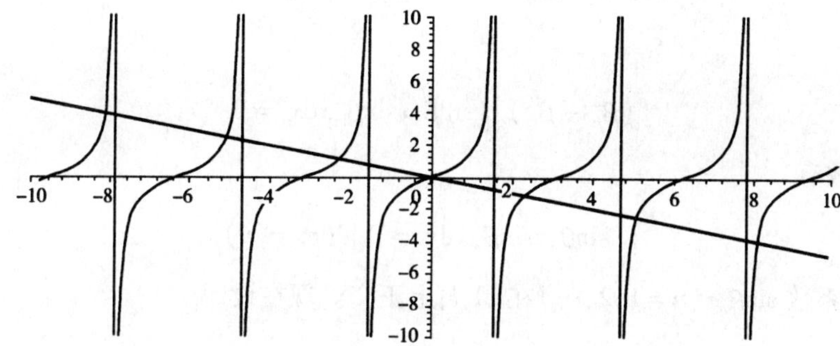

图　2.1.3

将得到的固有值代入到式(2.1.20),用 Maple 求解

```
> dsolve(diff(T(t),t) + a^2* lambda[n]* T(t) =0);
```

$$T(t) = \_C_1 e^{(-a^2\lambda_n t)}$$

即

$$T_n(t) = C_n{}'e^{-a^2\lambda_n t} = C_n{}'e^{-a^2\beta_n{}^2 t} \qquad (n=1,2,\cdots)$$

代入式(2.1.18),得到方程(2.1.15)满足边界条件式(2.1.16)的一组特解

$$u_n(x,t) = X_n(x)T_n(t) = C_n e^{-a^2\beta_n^2 t}\sin\beta_n x \quad (n=1,2,\cdots) \tag{2.1.25}$$

其中 $C_n=B_nC_n{}'$是待定常数。由于方程(2.1.15)和边界条件式(2.1.16)都是线性齐次的,所以上述解的迭加

$$u(x,t) = \sum_{n=1}^{\infty} C_n e^{-a^2\beta_n^2 t}\sin\beta_n x \tag{2.1.26}$$

仍然满足方程和边界条件。最后考虑 $u(x,t)$ 能否满足初始条件式(2.1.17)。由式(2.1.26)得

$$u(x,0) = \sum_{n=1}^{\infty} C_n\sin\beta_n x$$

现在希望它等于已知函数 $\varphi(x)$。那么首先要问在 $[0,l]$ 上 $\varphi(x)$ 能否展开为 $\sum\limits_{n=1}^{\infty} C_n\sin\beta_n x$ 的级数形式,其次要问系数 C_n 如何确定。关于前者,只要 $\varphi(x)$ 在 $[0,l]$ 上满足 Dirichlet 条件即可。关于求系数的问题,回忆 Fourier 展开系数的得来是根据三角函数系 $\sin\dfrac{n\pi x}{l}\quad(n=1,2,\cdots)$ 在 $[0,l]$ 上的正交性,所以现在要考虑三角函数系 $\sin\beta_n x(n=1,2,\cdots)$ 在 $[0,l]$ 上的正交性。因为对于不同的 β_n 和 β_m,$\sin\beta_n x$ 及 $\sin\beta_m x$ 是微分方程(2.1.22)的解,故有

$$(\sin\beta_n x)'' + \beta_n^2\sin\beta_n x = 0$$

$$(\sin\beta_m x)'' + \beta_m^2\sin\beta_m x = 0$$

上面第一式乘以 $\sin\beta_m x$,第二式乘以 $\sin\beta_n x$,两式相减,并在 $[0,l]$ 上积分得

$$\int_0^l [\sin\beta_m x(\sin\beta_n x)'' - \sin\beta_n x(\sin\beta_m x)'']\mathrm{d}x + (\beta_n^2 - \beta_m^2)\int_0^l \sin\beta_n x\sin\beta_m x\mathrm{d}x = 0$$

对上式第一个积分应用分部积分法,并应用边界条件式(2.1.21),可得

$$\int_0^l [\sin\beta_m x(\sin\beta_n x)'' - \sin\beta_n x(\sin\beta_m x)'']\mathrm{d}x = 0$$

于是

$$(\beta_n^2 - \beta_m^2)\int_0^l \sin\beta_n x\sin\beta_m x\mathrm{d}x = 0$$

由于 $\beta_n\neq\beta_m$,故有

$$\int_0^l \sin\beta_n x\sin\beta_m x\mathrm{d}x = 0\quad(m\neq n) \tag{2.1.27}$$

说明三角函数系数 $\sin\beta_n x(n=1,2,\cdots)$ 在 $[0,l]$ 上正交。现在设

$$\varphi(x) = \sum_{n=1}^{\infty} C_n\sin\beta_n x$$

来求系数 C_n。用 $\sin\beta_m x$ 乘上式两边,并在 $[0,l]$ 上积分,设右边的级数收敛并可以逐项积分,得

$$\int_0^l \varphi(x)\sin\beta_m x\mathrm{d}x = \sum_{n=1}^{\infty} C_n\int_0^l \sin\beta_m x\sin\beta_n x\mathrm{d}x$$

由上面证明的三角函数系 $\sin\beta_n x(n=1,2,\cdots)$ 在 $[0,l]$ 上的正交性,并记

$$L_n = \int_0^l \sin\beta_n x\sin\beta_n x\mathrm{d}x = \int_0^l \sin^2(\beta_n x)\mathrm{d}x\quad(m = n) \tag{2.1.28}$$

得

$$C_n = \frac{1}{L_n}\int_0^l \varphi(x)\sin\beta_n x\mathrm{d}x \tag{2.1.29}$$

将式(2.1.29)代入到式(2.1.26),即得到定解问题式(2.1.15)~(2.1.17)的解。

例2　求解一维热传导方程,其初始条件及边界条件为

$$u|_{t=0}=x,u_x|_{x=0}=0,u_x|_{x=l}=0$$

解　由题意即求定解问题

$$\begin{cases}\dfrac{\partial u}{\partial t}=a^2\dfrac{\partial^2 u}{\partial x^2} & (0<x<l,\ t>0)\\ u_x|_{x=0}=0,u_x|_{x=l}=0 & (t>0)\\ u|_{t=0}=x & (0<x<l)\end{cases}$$

设 $u(x,t)=X(x)T(t)$,代入方程,分离变量得

$$\begin{cases}T'(t)+a^2\lambda T(t)=0 & (2.1.30)\\ X''(t)+\lambda X(t)=0 & (2.1.31)\end{cases}$$

其中 λ 为分离常数。由边界条件得

$$X'(0)=X'(l)=0 \tag{2.1.32}$$

式(2.1.31)和式(2.1.32)构成本征值问题。下面分三种情况讨论:

(1)当 $\lambda<0$ 时,方程(2.1.31)的通解为

$$X(x)=Ae^{-\sqrt{-\lambda}x}+Be^{\sqrt{-\lambda}x}$$

代入式(2.1.32)得

$$-A+B=0,\ -Ae^{-\sqrt{-\lambda}l}+Be^{\sqrt{-\lambda}l}=0$$

解得 $A=B=0$,故不可能有 $\lambda<0$。

(2)当 $\lambda=0$ 时,方程(2.1.31)的通解为

$$X(x)=Ax+B$$

代入式(2.1.32)得 $A=0$,得特解 $X_0(x)=B$。

由此可见,当边界条件为第二类边界条件时,$\lambda=0$ 是一个本征值。相应的本征函数是 $X_0(x)=B$(常数)。

(3)当 $\lambda>0$ 时,方程(2.1.31)的通解是

$$X(x)=C\cos\sqrt{\lambda}x+D\sin\sqrt{\lambda}x$$

代入式(2.1.32)得 $D=0,-C\sqrt{\lambda}\sin\sqrt{\lambda}l=0$,即

$$\sqrt{\lambda}=\frac{n\pi}{l},\qquad \lambda=\left(\frac{n\pi}{l}\right)^2\quad(n=1,2,3,\cdots)$$

相应的本征函数为

$$X_n(x)=C_n'\cos\frac{n\pi}{l}x\qquad(n=1,2,3,\cdots)$$

综合(2)、(3)两种情况,得到本定解问题的本征值和本征函数分别为

$$\lambda=\left(\frac{n\pi}{l}\right)^2\ (n=0,1,2,3,\cdots) \tag{2.1.33}$$

$$X_n(x)=C_n'\cos\frac{n\pi}{l}x\quad(n=0,1,2,3,\cdots) \tag{2.1.34}$$

注意 n 从0开始计。

将式(2.1.33)代入式(2.1.31),解得

$$T_0 = E_0 \quad (n=0), \quad T_n(t) = E_n e^{-\lambda a^2 t} = E_n e^{-\frac{n^2\pi^2}{l^2}a^2 t} \quad (n=1,2,\cdots)$$

于是,原方程满足边界条件的一般解为

$$u_n(x,t) = C_n e^{-\frac{n^2\pi^2}{l^2}a^2 t}\cos\frac{n\pi x}{l} \quad (n=0,1,2,\cdots)$$

其中 $C_n = C_n' E_n$。将这些解迭加起来,得到

$$u(x,t) = X_0 T_0 + \sum_{n=1}^{\infty} C_n e^{-\frac{n^2\pi^2}{l^2}a^2 t}\cos\frac{n\pi x}{l} = C_0 + \sum_{n=1}^{\infty} C_n e^{-\frac{n^2\pi^2}{l^2}a^2 t}\cos\frac{n\pi x}{l}$$

根据初始条件 $u|_{t=0} = x$,有 $u(x,0) = C_0 + \sum_{n=1}^{\infty} C_n \cos\frac{n\pi x}{l} = x$,由 Fourier 余弦展开定理,有

$$C_0 = \frac{1}{2}\left(\frac{2}{l}\int_0^l x\mathrm{d}x\right) = \frac{l}{2},\ C_n = \frac{2}{l}\int_0^l x\cos\frac{n\pi}{l}x\mathrm{d}x = \frac{2l}{n^2\pi^2}[(-1)^n - 1]$$

故得原定解问题的解为

$$u(x,t) = \frac{l}{2} + \sum_{n=1}^{\infty}\frac{2l}{n^2\pi^2}[(-1)^n - 1]e^{-\frac{n^2\pi^2}{l^2}a^2 t}\cos\frac{n\pi x}{l}$$

由此可见,本征函数和定解问题解的形式与边界条件密切相关,读者可以自己讨论一维波动方程和一维热传导方程在其他边界条件下的本征函数和解的形式。

下面我们列出用分离变量法求解定解问题的基本步骤:

(1)首先将问题中的偏微分方程通过分离变量化成常微分方程的定解问题,对于线性齐次常微分方程来说是可以办到的。

(2)确定本征值与本征函数。由于本征函数是要经过迭加的,所以用来确定本征函数的方程和边界条件,当函数经过迭加之后,仍要满足。当边界条件是齐次时,求本征函数就是求一个常微分方程(其通解可用 Maple 来求)满足零边界条件的非零解。

(3)定出本征值、本征函数后,再解其他常微分方程(也可以用 Maple 来求),把得到的解与本征函数相乘成为本征解 $u_n(x,t)$,这时 $u_n(x,t)$ 中还包含有任意常数。

(4)最后,为了使解满足其余的定解条件,需要把所有的 $u_n(x,t)$ 叠加成为级数形式,这时级数中的一系列任意常数就由其余的定解条件来确定。在这最后的一步工作中,需要把已知的函数展开成固有函数系的级数,这种展开的合理性将在第 4 章中论述,而其中的展开式系数可以用 Maple 来计算。

2.2 二维 Laplace 方程的定解问题

例 1 在矩形域 $0 \leq x \leq a, 0 \leq y \leq b$ 内求 Laplace 方程

$$\nabla^2 u = \frac{\partial^2 u}{\partial x^2} + \frac{\partial^2 u}{\partial y^2} = 0 \tag{2.2.1}$$

的解,使其满足边界条件

$$u|_{x=0} = 0, \quad u|_{x=a} = Ay \tag{2.2.2}$$

$$u_y|_{y=0} = 0, \quad u_y|_{y=b} = 0 \tag{2.2.3}$$

注意,与第一节讨论的问题不同的是这里的条件是两组边界条件,而不是一组边界条件、一组初始条件。但从数学上讲,边界条件与初始条件并无区别,都是可以用来作为确定积分常数的代数公式。具体的应用见下面的例题。

解　令 $u(x,y)=X(x)Y(y)$,代入式(2.2.1),得

$$X''(x)-\lambda X(x)=0 \tag{2.2.4}$$

$$Y''(y)+\lambda Y(y)=0 \tag{2.2.5}$$

又由边界条件(2.2.3)得

$$Y'(0)=Y'(b)=0 \tag{2.2.6}$$

式(2.2.4)和式(2.2.5)构成本征值问题,注意是应用具有齐次边界条件的问题作为本征值问题。采用与第 2.1 节同样的方法可以得到:

当 $\lambda<0$ 时,式(2.2.5)的通解为

$$Y(y)=C_1e^{-\sqrt{-\lambda}y}+C_2e^{\sqrt{-\lambda}y}$$

由式(2.2.6)有

$$-C_1+C_2=0$$

$$-C_1e^{-\sqrt{-\lambda}b}+C_2e^{\sqrt{-\lambda}b}=0$$

由此得 $C_1=C_2=0$,即式(2.2.5)、式(2.2.6)无非零解。

当 $\lambda=0$ 时,式(2.2.5)的通解为

$$Y(y)=A_1y+A_0$$

从而

$$Y'(y)=A_1$$

由 $Y'(0)=Y'(b)=0$ 推出 $A_1=0$,故得 $Y_0(y)=A_0$(常数)。

当 $\lambda>0$ 时,式(2.2.5)的通解为

$$Y(y)=A\cos\sqrt{\lambda}y+B\sin\sqrt{\lambda}y$$

从而

$$Y'(y)=-A\sqrt{\lambda}\sin\sqrt{\lambda}y+\sqrt{\lambda}B\cos\sqrt{\lambda}y=0$$

由 $Y'(0)=0$ 得 $B=0$,由 $Y'(b)=0$ 得 $A\sqrt{\lambda}\sin\sqrt{\lambda}b=0$,故得 $\lambda=0$ 或 $\sqrt{\lambda}b=n\pi$,

即

$$\lambda=\frac{n^2\pi^2}{b^2}\quad(n=1,2,\cdots)$$

综合 $\lambda=0$ 和 $\lambda>0$ 两种情况,可知,本征值为

$$\lambda=\frac{n^2\pi^2}{b^2}\quad(n=0,1,2,\cdots)$$

本征函数为

$$Y_n(y)=A_n\cos\frac{n\pi}{b}y\quad(n=0,1,2,\cdots)$$

注意本征值和本征函数中的 n 是从 0 开始,即包含了零本征值和常数特解的情况。将 λ 的值代入式(2.2.4),解得

$$X_0=C_0+D_0x\quad(\lambda=0)$$

$$X_n(x)=C_ne^{\frac{n\pi x}{b}}+D_ne^{-\frac{n\pi x}{b}}\quad(n=1,2,\cdots)$$

故问题的一般解是

$$u(x,y)=X_0(x)Y_0(y)+\sum_{n=1}^{\infty}X_n(x)Y_n(y)$$

$$= C_0 + D_0 x + \sum_{n=1}^{\infty} \left(C_n e^{\frac{n\pi x}{b}} + D_n e^{-\frac{n\pi x}{b}} \right) \cos \frac{n\pi}{b} y \tag{2.2.7}$$

由边界条件 $u|_{x=0} = 0$ 得到

$$C_0 + \sum_{n=1}^{\infty} (C_n + D_n) \cos \frac{n\pi y}{b} = 0$$

一个无穷级数等于零,说明各项系数均为零,因此

$$C_0 = 0, \quad C_n + D_n = 0 \quad (n = 1,2,\cdots) \tag{2.2.8}$$

又由$u|_{x=a} = Ay$,得

$$D_0 a + \sum_{n=1}^{\infty} \left(C_n e^{\frac{n\pi a}{b}} + D_n e^{-\frac{n\pi a}{b}} \right) \cos \frac{n\pi}{b} y = Ay$$

将 Ay 展开成 Fourier 余弦级数,并比较系数有

$$D_0 a = \frac{1}{2}\left(\frac{2}{b} \int_0^b Ay \mathrm{d}y \right) = \frac{A}{b} \frac{1}{2} b^2 = \frac{Ab}{2}$$

由此得

$$D_0 = \frac{Ab}{2a}$$

$$C_n e^{\frac{n\pi a}{b}} + D_n e^{-\frac{n\pi a}{b}} = \frac{2}{b} \int_0^b Ay \cos \frac{n\pi y}{b} \mathrm{d}y = \frac{2Ab}{n^2\pi^2} (\cos n\pi - 1) \tag{2.2.9}$$

我们已经知道,上面两式的积分可以用 Maple 来计算,从式(2.2.8)和式(2.2.9)中解出 C_n 和 D_n 也可用 Maple 来完成:

```
>solve({C[n]+D[n]=0,C[n]* exp(n* Pi* a/b)+D[n]* exp(-n* Pi* a/b)
=2* A* b/(n^2* Pi^2)* (cos(n* Pi)-1)},[C[n],D[n]]);
```

$$C_n = \frac{2Ab(\cos(n\pi) - 1)}{n^2\pi^2 \left(e^{\left(\frac{n\pi a}{b}\right)} - e^{\left(-\frac{n\pi a}{b}\right)} \right)}, \quad D_n = -\frac{2Ab(\cos(n\pi) - 1)}{n^2\pi^2 \left(e^{\left(\frac{n\pi a}{b}\right)} - e^{\left(-\frac{n\pi a}{b}\right)} \right)}$$

整理一下,得

$$C_n = \frac{Ab(\cos n\pi - 1)}{n^2\pi^2 \operatorname{sh} \frac{n\pi a}{b}}, \quad D_n = \frac{-Ab(\cos n\pi - 1)}{n^2\pi^2 \operatorname{sh} \frac{n\pi a}{b}} \quad (n = 1,2,\cdots)$$

代入式(2.2.7)得问题的解为

$$u(x,y) = \frac{Ab}{2a} x + \frac{2Ab}{\pi^2} \sum_{n=1}^{\infty} \frac{\cos n\pi - 1}{n^2 \operatorname{sh} \frac{n\pi a}{b}} \operatorname{sh} \frac{n\pi x}{b} \cos \frac{n\pi y}{b} \tag{2.2.10}$$

有些问题中的边界条件在极坐标下的表达式较为简单,所以常常需要在极坐标下求解定解问题,看下面的例题。

例 2 带电云与大地之间的静电场近似匀强静电场,其电场强度$\boldsymbol{E}_0$是铅垂的。水平架设的输电线处在这个静电场中,输电线是导体圆柱。柱面由于静电感应出现感应电荷,圆柱附近的静电场也就不再是匀强的了。不过,离圆柱“无限远”处的静电场仍保持匀强,现研究导体圆柱怎样改变了匀强静电场(即讨论导线附近的电场分布)。

解 化成定解问题,取柱轴为 z 轴,设导线“无限长”,那么场强和电势都与 z 无关,只需在 x、y 平面上讨论。如图 2.2.1 所示,圆柱在 x、y 平面上的截面圆周 $x^2 + y^2 = a^2$(a 为半径)作为静电

场的边界,所以我们采用极坐标。柱外空间无电荷,电势满足二维 Laplace 方程$\frac{\partial^2 u}{\partial x^2}+\frac{\partial^2 u}{\partial y^2}=0$,化

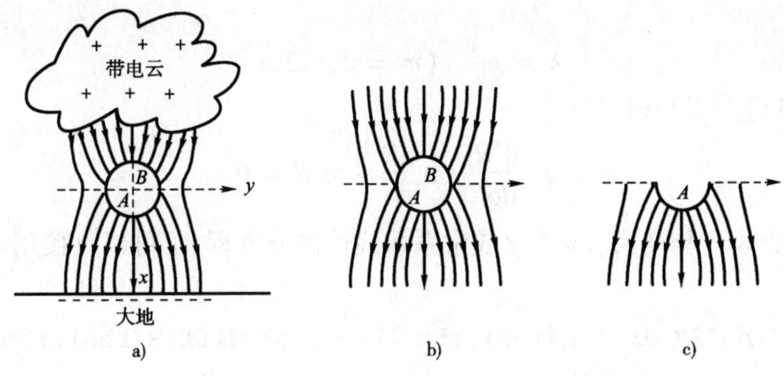

图　2.2.1

成极坐标即为

$$\frac{\partial^2 u}{\partial \rho^2}+\frac{1}{\rho}\frac{\partial u}{\partial \rho}+\frac{1}{\rho^2}\frac{\partial^2 u}{\partial \varphi^2}=0 \quad (\rho > a) \tag{2.2.11}$$

现在给出边界条件:导体中的电荷不再移动,说明导体中电势相同,又因为电势具有相对意义,故可以把导体的电势当作零,即

$$u\big|_{\rho=a}=0 \tag{2.2.12}$$

"无穷远"处也为一个边界(圆内则考虑圆心点),"无穷远"处静电场仍为匀强静电场 $\boldsymbol{E}_0$,由于选取了 x 轴平行 $\boldsymbol{E}_0$,故有

$$E_y=0, \quad E_x=E_0$$

由电势与场强的关系 $\boldsymbol{E}=-\nabla u$,有 $-\frac{\partial u}{\partial x}=E_0$,积分得 $u=-E_0x=-E_0\rho\cos\varphi$

因此有

$$u\big|_{\rho\to\infty}=-E_0\rho\cos\varphi \tag{2.2.13}$$

式(2.2.11)~式(2.2.13)为带电云与大地之间匀强电场中输电线问题的定解问题,下面求解这个定解问题。首先分离变量,令

$$u=u(\rho,\varphi)=R(\rho)\Phi(\varphi)$$

代入方程(2.2.11),得到两个常微分方程

$$\Phi''+\lambda\Phi=0 \tag{2.2.14}$$

$$\rho^2\frac{\mathrm{d}^2R}{\mathrm{d}\rho^2}+\rho\frac{\mathrm{d}R}{\mathrm{d}\rho}-\lambda R=0 \tag{2.2.15}$$

其中 λ 为分离常数。因为极角具有周期性,(ρ,φ)和$(\rho,\varphi+2\pi)$应表示一个点,同一点处的 u 值应该相同,故有

$$u(\rho,\varphi+2\pi)=u(\rho,\varphi)$$

即

$$R(\rho)\Phi(\varphi+2\pi)=R(\rho)\Phi(\varphi)$$

所以有

$$\Phi(\varphi+2\pi)=\Phi(\varphi) \tag{2.2.16}$$

方程(2.2.16)称为自然周期条件。

方程(2.2.14)及方程(2.2.16)构成本征值问题,解之

$$\Phi(\varphi) = A\cos m\varphi + B\sin m\varphi \tag{2.2.17}$$

即

$$\lambda = m^2 \quad (m = 0,1,2,\cdots) \tag{2.2.18}$$

这时方程(2.2.15)可以写成

$$\rho^2 \frac{\mathrm{d}^2 R}{\mathrm{d}\rho^2} + \rho \frac{\mathrm{d}R}{\mathrm{d}\rho} - m^2 R = 0 \tag{2.2.19}$$

这是一个 Euler 方程。作变换 $\rho = e^t$ 化成常系数线性微分方程,也可以直接用 Maple 求出其通解:

```
> dsolve(rho^2* diff(R(rho),rho $2) +rho* diff(R(rho),rho) =0);
```

$$R(\rho) = \_C_1 + \_C_2\ln(\rho) \quad (m=0)$$

```
>dsolve(rho^2* diff(R(rho),rho $2) +rho* diff(R(rho),rho) -m^2* R
(rho) =0);
```

$$R(\rho) = \_C_1\rho^{(-m)} + \_C_2\rho^m \quad (m>0)$$

即

$$R_0 = C + D\ln\rho \quad (m = 0)$$

$$R = C\rho^m + D\frac{1}{\rho^m} \quad (m > 0)$$

于是得到极坐标系中 Laplace 方程的本征解

$$u_0(\rho,\varphi) = C_0 + D_0\ln\rho$$

$$u_m(\rho,\varphi) = (A_m\cos m\varphi + B_m\sin m\varphi)\left(C_m\rho^m + D_m\frac{1}{\rho^m}\right)$$

一般解应迭加得到

$$u(\rho,\varphi) = C_0 + D_0\ln\rho + \sum_{m=1}^{\infty}(A_m\cos m\varphi + B_m\sin m\varphi)\left(C_m\rho^m + D_m\frac{1}{\rho^m}\right) \tag{2.2.20}$$

由边界条件(2.2.12),有

$$C_0 + D_0\ln a + \sum_{m=1}^{\infty}(A_m\cos m\varphi + B_m\sin m\varphi)\left(C_m a^m + D_m\frac{1}{a^m}\right) = 0$$

一个 Fourier 级数为零,各系数为零,即

$$C_0 + D_0\ln a = 0, \quad C_m a^m + D_m\frac{1}{a^m} = 0$$

由此,得

$$C_0 = -D_0\ln a, \quad D_m = -C_m a^{2m}$$

代入式(2.2.20),有

$$u(\rho,\varphi) = D_0\ln\frac{\rho}{a} + \sum_{m=1}^{\infty}(A_m\cos m\varphi + B_m\sin m\varphi)\left(\rho^m - a^{2m}\frac{1}{\rho^m}\right) \tag{2.2.21}$$

再由边界条件(2.2.13),令 $\rho\to\infty$ 略去 $\ln\frac{\rho}{a}$ 及$\frac{1}{\rho^m}$项,有

$$\lim_{\rho\to\infty}\sum_{m=1}^{\infty}\rho^m(A_m\cos m\varphi+B_m\sin m\varphi)=-E_0\rho\cos\varphi$$

比较等式两边的系数,得

$$A_1=-E_0,\quad A_m=0\quad(m\neq1)$$
$$B_m=0\quad(m=1,2,\cdots)$$

代入式 (2.2.21),得导体周围的电势分布

$$u(\rho,\varphi)=D_0\ln\frac{\rho}{a}-E_0\rho\cos\varphi+E_0\frac{a^2}{\rho}\cos\varphi\tag{2.2.22}$$

式(2.2.22)中间项为原来静电场的电势分布,最后一项当 $\rho\to\infty$ 时可以忽略,所以它代表在导体圆柱附近对匀强电场的修正,这自然是柱面感应电荷的影响。前面的一项与导体原来的带电量有关,如果导体不带电,则 $D_0=0$,这时圆柱周围的电势是

$$u(\rho,\varphi)=-E_0\rho\cos\varphi+E_0\frac{a^2}{\rho}\cos\varphi$$

由此计算出图 2.2.1a)中 A、B 两点的电场强度

$$E=-\frac{\partial u}{\partial\rho}\bigg|_{\substack{\rho=a\\ \varphi=0,\pi}}=\left(E_0\rho\cos\varphi+E_0\frac{a^2}{\rho^2}\cos\varphi\right)\bigg|_{\substack{\rho=a\\ \varphi=0,\pi}}=\pm2E_0$$

是原来匀强电场的两倍。所以在这两点处特别容易击穿,而且场强的大小与圆柱的半径无关。

图 2.2.1a)中 y 轴上的电势是

$$u\big|_{\varphi=\pm\frac{\pi}{2}}=\left(-E_0\rho\cos\varphi+E_0\frac{a^2}{\rho}\cos\varphi\right)\bigg|_{\varphi=\pm\frac{\pi}{2}}=0$$

跟导体圆柱的电势相同。图 2.2.1a)中 y 轴实际上代表三维空间中的 yz 平面,因此 yz 平面上的电势跟导体圆柱上的电势相同。既然导体圆柱跟 yz 平面电势相同,如果让导体圆柱的两侧沿 yz 平面延伸出两翼(图 2.2.1b)),静电场并不改变,电势分布仍然是式(2.2.22)。

要是只看带翼圆柱体的下方(图 2.2.1c)),可以看成平板电容器两极板间的静电场,A 点突起,则其电场强度可以达到 $2E_0$,极易击穿。因此高压电容器的极板必须刨得特别平滑。

下面举一个所谓无初始条件的例子。

例 3　长为 l 的理想传输线,一端接于电动势为 $v_0\sin\omega t$ 的交流电源,另一端开路,求解线上的稳恒电振荡。

解　经历交流电的许多周期后,初始条件所引起的自由振荡衰减到可以认为已经消失,这时的电振荡完全是由交流电源引起的,所以叫稳恒振荡。因此是没有初始条件的问题:

$$\begin{cases}u_{tt}-a^2u_{xx}=0\quad\left(a=\dfrac{1}{\sqrt{LC}}\right)\\ u\big|_{x=0}=v_0e^{j\omega t},\quad u\big|_{x=l}=0\end{cases}$$

为了计算方便,将电动势 $v_0\sin\omega t$ 写成 $v_0e^{i\omega t}$(其中 $i=\sqrt{-1}$),最后将得到的解取虚部。

由于振荡完全由交流电源引起,当然可以认为振荡的周期与交流电源相同,即令

$$u(x,t)=X(x)e^{i\omega t}$$

代入方程得

$$(i\omega)^2e^{i\omega t}X(x)-a^2X''(x)e^{i\omega t}=0$$

即

$$X''(x)+\left(\frac{\omega}{a}\right)^2X(x)=0$$

其通解为

$$X(x)=Ae^{i\frac{\omega}{a}x}+Be^{-i\frac{\omega}{a}x}$$

故有

$$u(x,t)=(Ae^{i\frac{\omega}{a}x}+Be^{-i\frac{\omega}{a}x})e^{i\omega t}$$

由 $u|_{x=0}=v_0e^{i\omega t}$ 得

$$A+B=v_0 \tag{2.2.23}$$

及

$$u|_{x=l}=0$$

得

$$Ae^{i\frac{\omega}{a}l}+Be^{-i\frac{\omega}{a}l}=0 \tag{2.2.24}$$

从式(2.2.23)和式(2.2.24)中解出

$$A=\frac{v_0}{1-e^{2i\frac{\omega}{a}l}}=\frac{iv_0e^{-i\frac{\omega}{a}l}}{2\sin\left(\frac{\omega}{a}l\right)},\qquad B=\frac{v_0}{1-e^{-2i\frac{\omega}{a}l}}=-\frac{iv_0e^{i\frac{\omega}{a}l}}{2\sin\left(\frac{\omega}{a}l\right)}$$

代入解的表达式,得

$$u(x,t)=\frac{v_0\left[e^{i\frac{\omega}{a}(x-l)}-e^{-i\frac{\omega}{a}(x-l)}\right]e^{i\omega t}}{-2i\sin\left(\frac{\omega}{a}l\right)}=\frac{v_0\left[e^{i\frac{\omega}{a}(l-x)}-e^{-i\frac{\omega}{a}(l-x)}\right]e^{i\omega t}}{2i\sin\left(\frac{\omega}{a}l\right)}$$

$$=\frac{v_0\sin\frac{\omega}{a}(l-x)}{\sin\left(\frac{\omega l}{a}\right)}e^{i\omega t}$$

取虚部,并以 $a=\sqrt{\frac{1}{LC}}$代入,得传输线内稳恒的电振荡

$$u(x,t)=\frac{v_0\sin\omega\sqrt{LC}(l-x)}{\sin\omega l\sqrt{LC}}\sin\omega t$$

2.3 非齐次方程的解法

前面所讨论的问题中的偏微分方程都是齐次的,现在来讨论非齐次偏微分方程的解法。为方便起见,以弦的强迫振动为例,所用方法对其他类型的方程也适合。

我们所研究的问题是一根弦在两端固定的情况下,受强迫力作用所产生的振动现象,即考虑定解问题

$$\begin{cases}\dfrac{\partial^2u}{\partial t^2}=a^2\dfrac{\partial^2u}{\partial x^2}+f(x,t)\quad(0<x<l,t>0) & (2.3.1)\\ u|_{x=0}=0,\quad u|_{x=l}=0\qquad(t>0) & (2.3.2)\end{cases}$$

$$u|_{t=0} = \varphi(x), \quad \left.\frac{\partial u}{\partial t}\right|_{t=0} = \psi(x) \quad (0 < x < l) \tag{2.3.3}$$

在上述定解问题中,弦的振动是由两部分干扰引起的:一是强迫力 $f(x,t)$;一是初始函数 $\varphi(x)$ 和 $\psi(x)$。由问题的物理意义可知,此时的振动可以看作是仅由强迫力引起的振动和仅由初始函数引起的振动合成的。

由此得到启发,我们设定解问题(2.3.1)~(2.3.3)的解为

$$u(x,t) = v(x,t) + w(x,t) \tag{2.3.4}$$

其中 $v(x,t)$ 表示仅由强迫力引起弦的位移, 它满足

$$\begin{cases} \dfrac{\partial^2 v}{\partial t^2} = a^2 \dfrac{\partial^2 v}{\partial x^2} + f(x,t) \quad (0 < x < l, t > 0) \\ v_{x=0} = 0, \quad v|_{x=l} = 0 \quad (t > 0) \\ v|_{t=0} = 0, \quad \left.\dfrac{\partial v}{\partial t}\right|_{t=0} = 0 \quad (0 < x < l) \end{cases} \tag{2.3.5}$$

而 $w(x,t)$ 表示仅由初始状态引起弦的位移,它满足

$$\begin{cases} \dfrac{\partial^2 w}{\partial t^2} = a^2 \dfrac{\partial^2 w}{\partial x^2} \quad (0 < x < l, t > 0) \\ w|_{x=0} = 0, \quad w|_{x=l} = 0 \quad (t > 0) \\ w|_{t=0} = \varphi(x), \quad \left.\dfrac{\partial w}{\partial t}\right|_{t=0} = \psi(x) \quad (0 < x < l) \end{cases} \tag{2.3.6}$$

不难验证,如果 v 是问题(2.3.5)的解,w 是问题(2.3.6)的解,则 $u = v + w$ 一定是原定解问题的解。问题(2.3.6)可以直接用分离变量法求解,因此现在的问题是讨论如何求解问题(2.3.5)。

关于求解问题(2.3.5),我们采用类似于线性非齐次常微分方程中所常用的参数变异法,并保持如下设想:即这个定解问题的解可以分解成无穷多个驻波的迭加,而每个驻波的波形仍然是由相应齐次方程通过分离变量所得到的固有值问题的固有函数所决定。这就是说,我们假设定解问题(2.3.5)的解具有形式

$$v(x,t) = \sum_{n=1}^{\infty} v_n(t) \sin \frac{n\pi}{l} x \tag{2.3.7}$$

其中 $v_n(t)$ 为待定函数。为了确定 $v_n(t)$,将自由项 $f(x,t)$ 也按固有函数系展开成下列级数

$$f(x,t) = \sum_{n=1}^{\infty} f_n(t) \sin \frac{n\pi}{l} x \tag{2.3.8}$$

其中
$$f_n(t) = \frac{2}{l}\int_0^l f(x,t) \sin \frac{n\pi}{l} x \mathrm{d}x$$

将式(2.3.7)和式(2.3.8)代入到(2.3.5)的第一式,得到

$$\sum_{n=1}^{\infty} \left[v_n''(t) + \frac{a^2 n^2 \pi^2}{l^2} v_n(t) - f_n(t) \right] \sin \frac{n\pi}{l} x = 0$$

由此可得

$$v''_n(t) + \frac{a^2 n^2 \pi^2}{l^2} v_n(t) = f_n(t) \tag{2.3.9}$$

再将式(2.3.7)代入式(2.3.5)式的初始条件,得

$$v_n(0)=0,\qquad v'_n(0)=0 \tag{2.3.10}$$

这样一来,确定函数 $v_n(t)$ 的问题就成为求解常微分方程的初值问题(2.3.9)和式(2.3.10)。

用 Laplace 变换法(或特解法或参数变异法)利用 Maple 求解问题(2.3.9)和条件(2.3.10)得到

```
>ode:=diff(v(t),t$2)+a^2*n^2*Pi^2/l^2*v(t)=f(t);
```

$$ode:=\left(\frac{d^2}{dt^2}v(t)\right)+\frac{a^2n^2\pi^2v(t)}{l^2}=f(t)$$

```
> ics:=v(0)=0,D(v)(0)=0;
```

$$ics:=v(0)=0,D(v)(0)=0$$

```
>dsolve({ode,ics},v(t),method=laplace);
```

$$v(t)=-\left(\frac{\sqrt{-a^2n^2l^2}}{\pi n^2a^2}\int_0^t f(\_U_1)\sin\left(\frac{\pi\sqrt{-a^2n^2l^2}(t-\_U_1)}{l^2}\right)d\_U_1\right)$$

整理一下,即有

$$v_n(t)=\frac{l}{n\pi a}\int_0^t f_n(\tau)\sin\frac{n\pi a(t-\tau)}{l}d\tau$$

将其代入到式(2.3.7)得到问题(2.3.5)的解

$$v(x,t)=\sum_{n=1}^{\infty}\left[\frac{l}{n\pi a}\int_0^t f_n(\tau)\sin\frac{n\pi a(t-\tau)}{l}d\tau\right]\sin\frac{n\pi x}{l} \tag{2.3.11}$$

将这个解与式(2.3.6)的解加起来,就得到原定解问题(2.3.1)~(2.3.3)的解。

这里所给的求解定解问题(2.3.5)的方法,实质是将方程的自由项和方程的解都按齐次方程所对应的本征函数展开。随着方程和边界条件不同,本征函数也不同,但总是把非齐次方程的解按照与其相应的本征函数展开,这种方法叫作本征函数法。

以上的方法中是将问题分成两部分来求解,从第一部分的求解中可以得到本征函数,对于本征函数已知的问题也可以不必将问题分成两部分,而是将初始条件也按固有函数系展开,然后求解常微分方程的非齐次初始值问题。看下面的例子。

例 1 求解具有放射衰变的热传导方程

$$\frac{\partial^2u}{\partial x^2}-a^2\frac{\partial u}{\partial t}+Ae^{-\alpha x}=0$$

已知边界条件为

$$u|_{x=0}=0,u|_{x=l}=0$$

初始条件为

$$u|_{t=0}=T_0(\text{常数})$$

解 首先令 $\frac{1}{a^2}=b^2,\frac{A}{a^2}=B$,将定解问题化为如下更整齐的形式

$$\begin{cases}\dfrac{\partial u}{\partial t}=b^2\dfrac{\partial^2u}{\partial x^2}+Be^{-\alpha x}\\ u|_{x=0}=u|_{x=l}=0\\ u|_{t=0}=T_0\end{cases}$$

方法 1　分成两部分来处理，令

$$u(x,t) = v(x,t) + w(x,t)$$

其中 $u(x,t)$ 和 $v(x,t)$ 分别满足

$$\begin{cases} \dfrac{\partial v}{\partial t} = b^2 \dfrac{\partial^2 v}{\partial x^2} \\ v\big|_{x=0} = v\big|_{x=l} = 0 \\ v\big|_{t=0} = T_0 \end{cases} \tag{2.3.12}$$

$$\begin{cases} \dfrac{\partial w}{\partial t} = b^2 \dfrac{\partial^2 w}{\partial x^2} + Be^{-ax} \\ w\big|_{x=0} = w\big|_{x=l} = 0 \\ w\big|_{t=0} = 0 \end{cases} \tag{2.3.13}$$

用分离变量法求解问题(2.3.12)。令 $v(x,t) = X(x)T(t)$，代入到方程和边界条件得本征值问题

$$\begin{cases} X''(x) + \lambda X(x) = 0 \\ X(0) = X(l) = 0 \end{cases}$$

和 $T(t)$ 所满足的方程

$$T'(t) + \lambda b^2 T(t) = 0$$

求解本征值问题，得本征值和本征函数分别为

$$\lambda_n = \frac{n^2\pi^2}{l^2}, X_n = B_n \sin\frac{n\pi}{l}x \qquad (n = 1,2,\cdots)$$

而

$$T_n(t) = C_n e^{-\left(\frac{n\pi b}{l}\right)^2 t}$$

于是问题(2.3.12)的一般解为

$$v(x,t) = \sum_{n=1}^{\infty} B_n e^{-\left(\frac{n\pi b}{l}\right)^2 t} \sin\frac{n\pi x}{l}$$

由初始条件定得 $B_n = \dfrac{2T_0}{n\pi}[1-(-1)^n]$，从而问题(2.3.12)的解为

$$v(x,t) = \sum_{n=1}^{\infty} \frac{2T_0}{n\pi}[1-(-1)^n] e^{-\left(\frac{n\pi b}{l}\right)^2 t} \sin\frac{n\pi x}{l} = \sum_{n=1}^{\infty} \frac{2T_0}{n\pi}[1-(-1)^n] e^{-\left(\frac{n\pi}{la}\right)^2 t} \sin\frac{n\pi x}{l}$$

再用本征函数法求解问题(2.3.13)。

将未知函数 $w(x,t)$ 和自由项 $Be^{-\alpha x}$ 按固有函数系展开

$$w(x,t) = \sum_{n=1}^{\infty} T_n(t)\sin\frac{n\pi}{l}x, \quad Be^{-\alpha x} = \sum_{n=1}^{\infty} f_n(t)\sin\frac{n\pi}{l}x$$

其中

$$f_n(t) = \frac{2}{l}\int_0^l Be^{-\alpha\xi}\sin\frac{n\pi}{l}\xi \mathrm{d}\xi = \frac{2n\pi B}{l^2}\frac{[1-(-1)^n e^{-\alpha l}]}{\alpha^2 + \left(\frac{n\pi}{l}\right)^2} = \frac{2n\pi B[1-(-1)^n e^{-\alpha l}]}{\alpha^2 l^2 + n^2\pi^2}$$

代入到问题(2.3.13)的方程，得

$$\sum_{n=1}^{\infty} w_n'(t)\sin\frac{n\pi}{l}x + b^2\sum_{n=1}^{\infty} w_n(t)\left(\frac{n\pi}{l}\right)^2\sin\frac{n\pi}{l}x - \sum_{n=1}^{\infty} f_n(t)\sin\frac{n\pi}{l}x = 0$$

比较等式两边系数,并由齐次初始条件有

$$\begin{cases} w_n'(t) + \left(\dfrac{n\pi b}{l}\right)^2 w_n(t) = f_n(t) \\ w_n(0) = 0 \end{cases}$$

用 Maple 解之,有

```
> ode: =diff(w[n](t),t) +n^2* Pi^2* b^2/l^2* w[n](t) =f[n];
```

$$ode: = \left(\frac{\mathrm{d}}{\mathrm{d}t}w_n(t)\right) + \frac{n^2\pi^2b^2w_n(t)}{l^2} = f_n$$

```
> ics: =w[n](0) =0;
```

$$ics: = w_n(0) = 0$$

```
>dsolve({ode,ics});
```

$$w_n(t) = \frac{l^2f_n}{n^2\pi^2b^2} - \frac{e^{\left(-\frac{n2\pi2b2t}{l2}\right)}l^2f_n}{n^2\pi^2b^2}$$

于是

$$w(x,t) = \sum_{n=1}^{\infty}\frac{l^2f_n}{n^2\pi^2b^2}\left(1 - e^{\left(\frac{n\pi b}{l}\right)^2t}\right)\sin\frac{n\pi}{l}x = \sum_{n=1}^{\infty}\frac{l^2f_na^2}{n^2\pi^2}\left(1 - e^{\left(\frac{n\pi}{al}\right)^2t}\right)\sin\frac{n\pi}{l}x$$

最后

$$\begin{aligned} u(x,t) &= v(x,t) + w(x,t) \\ &= \sum_{n=1}^{\infty}\frac{2T_0}{n\pi}[1-(-1)^n]e^{-\left(\frac{n\pi}{la}\right)^2t}\sin\frac{n\pi x}{l} + \sum_{n=1}^{\infty}\frac{l^2f_na^2}{n^2\pi^2}\left(1 - e^{\left(\frac{n\pi}{al}\right)^2t}\right)\sin\frac{n\pi}{l}x \\ &= \sum_{n=1}^{\infty}\left\{\frac{2T_0}{n\pi}[1-(-1)^n]e^{-\left(\frac{n\pi}{al}\right)^2t} + \frac{2Al^2}{n\pi}\frac{[1-(-1)^ne^{-\alpha l}]}{\alpha^2+(n\pi)^2}\left[1 - e^{-\left(\frac{n\pi}{al}\right)^2t}\right]\right\}\sin\frac{n\pi}{l}x \end{aligned}$$

方法 2 直接利用本征函数展开。

由于对应的齐次问题具有第一类齐次边界条件,故可令

$$u(x,t) = \sum_{n=1}^{\infty} T_n(t)\sin\frac{n\pi}{l}x,\quad Be^{-\alpha x} = \sum_{n=1}^{\infty} f_n(t)\sin\frac{n\pi}{l}x$$

代入到原方程和初始条件得

$$\begin{cases} \displaystyle\sum_{n=1}^{\infty}\left[T'_n(t) + \left(\frac{n\pi b}{l}\right)^2T_n(t)\right]\sin\frac{n\pi}{l}x = \sum_{n=1}^{\infty} f_n(t)\sin\frac{n\pi}{l}x \\ \displaystyle\sum_{n=1}^{\infty} T_n(0)\sin\frac{n\pi}{l}x = T_0 \end{cases}$$

即

$$\begin{cases} T'_n(t) + \left(\dfrac{n\pi b}{l}\right)^2T_n(t) = f_n(t) \\ T_n(0) = \dfrac{2}{l}\displaystyle\int_0^l T_0\sin\frac{n\pi}{l}\xi\mathrm{d}\xi = \frac{2T_0}{n\pi}[1-(-1)^n] \end{cases} \tag{2.3.14}$$

其中

$$f_n(t) = \frac{2}{l}\int_0^l Be^{-\alpha\xi}\sin\frac{n\pi}{l}\xi\mathrm{d}\xi = \frac{2n\pi B}{l^2}\frac{[1-(-1)^n e^{-\alpha l}]}{\alpha^2+\left(\frac{n\pi}{l}\right)^2} = \frac{2n\pi B[1-(-1)^n e^{-\alpha l}]}{\alpha^2+(n\pi)^2} \tag{2.3.15}$$

用 Maple 求解方程(2.3.14),过程和结果如下:

```
> ode:=diff(T(t),t)+(n*Pi*b/l)^2*T(t)=f;
```

$$ode := \left(\frac{\mathrm{d}}{\mathrm{d}t}T(t)\right)+\frac{n^2\pi^2b^2T(t)}{l^2}=f$$

```
> ics:=T(0)=2*T[0]/(n*Pi)*(1-(-1)^n);
```

$$ics := T(0)=\frac{2T_0(1-(-1)^n)}{n\pi}$$

```
> res:=dsolve({ode,ics});
```

$$res := T(t)=\frac{l^2f}{n^2\pi^2b^2}+e^{\left(-\frac{n2\pi2b2t}{l2}\right)}\left(-\frac{2T_0(-1+(-1)^n)}{n\pi}-\frac{l^2f}{n^2\pi^2b^2}\right)$$

```
> f:=2*n*Pi*B/l^2*((1-(-1)^n*e^(-a*l))/(a^2+(n*Pi/l)^2));
```

$$f := \frac{2n\pi B(1-(-1)^n e^{(-al)})}{l^2\left(a^2+\frac{n^2\pi^2}{l^2}\right)}$$

```
>res;
```

$$T(t)=\frac{2B(1-(-1)^n e^{(-al)})}{n\pi b^2\left(a^2+\frac{n^2\pi^2}{l^2}\right)}+e^{\left(-\frac{n2\pi2b2t}{l2}\right)}\left(-\frac{2T_0(-1+(-1)^n)}{n\pi}-\frac{2B(1-(-1)^n e^{(-al)})}{n\pi b^2\left(a^2+\frac{n^2\pi^2}{l^2}\right)}\right)$$

整理一下,并将 $T(t)$ 写成 $T_n(t)$,即有

$$T_n(t) = \frac{2T_0}{n\pi}[1-(-1)^n]e^{-\left(\frac{n\pi b}{l}\right)^2t}-\frac{2B}{b^2n\pi}\frac{[1-(-1)^n e^{-\alpha l}]}{\alpha^2+\left(\frac{n\pi}{l}\right)^2}\left[e^{-\left(\frac{n\pi b}{l}\right)^2t}-1\right]$$

$$=\frac{2T_0}{n\pi}[1-(-1)^n]e^{-\left(\frac{n\pi}{al}\right)^2t}+\frac{2Al^2}{n\pi}\frac{[1-(-1)^n e^{-\alpha l}]}{\alpha^2+(n\pi)^2}\left[1-e^{-\left(\frac{n\pi}{al}\right)^2t}\right]$$

于是原定解问题的解为

$$u(x,t) = \sum_{n=1}^{\infty}\left\{\frac{2T_0}{n\pi}[1-(-1)^n]e^{-\left(\frac{n\pi}{al}\right)^2t}+\frac{2Al^2}{n\pi}\frac{[1-(-1)^n e^{-\alpha l}]}{\alpha^2+(n\pi)^2}\left[1-e^{-\left(\frac{n\pi}{al}\right)^2t}\right]\right\}\sin\frac{n\pi}{l}x \tag{2.3.16}$$

显然,直接展开法简单,但在不知道本征函数的情况下,还是要先求固有函数。

例 2　在环形域 $a\leqslant\sqrt{x^2+y^2}\leqslant b(0<a<b)$ 内求解下列定解问题。

$$\begin{cases}\dfrac{\partial^2 u}{\partial x^2}+\dfrac{\partial^2 u}{\partial y^2}=12(x^2-y^2) \quad (a<\sqrt{x^2+y^2}<b)\\ u\big|_{\sqrt{x^2+y^2}=a}=0, \quad \dfrac{\partial u}{\partial n}\bigg|_{\sqrt{x^2+y^2}=b}=0\end{cases}$$

解　由于问题区域是环形区域,所以我们选用平面极坐标系,利用直角坐标系与极坐标系

之间的关系

$$\begin{cases} x = \rho\cos\varphi \\ y = \rho\sin\varphi \end{cases}$$

可将上述定解问题用极坐标 ρ,φ 表示:

$$\begin{cases} \dfrac{1}{\rho}\dfrac{\partial}{\partial\rho}\left(\rho\dfrac{\partial u}{\partial\rho}\right) + \dfrac{1}{\rho^2}\dfrac{\partial^2 u}{\partial\varphi^2} = 12\rho^2\cos2\varphi \quad (a < \rho < b) & (2.3.17) \\ u\big|_{\rho=a} = 0, \quad \dfrac{\partial u}{\partial\rho}\Big|_{\rho=b} = 0 & (2.3.18) \end{cases}$$

这是一个非齐次方程带有齐次边界条件的定解问题。采用本征函数法,并注意到圆域 Laplace 方程所对应的本征函数(见第 2.2 节例 2)为

$$\Phi(\varphi) = A\cos m\varphi + B\sin m\varphi \tag{2.3.19}$$

可令问题(2.3.17)~(2.3.18)解的形式为

$$u(\rho,\theta) = \sum_{n=0}^{\infty}\left[A_n(\rho)\cos n\varphi + B_n(\rho)\sin n\varphi\right]$$

代入式(2.3.17)并整理得到

$$\sum_{n=0}^{\infty}\left\{\left[A''_n(\rho) + \frac{1}{\rho}A'_n(\rho) - \frac{n^2}{\rho^2}A_n(\rho)\right]\cos n\varphi + \left[B''_n(\rho) + \frac{1}{\rho}B'_n(\rho) - \frac{n^2}{\rho^2}B_n(\rho)\right]\sin n\varphi\right\}$$
$$= 12\rho^2\cos2\varphi$$

比较两端关于 $\cos n\varphi$、$\sin n\varphi$ 的系数,可得

$$A''_2(\rho) + \frac{1}{\rho}A'_2(\rho) - \frac{4}{\rho^2}A_2(\rho) = 12\rho^2 \tag{2.3.20}$$

$$A''_n(\rho) + \frac{1}{\rho}A'_n(\rho) - \frac{n^2}{\rho^2}A_n(\rho) = 0 \quad (n \neq 2) \tag{2.3.21}$$

$$B''_n(\rho) + \frac{1}{\rho}B'_n(\rho) - \frac{n^2}{\rho^2}B_n(\rho) = 0 \tag{2.3.22}$$

再由条件(2.3.18)得

$$A_n(a) = A'_n(b) = 0 \tag{2.3.23}$$

$$B_n(a) = B'_n(b) = 0 \tag{2.3.24}$$

用 Maple 求解方程(2.3.20)、(2.3.21)和(2.3.22):

```
odel:=diff(A[2](x),x $2)+(1/x)* diff(A[2](x),x)-4/x^2* A[2](x)=12
* x^2;
```

$$odel := \left(\frac{d^2}{dx^2}A_2(x)\right) + \frac{\frac{d}{dx}A_2(x)}{x} - \frac{4A_2(x)}{x^2} = 12x^2$$

```
> dsolve(odel);
```

$$A_2(x) = \frac{\_C_2}{x^2} + x^2\_C_1 + x^4$$

```
> ode2:=diff(A[n](x),x $2)+(1/x)* diff(A[n](x),x)-n^2/x^2* A[n]
(x)=0;
```

$$ode2 := \left(\frac{d^2}{dx^2}A_n(x)\right) + \frac{\frac{d}{dx}A_n(x)}{x} - \frac{n^2 A_n(x)}{x^2} = 0$$

```
> dsolve(ode2);
```

$$A_n(x) = \_C_1 x^{(-n)} + \_C_2 x^n$$

即式(2.3.20)的通解为

$$A_2(x) = \frac{\_C_2}{x^2} + x^2\_C_1 + x^4$$

其中$_C_1$ 和$_C_2$ 表示两个任意常数。而式(2.3.21)和式(2.3.22)的通解就是

$$A_n(\rho) = c_n\rho^n + d_n\rho^{-n}$$

$$B_n(\rho) = c'_n\rho^n + d'_n\rho^{-n}$$

其中 c_n、d_n、c'_n、d'_n是任意常数. 由条件(2.3.23)与(2.3.24)可得

$$A_n(\rho) \equiv 0 \quad (n \neq 2)$$

$$B_n(\rho) \equiv 0 \quad (n = 1,2,\cdots)$$

由条件(2.3.23)确定$_C_1$ 和$_C_2$，这一步可用 Maple 完成：

```
T(a):= subs(x=a,1/x^2*_C2+x^2*_C1+x^4);
```

$$T(a) := \frac{\_C_2}{a^2} + a^2\_C_1 + a^4$$

```
> T(b):= subs(x=b,diff((1/x^2*_C2+x^2*_C1+x^4),x));
```

$$T(b) := -\frac{2\_C_2}{b^3} + 2b\_C_1 + 4b^3$$

```
>solve({T(a),T(b)},[_C1,_C2]);
```

$$\_C_1 = -\frac{2b^6 + a^6}{b^4 + a^4}, \quad \_C_2 = \frac{b^4a^4(-a^2 + 2b^2)}{b^4 + a^4}$$

因此

$$A_2(\rho) = -\frac{a^6 + 2b^6}{a^4 + b^4}\rho^2 - \frac{a^4b^4(a^2 - 2b^2)}{a^4 + b^4}\rho^{-2} + \rho^4$$

原定解问题的解为

$$u(\rho,\theta) = -\frac{1}{a^4 + b^4}[(a^6 + 2b^6)\rho^2 + a^4b^4(a^2 - 2b^2)\rho^{-2} - (a^4 + b^4)\rho^4]\cos 2\theta$$

2.4　非齐次边界条件的处理

前面所讨论的定解问题，无论方程是齐次的还是非齐次的，边界条件都是齐次的。如果遇到非齐次边界条件的情况，应该如何处理？总的原则是设法将边界条件化成齐次的。具体地说，就是取一个适当的未知函数之间的代换，使对新的未知函数，边界条件是齐次的。现在仍以一维波动方程的定解问题为例，说明选取代换的方法。

设有定解问题

$$\begin{cases} \dfrac{\partial^2 u}{\partial t^2} = a^2 \dfrac{\partial^2 u}{\partial x^2} + f(x,t) \quad (0 < x < l, t > 0) & (2.4.1) \\ u|_{x=0} = \alpha_1(t), \quad u|_{x=l} = \alpha_2(t) \quad (t > 0) & (2.4.2) \\ u|_{t=0} = \varphi(x), \quad \left.\dfrac{\partial u}{\partial t}\right|_{t=0} = \psi(x) \quad (0 < x < l) & (2.4.3) \end{cases}$$

我们设法做一个代换,将边界条件化成齐次的。为此令

$$u(x,t) = V(x,t) + W(x,t) \tag{2.4.4}$$

选取 $W(x,t)$,使 $V(x,t)$ 的边界条件化成齐次的,即

$$V|_{x=0} = V|_{x=l} = 0 \tag{2.4.5}$$

由式(2.4.2)和式(2.4.4)容易看出,要使式(2.4.5)成立,只要

$$W|_{x=0} = \alpha_1(t), \quad W|_{x=l} = \alpha_2(t) \tag{2.4.6}$$

也就是说,只要选取 W 满足式(2.4.6),就能达到我们的目的。而满足式(2.4.6)的函数是容易找到的,例如取 W 为 x 的一次函数,即设

$$W(x,t) = A(t)x + B(t)$$

用式(2.4.6)确定 A 和 B,分别为

$$A(t) = \frac{1}{l}[\alpha_2(t) - \alpha_1(t)], \qquad B(t) = \alpha_1(t)$$

显然,函数 $W(x,t) = \alpha_1(t) + \dfrac{1}{l}[\alpha_2(t) - \alpha_1(t)]x$ 满足式(2.4.6),因此只要做代换

$$u = V + \alpha_1(t) + \frac{1}{l}[\alpha_2(t) - \alpha_1(t)]x \tag{2.4.7}$$

就能使新的未知函数 V 满足齐次边界条件,即经过这个代换后,得到关于 V 的定解问题为

$$\begin{cases} \dfrac{\partial^2 V}{\partial t^2} = a^2 \dfrac{\partial^2 V}{\partial x^2} + f_1(x,t) \quad (0 < x < l, t > 0) \\ V|_{x=0} = 0, \quad V|_{x=l} = 0 \quad (t > 0) \\ V|_{t=0} = \varphi_1(x), \quad \left.\dfrac{\partial V}{\partial t}\right|_{t=0} = \psi_1(x) \quad (0 < x < l) \end{cases} \tag{2.4.8}$$

其中

$$\begin{cases} f_1(x,t) = f(x,t) - \left[\alpha_1''(t) + \dfrac{\alpha_2''(t) - \alpha_1''(t)}{l}x\right] \\ \varphi_1(x) = \varphi(x) - \left[\alpha_1(0) + \dfrac{\alpha_2(0) - \alpha_1(0)}{l}x\right] \\ \psi_1(x) = \psi(x) - \left[\alpha_1'(0) + \dfrac{\alpha_2'(0) - \alpha_1'(0)}{l}x\right] \end{cases} \tag{2.4.9}$$

问题(2.4.8)可以用上一节介绍的方法求解,将式(2.4.8)的解代入式(2.4.7)即得原定解问题的解。

上面的例子中由式(2.4.6)定 $W(x,t)$ 时,取 $W(x,t)$ 为 x 的一次式是为了使(2.4.9)中的几个式子简单些,并且 $W(x,t)$ 本身也容易定出。其实只要满足式(2.4.6)的任何函数都行。

比如当 f、α_1 和 α_2 都与 t 无关时，可取适当的 $W(x)$（也与 t 无关），使 $V(x,t)$ 的方程与边界条件同时都化成齐次的。这样就可以省掉对 $V(x,t)$ 的求解要进行解非齐次偏微分方程的繁重工作。这种 $W(x)$ 如何找，将在后面的例题中说明。

如边界条件不全是第一类的，本节的方法仍适用，不同的只是函数 $W(x,t)$ 的形式。读者可以就下列几种边界条件的情况写出相应的 $W(x,t)$ 来：

(1) $u\big|_{x=0}=\alpha_1(t)$，　$\dfrac{\partial u}{\partial x}\Big|_{x=l}=\alpha_2(t)$

(2) $\dfrac{\partial u}{\partial x}\Big|_{x=0}=\alpha_1(t)$，　$u\big|_{x=l}=\alpha_2(t)$

(3) $\dfrac{\partial u}{\partial x}\Big|_{x=0}=\alpha_1(t)$，　$\dfrac{\partial u}{\partial x}\Big|_{x=l}=\alpha_2(t)$

例 1　求解一端固定，一端作周期运动 $\sin\omega t$ 的弦的振动问题：

$$\begin{cases} u_{tt}=a^2u_{xx} \quad (0<x<l,\ t>0) \\ u\big|_{x=0}=0, \quad u\big|_{x=l}=\sin\omega t \quad (t>0) \\ u\big|_{t=0}=0, \quad u_t\big|_{t=0}=0 \quad (0\leqslant x\leqslant l) \end{cases} \tag{2.4.10}$$

解法一　令

$$u(x,t)=v(x,t)+W(x,t)$$

取

$$W(x,t)=\frac{\alpha_2(t)-\alpha_1(t)}{l}x+\alpha_1(t)=\frac{x}{l}\sin\omega t \tag{2.4.11}$$

则定解问题转化为

$$\begin{cases} v_{tt}-a^2v_{xx}=\dfrac{\omega^2}{l}x\sin\omega t \\ v(0,t)=v(l,t)=0 \\ v(x,0)=0, \quad v_t(x,0)=-\dfrac{\omega}{l}x \end{cases} \tag{2.4.12}$$

为了解出满足非齐次方程的 v，又令

$$v(x,t)=v^{\mathrm{I}}(x,t)+v^{\mathrm{II}}(x,t)$$

其中 $v^{\mathrm{I}}(x,t)$、$v^{\mathrm{II}}(x,t)$ 分别满足

$$\begin{cases} v^{\mathrm{I}}_{tt}=a^2v^{\mathrm{I}}_{xx} \\ v^{\mathrm{I}}(0,t)=v^{\mathrm{I}}(l,t)=0 \\ v^{\mathrm{I}}(x,0)=0, \quad v^{\mathrm{I}}_t(x,0)=-\dfrac{\omega}{l}x \end{cases} \tag{2.4.13}$$

$$\begin{cases} v^{\mathrm{II}}_{tt}=a^2v^{\mathrm{II}}_{xx}+\dfrac{\omega^2}{l}x\sin\omega t \\ v^{\mathrm{II}}(0,t)=v^{\mathrm{II}}(l,t)=0 \\ v^{\mathrm{II}}(x,0)=v^{\mathrm{II}}_t(x,0)=0 \end{cases} \tag{2.4.14}$$

用分离变量法求解式(2.4.13)，得

$$v^{\mathrm{I}}(x,t)=\sum_{n=1}^{\infty}(-1)^n\frac{2\omega l}{an^2\pi^2}\sin\frac{n\pi at}{l}\sin\frac{n\pi}{l}x \tag{2.4.15}$$

用固有函数法求解问题(2.4.14),即设

$$v^{\mathrm{II}}(x,t) = \sum_{n=1}^{\infty} v_n(t)\sin\frac{n\pi x}{l}$$

$$\frac{\omega^2}{l}x\sin\omega t = \sum_{n=1}^{\infty} f_n(t)\sin\frac{n\pi x}{l}$$

其中$f_n(t)$可以用 Maple 计算如下:

```
> hs:=omega^2/l* x* sin(omega* t)* sin(n* Pi* x/l);
```

$$hs := \frac{\omega^2 x\sin(\omega t)\sin\left(\frac{n\pi x}{l}\right)}{l}$$

```
> T:=int(hs,x=0..l);
```

$$T := -\frac{\omega^2\sin(\omega t)\,l(-\sin(n\pi)+n\pi\cos(n\pi))}{n^2\pi^2}$$

```
>f[n](t):=2/l* T;
```

$$f_n(t) := -\frac{2\omega^2\sin(\omega t)(-\sin(n\pi)+n\pi\cos(n\pi))}{n^2\pi^2}$$

即

$$f_n(t) = \frac{2}{l}\int_0^l \frac{\omega^2}{l}x\sin\omega t\sin\frac{n\pi x}{l}\mathrm{d}x = (-1)^{n+1}\frac{2\omega^2}{n\pi}\sin\omega t$$

代入方程(2.4.14),得

$$\begin{cases} v''_n(t) + \dfrac{a^2n^2\pi^2}{l}v_n(t) = f_n(t) \\ v_n(0) = 0,\quad v'_n(0) = 0 \quad (n = 1,2,\cdots) \end{cases} \tag{2.4.16}$$

用 Maple1 求解式(2.4.16)

```
>ode:=diff(v[n](t),t $2)+a^2* n^2* Pi^2/l* v[n](t)=(-1)^(n+1)* 2
* omega^2/(n* Pi)* sin(omega* t);
```

$$ode := \left(\frac{\mathrm{d}^2}{\mathrm{d}t^2}v_n(t)\right) + \frac{a^2n^2\pi^2v_n(t)}{l} = \frac{2(-1)^{(n+1)}\omega^2\sin(\omega t)}{n\pi}$$

```
> ics:=v[n](0)=0,D(v[n])(0)=0;
```

$$\mathrm{ics} := v_n(0)=0, D(v_n)(0)=0$$

```
>dsolve({ode,ics},v[n](t),method=laplace);
```

$$v_n(t) = \frac{2\left(\dfrac{\omega^2\sin(\omega t)}{\pi n} + \dfrac{\omega^3\sqrt{-a^2n^2l}\,\sinh\left(\dfrac{\pi\sqrt{-a^2n^2l}\,t}{l}\right)}{\pi^2a^2n^3}\right)(-1)^n l}{-a^2n^2\pi^2+\omega^2 l}$$

代入 $v^{\mathrm{II}}(x,t)$,并整理,得

$$v^{\mathrm{II}}(x,t) = \sum_{n=1}^{\infty}(-1)^{n+1}\frac{\omega^2 l}{(n\pi)^2a}\left[\frac{\sin\omega t+\sin\omega_n t}{\omega+\omega_n} - \frac{\sin\omega_n t-\sin\omega t}{\omega_n-\omega}\right]\sin\frac{n\pi}{l}x$$

其中

$$\omega_n = \frac{n\pi a}{l}$$

因此，原定解问题的解为

$$u(x,t) = v^{\mathrm{I}}(x,t) + v^{\mathrm{II}}(x,t) + \frac{x}{l}\sin\omega t$$

解法二 取 $W(x,t) = \dfrac{\sin\frac{\omega}{a}x}{\sin\frac{l}{a}\omega}\sin\omega t$ 并且令 $u(x,t) = v(x,t) + w(x,t)$

则原定解问题化为

$$\begin{cases} v_{tt} = a^2 v_{xx} \\ v|_{x=0} = 0, \quad v|_{x=l} = 0 \\ v|_{t=0} = 0, \quad v_t|_{t=0} = -\omega\sin\frac{\omega}{a}x\Big/\sin\frac{l}{a}\omega \end{cases} \tag{2.4.17}$$

方程和边界条件同时齐次化了。

用分离变量法解方程(2.4.17)，得

$$v(x,t) = \frac{\omega}{\pi a\sin\frac{l}{a}\omega}\sum_{n=1}^{\infty}\frac{1}{n}\left(\frac{1}{\alpha_n}\sin\alpha_n l - \frac{1}{\beta_n}\sin\beta_n l\right)\sin\frac{n\pi at}{l}\sin\frac{n\pi x}{l}$$

其中
$$\alpha_n = \left(\frac{\omega}{a} + \frac{n\pi}{l}\right), \quad \beta_n = \left(\frac{\omega}{a} - \frac{n\pi}{l}\right)$$

原定解问题的解为

$$u(x,t) = v(x,t) + \frac{\sin\frac{\omega}{a}x}{\sin\frac{l}{a}\omega}\sin\omega t$$

应当指出，同两种方法得到的定解问题的解在形式上不一样，但可以证明它们是等价的，这是由定解问题解的唯一性决定的。

例 2 求下列定解问题

$$\begin{cases} \dfrac{\partial^2 u}{\partial t^2} = a^2\dfrac{\partial^2 u}{\partial x^2} + A \quad (0 < x < l,\ t > 0) & (2.4.18) \\ u|_{x=0} = 0, \quad u|_{x=l} = B \quad (t > 0) & (2.4.19) \\ u|_{t=0} = \dfrac{\partial u}{\partial t}\Big|_{t=0} = 0 \quad (0 < x < l) & (2.4.20) \end{cases}$$

的形式解，其中 A、B 均为常数。

解 这个定解问题的特点是：方程及边界条件都是非齐次的.根据上述原则，首先应将边界条件化成齐次的。由于方程(2.4.18)的自由项及边界条件都与 t 无关，所以我们有可能通过一次代换将方程及边界条件都变成齐次的。具体做法如下：

令
$$u(x,t) = V(x,t) + W(x)$$

代入方程(2.4.18)，得

$$\frac{\partial^2 V}{\partial t^2} = a^2\left[\frac{\partial^2 V}{\partial x^2} + W''(x)\right] + A$$

为了使这个方程及边界条件同时化成齐次的,选 $W(x)$满足

$$\begin{cases} a^2W''(x)+A=0 \\ W|_{x=0}=0, \quad W|_{x=l}=B \end{cases} \tag{2.4.21}$$

方程(2.4.21)是一个二阶常系数线性非齐次常微分方程的边值问题,它的解可以通过两次积分求得:

$$W(x)=-\frac{A}{2a^2}x^2+\left(\frac{Al}{2a^2}+\frac{B}{l}\right)x$$

求出函数 $W(x)$之后,再由式(2.4.18)~(2.4.20)可知函数 $V(x,t)$满足下列定解问题

$$\begin{cases} \dfrac{\partial^2 V}{\partial t^2}=a^2\dfrac{\partial^2 V}{\partial x^2} \quad (0<x<l,\ t>0) & (2.4.22) \\ V|_{x=0}=V|_{x=l}=0 \quad (t>0) & (2.4.23) \\ V|_{t=0}=-W(x), \quad \left.\dfrac{\partial V}{\partial t}\right|_{t=0}=0 \quad (0<x<l) & (2.4.24) \end{cases}$$

应用分离变量法,可得式(2.4.22)满足齐次边界条件(2.4.23)的解为

$$V(x,t)=\sum_{n=1}^{\infty}\left(C_n\cos\frac{n\pi a}{l}t+D_n\sin\frac{n\pi a}{l}t\right)\sin\frac{n\pi}{l}x \tag{2.4.25}$$

利用式(2.4.24)中第二个条件可得 $D_n=0$。

于是定解问题(2.4.22)、(2.4.23)、(2.4.24)的解可表示为

$$V(x,t)=\sum_{n=1}^{\infty}C_n\cos\frac{n\pi a}{l}t\sin\frac{n\pi}{l}x$$

代入式(2.4.24)中第一个条件,得

$$-W(x)=\sum_{n=1}^{\infty}C_n\sin\frac{n\pi}{l}x$$

即

$$\frac{A}{2a^2}x^2-\left(\frac{Al}{2a^2}+\frac{B}{l}\right)x=\sum_{n=1}^{\infty}C_n\sin\frac{n\pi}{l}x$$

由 Fourier 级数的系数公式可得

$$\begin{aligned} C_n&=\frac{2}{l}\int_0^l\left[\frac{A}{2a^2}x^2-\left(\frac{Al}{2a^2}+\frac{B}{l}\right)x\right]\sin\frac{n\pi}{l}x\mathrm{d}x \\ &=\frac{A}{a^2l}\int_0^l x^2\sin\frac{n\pi}{l}x\mathrm{d}x-\left(\frac{A}{a^2}+\frac{2B}{l^2}\right)\int_0^l x\sin\frac{n\pi}{l}x\mathrm{d}x \\ &=-\frac{2Al^2}{a^2n^3\pi^3}+\frac{2}{n\pi}\left(\frac{Al^2}{a^2n^2\pi^2}+B\right)\cos n\pi \end{aligned} \tag{2.4.26}$$

因此,原定解问题的解为

$$u(x,t)=-\frac{A}{2a^2}x^2+\left(\frac{Al}{2a^2}+\frac{B}{l}\right)x+\sum_{n=1}^{\infty}C_n\cos\frac{n\pi a}{l}t\sin\frac{n\pi}{l}x$$

其中 C_n 由式(2.4.26)确定。

习 题 2

1. 就下列初始条件及边界条件求解弦振动方程：

$$u(x,0)=0,\quad \frac{\partial u(x,0)}{\partial t}=x(l-x);\quad u(0,t)=u(l,t)=0$$

2. 两端固定的弦的长度为 l，用细棒敲击弦上 $x=x_0$ 点，即在 $x=x_0$ 施加冲力，设其冲量为 I，求解弦的振动。即求解定解问题

$$\begin{cases} u_{tt}-a^2u_{xx}=0 \quad (0\leqslant x\leqslant l, t>0) \\ u|_{x=0}=u|_{x=l}=0 \quad (t>0) \\ u|_{t=0}=0,\quad u_t|_{t=0}=\dfrac{I}{\rho}\delta(x-x_0) \quad (0\leqslant x\leqslant l) \end{cases}$$

3. 长为 l 的杆，一段固定，另一端因受力 F 而伸长，其定解问题为

$$\begin{cases} u_{tt}-a^2u_{xx}=0 \quad (0\leqslant x\leqslant l, t>0) \\ u|_{x=0}=0, u_x|_{x=0}=0 \quad (t>0) \\ u(x,0)=\displaystyle\int_0^x \frac{\partial u}{\partial x}\mathrm{d}x=\int_0^x \frac{F_0}{YS}\mathrm{d}x,\ u_t(x,0)=0 \quad (0\leqslant x\leqslant l) \end{cases}$$

4. 长为 l 的理想传输线远端开路，先把传输线充电到电位差 v_0，然后把近端短路。求线上的电压 $V(x,t)$，其定解问题为：

$$\begin{cases} V_{tt}-a^2V_{xx}=0 \quad (a^2=LC, 0<x<l) \\ V(0,t)=0, V_x(l,t)=-\left(R+L\dfrac{\partial}{\partial t}\right)i\Big|_{x=l}=0 \\ V(x,0)=v_0, V_t(x,0)=-\dfrac{1}{C}i\Big|_{t=0}=0 \end{cases}$$

5. 设弦的两端固定于 $x=0$ 及 $x=l$，弦的初始位移如题图 2.1 所示，初速度为零，又没有外力作用，求弦作横向振动时的位移函数 $u(x,t)$。

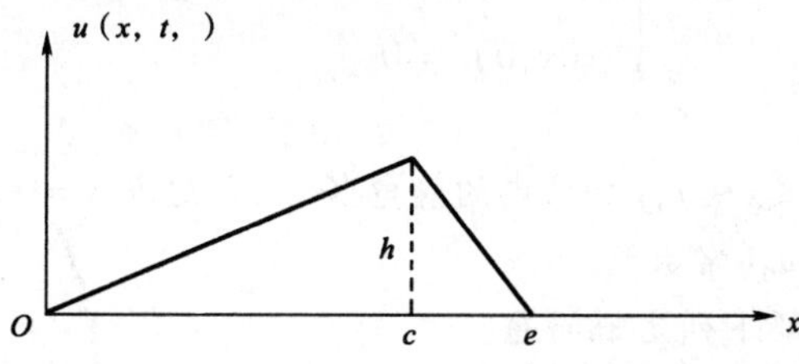

题图 2.1

6. 试求适合于下列初始条件及边界条件的一维热传导方程的解：

$$u|_{t=0}=x(l-x), u|_{x=0}=u|_{x=l}=0$$

7. 求解一维热传导方程，其初始条件及边界条件为：

$$u|_{t=0}=x,\quad u_x|_{x=0}=0,\quad u_x|_{x=l}=0$$

8. 在圆形区域内求解 $\nabla^2u=0$，使满足边界条件：

(1) $u\big|_{\rho=a}=A\cos\varphi$;

(2) $u\big|_{\rho=a}=A+B\sin\varphi$。

9. 求下列定解问题:

$$\begin{cases}\dfrac{\partial u}{\partial t}=a^2\dfrac{\partial^2 u}{\partial x^2}+A\\ u\big|_{x=0}=u\big|_{x=l}=0\\ u\big|_{t=0}=0\end{cases}$$

10. 求满足下列定解条件的一维热传导方程的解:

$$\begin{cases}u\big|_{x=0}=10,u\big|_{x=l}=5\\ u\big|_{t=0}=kx(k\text{ 为常数})\end{cases}$$

11. 试确定下列定解问题:

$$\begin{cases}\dfrac{\partial u}{\partial t}=a^2\dfrac{\partial^2 u}{\partial x^2}+f(x)\\ u\big|_{x=0}=A,u\big|_{x=l}=B\\ u\big|_{t=0}=g(x)\end{cases}$$

解的一般形式。

12. 在矩形域 $0\leqslant x\leqslant a$, $0\leqslant y\leqslant b$ 内求拉普拉斯方程的解,使满足边界条件:

$$\begin{cases}u\big|_{x=0}=0,u\big|_{x=a}=Ay\\ \dfrac{\partial u}{\partial y}\Big|_{y=0}=0,\dfrac{\partial u}{\partial y}\Big|_{y=b}=0\end{cases}$$

13. 求解薄膜的恒定表面浓度扩散问题。薄膜厚度为 l,杂质从两面进入薄膜,由于薄膜周围气体中含有充分的杂质,薄膜表面上的杂质浓度得以保持为恒定的 N_0,其定解问题为

$$\begin{cases}u_t-a^2u_{xx}=0\\ u(0,t)=u(l,t)=N_0\\ u(x,0)=0\end{cases}$$

求解 u。

14. 求半带形区域($0\leqslant x\leqslant a,y\geqslant 0$)内的静电势,已知边界 $x=0$ 和 $y=0$ 上的电势都是零,而边界 $x=a$ 上的电势为 u_0(常数)。

15. 在扇形区域内求解下列定解问题:

$$\nabla^2 u=0;u\big|_{\theta=0}=u\big|_{\theta=\alpha}=0;u\big|_{\rho=R}=f(\theta)$$

第3章　二阶常微分方程的级数解法　本征值问题

在应用分离变量法求解数学物理问题时，我们需要求解二阶常微分方程的本征值问题，但在上一章中涉及的微分方程是二阶线性常系数常微分方程（或可化为常系数的常微分方程，如 Euler 方程）。在进一步的讨论中，比如在正交曲线坐标系（如球坐标系或柱坐标系）下用分离变量法求解数学物理定解问题时，要遇到更一般的，即二阶线性变系数常微分方程的本征值问题。为此，我们在这一章中讨论形如

$$y''(x) + p(x)y' + q(x)y = 0 \tag{3.0.1}$$

的方程的解法，并给出相应本征值问题的一些共性。

3.1　二阶常微分方程的级数解法

3.1.1　常点邻域内的级数解法

微分方程理论表明，方程(3.0.1)解在指定点 x_0 邻域内的局部性质与其系数 $p(x)$ 和 $q(x)$ 在 x_0 点的解析性有关，如果 $p(x)$ 和 $q(x)$ 在 x_0 点是解析的，则称 x_0 点为方程(3.0.1)的常点。如果 $p(x)$ 和 $q(x)$ 中至少有一个在 x_0 点是不连续的，这样的 x_0 点称为方程(3.0.1)的奇点。我们先来讨论常点的情形，有下面的定理：

定理 1　（Cauchy 定理）如果 $p(x)$，$q(x)$ 在 $|x-x_0|<R$ 内解析，即 x_0 为方程(3.0.1)的常点，则初值问题

$$\begin{cases} y''(x) + p(x)y' + q(x)y = 0 \\ y(x_0) = c_0, \quad y'(x_0) = c_1 \end{cases} \tag{3.1.1}$$

在 $|x-x_0|<R$ 内有唯一的解析解

$$y(x) = \sum_{n=0}^{\infty} c_n (x-x_0)^n \tag{3.1.2}$$

其中系数 c_n 可由初始条件和方程唯一确定，进一步还可证明所得幂级数的收敛半径至少是 R。下面给出具体解法：

令解为 $y(x)=\sum_{n=0}^{\infty} c_n(x-x_0)^n$，将 $p(x)$ 和 $q(x)$ 也展开成 Taylor 级数，有

$$p(x) = \sum_{k=0}^{\infty} a_k (x-x_0)^k, \; q(x) = \sum_{l=0}^{\infty} b_l (x-x_0)^l$$

代入方程(3.0.1)，有

$$\sum_{n=0}^{\infty} c_n n(n-1)(x-x_0)^{n-2} + \sum_{k=0}^{\infty} a_k (x-x_0)^k \cdot \sum_{n=0}^{\infty} c_n n(x-x_0)^{n-1}$$

$$+\sum_{l=0}^{\infty} b_l(x-x_0)^l \cdot \sum_{n=0}^{\infty} c_n(x-x_0)^n = 0 \qquad (3.1.3)$$

由幂级数的乘法：

$$\sum_{k=0}^{\infty} \alpha_k(x-x_0)^k \cdot \sum_{l=0}^{\infty} \beta_l(x-x_0)^l = \sum_{n=0}^{\infty}\sum_{k=0}^{n}(\alpha_{n-k}\beta_k)(x-x_0)^n$$

及

$$\sum_{n=0}^{\infty} c_n n(n-1)(x-x_0)^{n-2} = \sum_{n=2}^{\infty} c_n n(n-1)(x-x_0)^{n-2} = \sum_{n=0}^{\infty} c_{n+2}(n+2)(n+1)(x-x_0)^n$$

$$\sum_{n=0}^{\infty} c_n n(x-x_0)^{n-1} = \sum_{n=1}^{\infty} c_n n(x-x_0)^{n-1} = \sum_{n=0}^{\infty} c_{n+1}(n+1)(x-x_0)^n$$

可将式(3.1.3)写成

$$\sum_{n=0}^{\infty} c_{n+2}(n+2)(n+1)(x-x_0)^n + \sum_{n=0}^{\infty}\left[\sum_{k=0}^{n}(k+1)a_{n-k}c_{k+1}\right](x-x_0)^n + \sum_{n=0}^{\infty}\left[\sum_{k=0}^{n} b_{n-k}c_k\right](x-x_0)^n = 0$$

比较等式两边$(x-x_0)$同次幂的系数有

$$(n+2)(n+1)c_{n+2} + \sum_{k=0}^{n}(k+1)a_{n-k}c_{k+1} + \sum_{k=0}^{n} b_{n-k}c_k = 0 \quad (n=0,1,2,\cdots) \qquad (3.1.4)$$

根据式(3.1.4)，c_n 完全可由初值 c_0、c_1 和 a_k、b_k 表示出来，如：

令 $n=0$ 有 $c_2 = -\frac{1}{2}(a_0c_1 + b_0c_0)$

$n=1$ 有 $c_3 = -\frac{1}{6}(a_1c_1 + 2a_0c_2 + b_1c_0 + b_0c_1)$

$= -\frac{1}{6}(a_0{}^2 - a_1 - b_0)c_1 + 2a_0c_2 + (a_0b_0 - b_1)c_0$

……

依次类推，可求出全部系数 c_n，得到式(3.0.1)的级数解。它包含两个常数 c_0、c_1（由初始条件确定），于是可将级数(3.1.2)分成两个级数 $y_0(x)$ 和 $y_1(x)$，它们各含 c_0 和 c_1，这两个级数的第一项分别为 c_0 和 $c_1(x-x_0)$，故 $y_0(x)$ 和 $y_1(x)$ 线性无关，于是构成式(3.0.1)的基础解系。

例1 在 $x_0=0$ 的邻域内求解常微分方程 $y''+\omega^2y=0$（ω 为常数）。

解 这里 $p(x)\equiv 0$，$q(x)=\omega^2$，设

$$y(x) = a_0 + a_1x + a_2x^2 + \cdots + a_kx^k + \cdots$$

则

$$y'(x) = 1a_1 + 2a_2x + \cdots + (k+1)a_{k+1}x^k + \cdots$$

$$y''(x) = 2\times 1a_2 + 3\times 2a_3x + \cdots + (k+2)(k+1)a_{k+2}x^k + \cdots$$

把以上结果代入方程（因为 $p(x)\equiv 0$ 和 $q(x)=\omega^2$ 都已是 Taylor 级数），比较系数有

$$2\times 1a_2 + \omega^2a_0 = 0, \qquad 3\times 2a_3 + \omega^2a_1 = 0$$

$$4\times 3a_4 + \omega^2a_2 = 0, \qquad 5\times 4a_5 + \omega^2a_3 = 0$$

由此得递推公式

$$(k+1)(k+2)a_{k+2}+\omega^2 a_k=0$$

及

$$a_2=-\frac{\omega^2}{2!}a_0 \qquad a_3=-\frac{\omega^2}{3!}a_1$$

$$a_4=-\frac{\omega^4}{4!}a_0 \qquad a_5=\frac{\omega^4}{5!}a_1$$

$$\vdots \qquad\qquad \vdots$$

$$a_{2k}=(-1)^k\frac{\omega^{2k}}{(2k)!}a_0 \qquad a_{2k+1}=(-1)^k\frac{\omega^{2k}}{(2k+1)!}a_1$$

于是方程的级数解为

$$\begin{aligned} y(x) &= a_0\left[1-\frac{1}{2!}(\omega x)^2+\frac{1}{4!}(\omega x)^4+\cdots+(-1)^k\frac{1}{(2k)!}(\omega x)^{2k}+\cdots\right] \\ &\quad +\frac{a_1}{\omega}\left[\omega x-\frac{1}{3!}(\omega x)^3+\frac{1}{5!}(\omega x)^5-\cdots+(-1)^k\frac{(\omega x)^{2k+1}}{(2k+1)!}+\cdots\right] \\ &= a_0\cos\omega x+\frac{a_1}{\omega}\sin\omega x \end{aligned}$$

或写成

$$y(x)=a_0\cos\omega x+a_1\sin\omega x$$

其中 a_0、a_1 为任意常数。这个解是我们熟知的,现在主要是熟悉幂级数解法。

3.1.2　正则奇点附近的级数解法

如果 $p(x)$ 以 x_0 为不高于一阶的极点,$q(x)$ 以 x_0 为不高于二阶的极点,即

$$p(x)=\frac{p_1(x)}{(x-x_0)},q(x)=\frac{q_1(x)}{(x-x_0)^2}$$

其中 $p_1(x)$ 和 $q_1(x)$ 在 x_0 点是解析的,则称 x_0 点是方程(3.0.1)的正则奇点。

定理 2　(Fuchs 定理)设 x_0 为方程(3.0.1)的正则奇点,即方程(3.0.1)可以写成

$$y''(x)+\frac{P(x)}{(x-x_0)}y'+\frac{Q(x)}{(x-x_0)^2}y=0 \tag{3.1.5}$$

其中 $P(x)$、$Q(x)$ 在 $|x-x_0|<R$ 内解析,则在 $0<|x-x_0|<R$ 内方程(3.1.5)的基础解系为

$$y_1(x)=(x-x_0)^{\rho_1}\sum_{n=0}^{\infty}a_n(x-x_0)^n \tag{3.1.6}$$

$$y_2(x)=(x-x_0)^{\rho_2}\sum_{n=0}^{\infty}b_n(x-x_0)^n \tag{3.1.7}$$

或

$$y_2(x)=c_0y_1(x)\ln(x-x_0)+(x-x_0)^{\rho_2}\sum_{n=0}^{\infty}b_n(x-x_0)^n \tag{3.1.8}$$

其中 $a_0\neq0,b_0\neq0$。

下面给出具体解法。

设

$$y(x)=(x-x_0)^{\rho}\sum_{n=0}^{\infty}a_n(x-x_0)^n\ (a_0\neq0)$$

$$P(x)=\sum_{i=0}^{\infty}P_i(x-x_0)^i,\ Q(x)=\sum_{j=0}^{\infty}Q_j(x-x_0)^j$$

代入方程(3.1.5),比较 $x^0,x^1,\cdots,x^k$ 的系数可得

$$\begin{cases}f_0(\rho)a_0=0\\ f_0(\rho+1)a_1+a_0f_1(\rho)=0\\ \cdots\cdots\\ f_0(\rho+n)a_n+f_1(\rho+n-1)a_{n-1}+\cdots+a_0f_n(\rho)=0\quad(n\geqslant 1)\end{cases}\tag{3.1.9}$$

其中

$$\begin{cases}f_0(\rho)=\rho(\rho-1)+\rho P_0+Q_0\\ f_k(\rho)=\rho P_k+Q_k\qquad(k=1,2,\cdots)\end{cases}\tag{3.1.10}$$

由于 $a_0\neq 0$,必有

$$f_0(\rho)=\rho(\rho-1)+\rho P_0+Q_0=0\tag{3.1.11}$$

称方程(3.1.11)为方程(3.1.5)关于正则奇点 x_0 的指标方程,它的两个根 ρ_1、ρ_2 称为正则奇点 x_0 的指标数。

当两个指标数都是实数时,记 $\rho_1\geqslant\rho_2$;否则它们为一对共轭复根,在解的级数表达式中首先取 $\rho=\rho_1$,由于 $f_0(\rho)=0,f_0(\rho+n)\neq 0,n=1,2,\cdots$, 所以对任选 $a_0\neq 0$,则可从递推关系(3.1.9)中唯一确定 $a_n(n\geqslant 1)$, 从而得到一个解

$$y_1(x)=(x-x_0)^{\rho_1}\sum_{n=0}^{\infty}a_n(x-x_0)^n\quad(a_0\neq 0)\tag{3.1.12}$$

可以证明,此幂级数在 $|x-x_0|<R$ 内必收敛,称方程(3.1.12)为方程(3.1.5)的广义幂级数解。

再求第二个特解。

(1)若 $\rho_1-\rho_2$ 不是整数或零,则在所设解式中取 $\rho=\rho_2$,这时 $f_0(\rho_2)=0,f_0(\rho_2+n)\neq 0$,$(n=1,2,\cdots)$所以,对任意 $a_0\neq 0$,又可得到方程的另一个解

$$y_2(x)=(x-x_0)^{\rho_2}\sum_{n=0}^{\infty}b_n(x-x_0)^n\tag{3.1.13}$$

不难证明,$y_1(x)$、$y_2(x)$线性无关,它们构成方程(3.1.5)在 $0<|x-x_0|<R$ 内的基础解系。

(2)若 $\rho_1-\rho_2=k$(整数),则由于 $f_0(\rho_2)=0,f_0(\rho_2+k)=0$,则递推关系到了第 k 步,再不能进行,这时可令 $b_0=b_1=\cdots=b_{k-1}=0,b_k\neq 0$,则对任取 $b_k\neq 0$,又可由递推关系(3.1.9)唯一地确定 $b_n(n>k)$,从而得到方程的另一个解

$$y_2(x)=(x-x_0)^{\rho_2}\sum_{n=k}^{\infty}b_n(x-x_0)^n$$

若 $y_1(x)$、$y_2(x)$线性无关,则它们构成方程(3.1.5)的基础解系,若 $y_1(x)$、$y_2(x)$线性相关,则另一个解可由 Liouville 公式得到

$$y_2(x)=c_0y_1(x)\ln(x-x_0)+(x-x_0)^{\rho_2}\sum_{n=k}^{\infty}b_n(x-x_0)^n\tag{3.1.14}$$

最后指出,当指标数 ρ_1 和 ρ_2 是一对共轭复数时,求出的解式(3.1.12)是一个复的广义幂级数解。如果方程(3.1.5)是实系数的,用分开实部和虚部的方法,可以从式(3.1.12)得到两

个实的级数解。

定理 3　(Gauss 定理)设 $y''(x)+P(x)y'+Q(x)y=0$,其中 $P(x)$、$Q(x)$ 在 $0<|x-x_0|<R$ 内解析,但 x_0 是 $P(x)$ 的阶数高于一阶的极点,或 x_0 是 $Q(x)$ 的阶数高于二阶的极点,这时称 x_0 为方程的非正则奇点,则在 $0<|x-x_0|<R$ 内方程的基础解系为

$$y_1(x) = (x-x_0)^{\rho_1}\sum_{n=-\infty}^{\infty} a_n(x-x_0)^n \tag{3.1.15}$$

$$y_2(x) = (x-x_0)^{\rho_2}\sum_{n=-\infty}^{\infty} b_n(x-x_0)^n \tag{3.1.16}$$

或

$$y_2(x) = c_0 y_1(x)\ln(x-x_0) + (x-x_0)^{\rho_2}\sum_{n=-\infty}^{\infty} b_n(x-x_0)^n \tag{3.1.17}$$

而且可以证明,方程(3.1.15)及方程(3.1.16)中的 Laurent 级数,一定有无穷多个负幂项。证明过程从略。

3.2　Legendre(勒让德)方程的级数解

现在,我们用级数解法来求解重要的特殊函数微分方程——Legendre 方程:

$$(1-x^2)y'' - 2xy' + l(l+1)y = 0 \tag{3.2.1}$$

其中 l 为参数,称为 Legendre 方程的阶数。下面我们来求方程(3.2.1)在 $x=0$ 的邻域内的级数解。

由方程(3.2.1)可知

$$p(x) = -\frac{2x}{1-x^2},\quad q(x) = \frac{l(l+1)}{1-x^2}$$

因为 $p(x)$ 和 $q(x)$ 在 $x=0$ 解析,所以 $x=0$ 是 $p(x)$、$q(x)$ 的常点,也是方程(3.2.1)的常点。由定理 1,设方程(3.2.1)的解为

$$y(x) = \sum_{n=0}^{\infty} a_n x^n \tag{3.2.2}$$

由此可以求出

$$y'(x) = \sum_{n=1}^{\infty} n a_n x^{n-1} = \sum_{k=0}^{\infty}(k+1)a_{k+1}x^k$$

$$y''(x) = \sum_{n=2}^{\infty} n(n-1)a_n x^{n-2} = \sum_{k=0}^{\infty}(k+2)(k+1)a_{k+2}x^k$$

$$\begin{aligned}(1-x^2)y'' &= \sum_{k=0}^{\infty}(k+2)(k+1)a_{k+2}x^k - \sum_{k=0}^{\infty}(k+2)(k+1)a_{k+2}x^{k+2}\\ &= \sum_{k=0}^{\infty}(k+2)(k+1)a_{k+2}x^k - \sum_{k=2}^{\infty}k(k-1)a_k x^k\end{aligned}$$

$$-2xy' = -\sum_{k=0}^{\infty}2(k+1)a_{k+1}x^{k+1} = -\sum_{k=1}^{\infty}2k a_k x^k$$

$$l(l+1)y = \sum_{k=0}^{\infty} l(l+1)a_k x^k$$

将这些结果代入方程(3.2.1)中,并令 x^k 项系数为零,可得

$$(k+2)(k+1)a_{k+2}-k(k-1)a_k-2ka_k+l(l+1)a_k=0$$

即

$$a_{k+2}=\frac{k(k+1)-l(l+1)}{(k+2)(k+1)}a_k=-\frac{(l-k)(l+k+1)}{(k+2)(k+1)}a_k \tag{3.2.3}$$

这就是系数的递推公式,$a_{2k}(k=1,2,\cdots)$可由 a_0 表示,$a_{2k+1}(k=1,2,\cdots)$可由 a_1 表示:

$$a_2=\frac{(-l)(l+1)}{2!}a_0$$

$$a_4=\frac{(2-l)(l+3)}{4\cdot 3}a_2$$

$$\vdots$$

$$a_{2k}=\frac{(2k-2-l)(2k-4-l)\cdots(2-l)(-l)(l+1)(l+3)\cdots(l+2k-1)a_0}{(2k)!} \tag{3.2.4}$$

$$a_3=\frac{(1-l)(l+2)}{3!}a_1=\frac{(2-l)(-l)(l+1)(l+3)}{4!}a_0$$

$$a_5=\frac{(3-l)(l+4)}{5!}a_3=\frac{(3-l)(1-l)(l+2)(l+4)}{5!}a_1$$

$$\vdots$$

$$a_{2k+1}=\frac{(2k-1-l)(2k-3-l)\cdots(1-l)(l+2)(l+4)\cdots(l+2k)a_1}{(2k+1)!} \tag{3.2.5}$$

这样得到 l 阶 Legendre 方程的级数解

$$y=a_0y_0(x)+a_1y_1(x)$$

其中

$$\begin{aligned}y_0(x)=&1+\frac{(-l)(l+1)}{2!}x^2+\frac{(2-l)(-l)(l+1)(l+3)}{4!}x^4+\cdots\\&+\frac{(2k-2-l)(2k-4-l)\cdots(2-l)(-l)(l+1)(l+3)\cdots(l+2k-1)}{(2k)!}x^{2k}+\cdots\end{aligned} \tag{3.2.6}$$

$$\begin{aligned}y_1(x)=&x+\frac{(1-l)(l+2)}{3!}x^3+\frac{(3-l)(1-l)(l+2)(l+4)}{5!}x^5+\cdots\\&+\frac{(2k-1-l)(2k-3-l)\cdots(1-l)(l+2)(l+4)\cdots(l+2k)}{(2k+1)!}x^{2k+1}+\cdots\end{aligned} \tag{3.2.7}$$

现在确定 $y_0(x)$和 $y_1(x)$的收敛半径。

因 $$R=\lim_{k\to\infty}\left|\frac{a_k}{a_{k+2}}\right|=\lim_{n\to\infty}\left|\frac{(k+2)(k+1)}{(k-l)(k+l+1)}\right|=\lim_{k\to\infty}\left|\frac{\left(1+\frac{2}{k}\right)\left(1+\frac{1}{k}\right)}{\left(1-\frac{l}{k}\right)\left(1+\frac{l+1}{k}\right)}\right|=1$$

故说明 $y_0(x)$和 $y_1(x)$在 $|x|<1$ 内收敛,在 $|x|>1$ 处发散。在 $x=\pm 1$ 时,$y_0(x)$和 $y_1(x)$可表示成常数项级数

$$y_0(x) = \pm a_0 \sum_{k=0}^{\infty} u_k \qquad (x = \pm 1)$$

$$y_1(x) = \pm a_1 \sum_{k=0}^{\infty} v_k \qquad (x = \pm 1)$$

由 Gauss 判别法,对 $y_0(x)$,有

$$\frac{u_k}{u_{k+1}} = \frac{(2k+2)(2k+1)}{(2k-l)(2k+1+l)} = 1 + \frac{1}{k} + o\left(\frac{1}{k^2}\right)$$

对 $y_1(x)$,有

$$\frac{v_k}{v_{k+1}} = \frac{(2k+3)(2k+2)}{(2k+1-l)(2k+2-l)} = 1 + \frac{1}{k} + o\left(\frac{1}{k^2}\right)$$

可知级数 $y_0(\pm 1)$ 与 $y_1(\pm 1)$ 均发散。即 Legendre 方程的级数解在 $x=1, x=-1$ 为无限值。但在实际问题中 x 常常代表 $\cos\theta$,而 $|\cos\theta| \leqslant 1(\theta=0,\pi$ 对应于 $x=1, x=-1)$,如果要求物理量在一切方向 $0 \leqslant \theta \leqslant \pi$(即 x 的闭区间 $[-1,1]$)上有限,就需要引入自然边界条件 $|y(\pm 1)| < +\infty$。那么这个条件能不能满足呢?回答是肯定的。

由 $y_0(x)$ 和 $y_1(x)$ 的系数可以看出,如果常数 l 是某个偶数,比方说 $2n(n=0,1,2,\cdots)$,则 $y_0(x)$ 只到 x^{2n} 项为止,以后各项的系数都含因子 $(2n-l)$,因而为零,于是 $y_0(x)$ 就不再是无穷级数,而是 $2n$ 次多项式,并且只含偶次幂项,$y_1(x)$ 仍是无穷级数。这时

$$y_0(x) = 1 + \sum_{k=1}^{n} \frac{(2k-2-2n)(2k-4-2n)\cdots(-2n)(2n+1)(2n+3)\cdots(2n+2k-1)}{(2k)!} x^{2k}$$

$$= \frac{(n!)^2}{(2n)!} \sum_{k=0}^{n} (-1)^k \frac{(2n+2k)!}{(2k)!(n+k)!(n-k)!} x^{2k} \tag{3.2.8}$$

如果取 $C_1 = 0$,则 $y(x) = C_0 y_0(x)$ 也是 $2n$ 次多项式。对任何实数 x,$y(x)$ 当然都是有限的,因而满足物理问题的要求,再取 C_0,使

$$y(1) = C_0 y_0(1) = 1 \tag{3.2.9}$$

这样确定的 $y(x)$ 称为 $2n$ 阶 Legendre 多项式。记为 $P_{2n}(x)$。由式(3.2.8)和式(3.2.9)并作一些运算后可得

$$C_0 = (-1)^n \frac{(2n-1)!!}{(2n)!!} \tag{3.2.10}$$

这样,由式(3.2.8)、式(3.2.9)和式(3.2.10)可得 $2n$ 阶 Legendre 多项式的具体表达式

$$P_{2n}(x) = (-1)^n \frac{(2n-1)!!}{(2n)!!} \cdot \frac{(n!)^2}{(2n)!} \sum_{m=0}^{n} (-1)^m \frac{(2n+2m)!}{(2m)!(n+m)!(n-m)!} x^{2m}$$

$$= \frac{(-1)^n}{2^{2n}} \sum_{m=0}^{n} (-1)^m \frac{(2n+2m)!}{(2m)!(n+m)!(n-m)!} x^{2m}$$

$$= \sum_{k=0}^{n} (-1)^k \frac{(4n-2k)!}{2^{2n} k!(2n-k)!(2n-2k)!} x^{2n-2k} \tag{3.2.11}$$

上式的最后一步作了指标代换 $k = n - m$。式(3.2.11)还可以表示成

$$P_l(x) = \sum_{k=0}^{\frac{l}{2}} (-1)^k \frac{(2l-2k)!}{2^l k!(l-k)!(l-2k)!} x^{l-2k} \qquad (l = 0,2,4\cdots)$$

同理,当取 l 为奇数,比如 $l=2n+1(n=0,1,2,\cdots)$ 时,由递推公式(3.2.3),可知 $C_{2n+3}=C_{2n+5}=\cdots=0$。这时 $y_1(x)$ 是 $2n+1$ 次多项式,并且只含奇次项,$y_0(x)$ 仍是无穷级数。$y_1(x)$ 可以表示为

$$y_1(x)=x+\sum_{k=1}^{n}\frac{(2k-1-l)(2k-3-l)\cdots(1-l)(l+2)(l+4)\cdots(l+2k)}{(2k)!}x^{2k+1}$$

$$=\frac{n!(n+1)!}{(2n+2)!}\sum_{k=0}^{n}(-1)^k\frac{(2n+2k+2)!}{(2k+1)!(n+k+1)!(n-k)!}x^{2k+1} \tag{3.2.12}$$

如果取 $C_0=0$,则 $y(x)=C_1y_1(x)$ 也是 $2n+1$ 次多项式。再取 C_1 使

$$y(1)=C_1y_1(1)=1 \tag{3.2.13}$$

这样确定的 $y(x)$ 称为 $2n+1$ 阶 Legendre 多项式,记为 $P_{2n+1}(x)$。由式(3.2.12)和式(3.2.13)可得

$$C_1=(-1)^n\frac{(2n+1)!!}{(2n)!!} \tag{3.2.14}$$

于是由式(3.2.12)和式(3.2.14)得到

$$P_{2n+1}(x)=(-1)^n\frac{(2n+1)!!}{(2n)!!}\cdot\frac{n!(n+1)!}{(2n+2)!}\sum_{m=0}^{n}(-1)^m\frac{(2n+2m+2)!}{(2m+1)!(n+m+1)!(n-m)!}x^{2m+1}$$

$$=\frac{(-1)^n}{2^{2n+1}}\sum_{m=0}^{n}(-1)^m\frac{(2n+2m+2)!}{(2m+1)!(n+m+1)!(n-m)!}x^{2m+1}$$

$$=\sum_{k=0}^{n}(-1)^k\frac{(4n+2-2k)!}{2^{2n+1}k!(2n+1-k)!(2n+1-2k)!}x^{2n+1-2k} \tag{3.2.15}$$

最后一步仍然作了指标代换 $k=n-m$。$P_{2n+1}(x)$ 还可以表示成

$$P_l(x)=\sum_{k=0}^{\frac{l-1}{2}}(-1)^k\frac{(2l-2k)!}{2^lk!(l-k)!(l-2k)!}x^{l-2k}\quad(l=1,3,5\cdots) \tag{3.2.16}$$

综上所述,Legendre 方程(3.2.1)只有当 l 取整数 $n(n=0,1,2,\cdots)$,才能在 $x=\pm1$ 为有限解,这个解就是 Legendre 多项式 $P_l(x)$,它前面的任意常数已经被选取满足条件

$$P_l(1)=1$$

因此定解问题

$$\begin{cases}(1-x^2)y''-2xy'+l(l+1)y=0\\|y(\pm1)|<+\infty\end{cases} \tag{3.2.17}$$

构成本征值问题,本征值就是为$l=n\quad(n=0,1,2,\cdots)$,相应的本征解就是 n 阶 Legendre 多项式 $P_n(x)$,也称为第一类 Legendre 函数。$P_n(x)$ 可以统一表示如下:

$$P_n(x)=\sum_{m=0}^{M}(-1)^m\frac{(2n-2m)!}{2^nm!(n-m)!(n-2m)!}x^{n-2m} \tag{3.2.18}$$

其中

$$M=\begin{cases}\dfrac{n}{2} & n=2k\\[2mm] \dfrac{n-1}{2} & n=2k-1\end{cases}\qquad(k=0,\pm1,\pm2,\cdots)$$

关于 Legendre 多项式的性质和在数学物理定解问题中的应用,将在第5章中较详细地讨论。

由以上的讨论,可得出如下结论:当 l 不是整数时,方程(3.2.1)的通解为

$$y = a_0 y_0 + a_1 y_1$$

其中 y_0, y_1 由方程(3.2.6)和方程(3.2.7)确定,而且它们在闭区间[-1,1]的端点上是无界的,所以此时方程(3.2.1)在[-1,1]无有界解;当 l 为整数时,在任意常数适当选定之后,y_0、y_1 中有一个是 Legendre 多项式 $P_n(x)$,另一个仍为无穷级数,记为 $Q_n(x)$,此时方程(3.2.1)的通解为

$$y = a_0 P_n(x) + a_1 Q_n(x)$$

其中 $Q_n(x)$ 称为第二类 Legendre 函数,它在[-1,1]上仍是无界的。

3.3　Bessel(贝塞尔)方程的级数解

现在我们用级数法求解另一个重要的特殊函数方程——Bessel 方程

$$x^2 y'' + xy' + (x^2 - \mu^2) y = 0 \tag{3.3.1}$$

其中参数 μ 称为 Bessel 方程的阶数。

将方程(3.3.1)改写成

$$y'' + \frac{1}{x} y' + \left(\frac{x^2 - \mu^2}{x^2}\right) y = 0 \tag{3.3.2}$$

的形式,则可知,$x=0$ 是方程的正则奇点。

$$p(x) = 1,\ q(x) = -\mu^2 + x^2 \tag{3.3.3}$$

这两个函数已经是 Taylor 级数的形式了,其中系数 $p_0=1$, $p_n=0 \quad (n\geqslant 1)$;$q_0=-\mu^2, q_2=1$, $q_n=0 \quad (n\neq 0,2)$。

由3.2节定理2可知,方程(3.3.1)或方程(3.3.2)的指标方程为

$$\rho(\rho-1) + p_0\rho + q_0 = \rho(\rho-1) + \rho - \mu^2 = \rho^2 - \mu^2 = 0$$

它的两个根分别是

$$\begin{cases} \rho_1 = \mu \\ \rho_2 = -\mu \end{cases}$$

两者之差为

$$\rho_1 - \rho_2 = 2\mu \tag{3.3.4}$$

由此可见,指标方程两根之差取决于方程的参数 μ,它将决定方程两个线性无关解的形式。相应地,级数形式的方程是

$$\sum_{k=0}^{\infty} (\rho+k)(\rho+k-1) c_k x^k + \sum_{k=0}^{\infty} (\rho+k) c_k x^k + (-\mu^2 + x^2) \sum_{k=0}^{\infty} c_k x^k = 0$$

比较 x 各幂次的系数有

$$\begin{cases} [\rho(\rho-1) + \rho - \mu^2] c_0 = 0 \\ [(\rho+1)\rho + (\rho+1) - \mu^2] c_1 = 0 \\ \cdots\cdots \\ (\rho+k)(\rho+k-1) c_k + (\rho+k) c_k - \mu^2 c_k + c_{k-2} = 0 \end{cases} \tag{3.3.5}$$

其中第一式即为指标方程,由第三式得系数的递推公式

$$c_k = -\frac{1}{(\rho + k)^2 - \mu^2}c_{k-2} \tag{3.3.6}$$

下面,我们根据指标方程两根之差式(3.3.4)的不同情况,分别讨论 Bessel 方程的解。

1.μ 不等于整数、半整数时的解

当 μ 不是整数或半整数时,$\rho_1 - \rho_2 = 2\mu$ 就不为整数。这时,两个线性无关的解取方程(3.1.6)、(3.1.7)的形式。现在先对指标数 $\rho_1 = \mu$ 求出 $y_1(x)$。

将 $\rho = \rho_1 = \mu$ 代入系数递推公式(3.3.6)中,可得

$$c_k = -\frac{1}{k(2\mu + k)}c_{k-2} \tag{3.3.7}$$

可见,待定系数 c_{2k} 将可以依次类推,用 c_0 表示出来;类似地,c_{2k+1} 可用 c_1 表示出来,但由方程(3.3.5)第二式,当 $\rho = \mu$ 时有 $c_1 = 0$,故 $c_{2k+1} = 0$。

为了用 c_0 表示 c_{2k},由方程(3.3.6)有

$$c_2 = -\frac{1}{2(2\mu + 2)}c_0$$

$$c_4 = -\frac{1}{4(2\mu + 4)}c_2$$

$$\vdots$$

$$c_{2k-2} = -\frac{1}{(2k-2)(2\mu + 2k - 2)}c_{2k-4}$$

$$c_{2k} = -\frac{1}{2k(2\mu + 2k)}c_{2k-2}$$

将以上等式的左右两边分别相乘,消去相同因子,立即可得

$$c_{2k} = (-1)^k \frac{1}{2^{2k}k!(\mu + 1)(\mu + 2)\cdots(\mu + k)}c_0$$

这样就得到了相应于根 $\rho = \mu$ 的一个特解

$$y_1(x) = c_0 x^\mu \sum_{k=0}^{\infty} (-1)^k \frac{1}{k!(\mu + 1)(\mu + 2)\cdots(\mu + k)}\left(\frac{x}{2}\right)^{2k}$$

若将 c_0 取为

$$c_0 = \frac{1}{2^\mu \Gamma(\mu + 1)}$$

这样选取 c_0 可使一般项系数中 2 的次数与 x 的次数相同,并可以运用恒等式

$$(\mu + k)(\mu + k - 1)\cdots(\mu + 2)(\mu + 1)\Gamma(\mu + 1) = \Gamma(\mu + k + 1)$$

使分母简化,这样的 $y_1(x)$ 的形式就比较整齐、简单了:

$$y_1(x) = \sum_{k=0}^{\infty} \frac{(-1)^k}{k!\Gamma(\mu + k + 1)}\left(\frac{x}{2}\right)^{\mu+2k}$$

用级数收敛的比值判别法(或称达朗贝尔(D' Alembert)判别法)可以判定这个级数在整个数轴上收敛。这个无穷级数所确定的函数,称为 $+\mu$ 阶第一类 Bessel 函数,记作 $J_\mu(x)$,即

$$J_\mu(x) = y_1(x) = \sum_{k=0}^{\infty} \frac{(-1)^k}{k!\Gamma(\mu + k + 1)}\left(\frac{x}{2}\right)^{\mu+2k} \tag{3.3.8}$$

其中 $\Gamma(\mu+1)$ 是 Γ 函数，它也是一种特殊函数，且具有性质

$$\Gamma(\mu+1)=\mu\Gamma(\mu)=\mu(\mu-1)\Gamma(\mu-1)=\cdots$$

显然，当 $\mu=n$（n 为整数）时，Γ 函数便退化为普通的阶乘，即

$$\Gamma(n+1)=n!$$

附录 B 中列出了 Γ 函数的定义和基本性质，若要再深入了解 Γ 函数的性质，可参见《特殊函数概论》（王竹溪等，北京：北京大学出版社，2000）。

类似地，对应于 $\rho_2=-\mu$，重复以上步骤，可得另一个与 $y_1(x)$ 线性无关的解为

$$y_2(x)=c_0x^{-\mu}\sum_{k=0}^{\infty}\frac{(-1)^k}{k!(-\mu+1)(-\mu+2)\cdots(-\mu+k)}\left(\frac{x}{2}\right)^{2k}$$

通常，也将 c_0 取为

$$c_0=\frac{1}{2^{-\mu}\Gamma(-\mu+1)}$$

这样，便得到 $-\mu$ 阶第一类 Bessel 函数

$$J_{-\mu}(x)=y_2(x)=\sum_{k=0}^{\infty}\frac{(-1)^k}{k!\Gamma(-\mu+k+1)}\left(\frac{x}{2}\right)^{-\mu+2k}\tag{3.3.9}$$

比较式(3.3.8)、式(3.3.9)可知，只要在式(3.3.8)的右端把 μ 换成 $-\mu$，即得式(3.3.9)。因此，无论 μ 是正数还是负数，总可以用式(3.3.8)统一地表示第一类 Bessel 函数。

当 μ 不为整数、半整数时，这两个解 $J_\mu(x)$ 与 $J_{-\mu}(x)$ 是线性无关的，于是非整阶、非半整阶 Bessel 方程的通解就是 $J_\mu(x)$ 和 $J_{-\mu}(x)$ 的线性组合，即

$$y(x)=a_1J_\mu(x)+a_2J_{-\mu}(x)\tag{3.3.10}$$

其中 a_1 和 a_2 为任意常数。

若在式(3.3.10)中取 $a_1=\cot\mu\pi$，　$a_2=-\csc\mu\pi$，则得到式(3.3.1)的一个特解

$$\begin{aligned}Y_\mu(x)&=\cot\mu\pi J_\mu(x)-\csc\mu\pi J_{-\mu}(x)\\&=\frac{J_\mu(x)\cos\mu\pi-J_{-\mu}(x)}{\sin\mu\pi}\quad(\mu\neq\text{整数})\end{aligned}\tag{3.3.11}$$

显然 $Y_\mu(x)$ 与 $J_\mu(x)$ 线性无关，因此式(3.3.1)的通解也可写成

$$y(x)=a_1J_\mu(x)+a_2Y_\mu(x)\tag{3.3.12}$$

式(3.3.11)所确定的 $Y_\mu(x)$ 称为第二类 Bessel 函数，或称 Neumann 函数。用 Maple 求解 Bessel 方程(3.3.1)，得到的就是这个结果：

```
> ode: =x^2* diff(y(x),x $2) +x* diff(y(x),x) + (x^2 -mu^2)* y(x) =0;
```

$$ode:=x^2\left(\frac{d^2}{dx^2}y(x)\right)+x\left(\frac{d}{dx}y(x)\right)+(x^2-\mu^2)y(x)=0$$

```
> dsolve(ode);
```

$$y(x)=\_C_1\text{Bessel}J(\mu,x)+\_C_2\text{Bessel}Y(\mu,x)$$

2. μ 等于整数时的解

当方程(3.3.1)中的参数为整数时，即 $\mu=n$（$n=0,1,2,\cdots$）时，指标方程的两根之差为整数

$$\rho_1-\rho_2=n-(-n)=2n$$

方程(3.3.1)的一个特解可取

$$J_n(x) = \sum_{k=0}^{\infty} (-1)^k \frac{1}{k!\Gamma(n+k+1)}\left(\frac{x}{2}\right)^{n+2k}$$

其中 n 为正整数,由于 $\Gamma(n+k+1)=(n+k)!$,故正整数阶的 Bessel 函数 $J_n(x)$ 可以写成

$$J_n(x) = \sum_{k=0}^{\infty} (-1)^k \frac{1}{k!(n+k)!}\left(\frac{x}{2}\right)^{n+2k}$$

但 $y_2(x)$ 不能取 $J_{-n}(x)$,因为

$$J_{-n}(x) = \sum_{k=0}^{\infty} (-1)^k \frac{1}{k!\Gamma(-n+k+1)}\left(\frac{x}{2}\right)^{-n+2k}$$

由于 n 为整数,只要 $k<n$, 就有 $-n+k+1$ 为负数,那时 Γ 函数为无穷大, $J_{-n}(x)$ 为零,因此对 k 求和实际上是从 $k=n$ 开始,即

$$J_{-n}(x) = \sum_{k=n}^{\infty} (-1)^k \frac{1}{k!\Gamma(-n+k+1)}\left(\frac{x}{2}\right)^{-n+2k}$$

如果作一个变换,令 $m=k-n$,将求和指标从 k 换成 $m(m=0,1,2,\cdots)$,则有

$$\begin{aligned} J_{-n}(x) &= \sum_{m=0}^{\infty} (-1)^{m+n} \frac{1}{(m+n)!\Gamma(m+1)}\left(\frac{x}{2}\right)^{n+2m} \\ &= (-1)^n \sum_{m=0}^{\infty} (-1)^m \frac{1}{m!(m+n)!}\left(\frac{x}{2}\right)^{n+2m} \\ &= (-1)^n J_n(x) \end{aligned}$$

可见 $J_n(x)$ 与 $J_{-n}(x)$ 线性相关,因此 $J_n(x)$ 与 $J_{-n}(x)$ 已不能构成 Bessel 方程的通解。为了求出 Bessel 方程(3.3.1)的通解,修改第二类 Bessel 函数的定义,当 n 为整数时,我们定义第二类 Bessel 函数为

$$Y_n(x) = \lim_{\alpha\to n} \frac{J_\alpha(x)\cos\alpha\pi - J_{-\alpha}(x)}{\sin\alpha\pi} \qquad (n\text{ 为整数}) \tag{3.3.13}$$

由于当 n 为整数时,$J_{-n}(x)=(-1)^n J_n(x)=\cos n\pi J_n(x)$, 所以上式右端的极限是“$\frac{0}{0}$”形的不定式极限,应用 L' Hospital 法则并经过冗长的推导(可参阅 A. H. 萨波洛夫斯基著. 特殊函数. 魏执权,等译. 北京:中国工业出版社, 1966),最后得到

$$Y_0(x) = \frac{2}{\pi}J_0(x)\left(\ln\frac{x}{2}+c\right) - \frac{2}{\pi}\sum_{m=0}^{\infty}\frac{(-1)^m\left(\frac{x}{2}\right)^{2m}}{(m!)^2}\sum_{k=0}^{m-1}\frac{1}{k+1}$$

$$\begin{aligned} Y_n(x) &= \frac{2}{\pi}J_n(x)\left(\ln\frac{x}{2}+c\right) - \frac{1}{\pi}\sum_{m=0}^{n-1}\frac{(n-m-1)!}{m!}\left(\frac{x}{2}\right)^{-n+2m} \\ &\quad - \frac{1}{\pi}\sum_{m=0}^{\infty}\frac{(-1)^m\left(\frac{x}{2}\right)^{n+2m}}{m!(n+m)!}\left(\sum_{k=0}^{n+m-1}\frac{1}{k+1}+\sum_{k=0}^{m-1}\frac{1}{k+1}\right) \qquad (n=1,2,3,\cdots) \end{aligned}$$

其中,$c = \lim\limits_{n\to\infty}\left(1+\frac{1}{2}+\frac{1}{3}+\cdots+\frac{1}{n}-\ln n\right)=0.5772\cdots$,称为欧拉常数。

根据这个函数的定义,它确实是 Bessel 方程的一个特解,而且与 $J_n(x)$ 线性无关(因为当 $x=0$

时，$J_n(x)$ 为有限值，而 $Y_n(x)$ 为无穷大)。

综上所述，不论 μ 是否为整数，Bessel 方程(3.3.1)的通解都可表示为

$$y(x) = AJ_\mu(x) + BY_\mu(x) \tag{3.3.14}$$

其中 A、B 为任意常数，μ 为任意实数，而

$$Y_\mu(x) = \begin{cases} \dfrac{J_\mu(x)\cos\mu\pi - J_{-\mu}(x)}{\sin\mu\pi} & (\mu \text{不等于整数}) \\ \lim\limits_{\alpha\to\mu}\dfrac{J_\alpha(x)\cos\alpha\pi - J_{-\alpha}(x)}{\sin\alpha\pi} & (\mu \text{等于整数}) \end{cases} \tag{3.3.15}$$

统称为第二类 Bessel 函数或 Neumann 函数。

3.μ 等于半整数时的解

当方程(3.3.1)中的参数为半整数时，指标方程的两个根 ρ_1、ρ_2 之差为 $\rho_1 - \rho_2 = 2\mu$，也是整数。在此我们研究 $\mu = 1/2$ 的特例，在以后讨论 Bessel 函数的性质时，再给出一般半整数 μ 之 Bessel 方程的解，事实上，当 $\mu = 1/2$ 时，式(3.3.1)的解可用初等函数表示。当 $\mu = 1/2$ 时，方程为

$$x^2y'' + xy' + \left[x^2 - \left(\frac{1}{2}\right)^2\right]y = 0 \tag{3.3.16}$$

作变量代换

$$y(x) = \left(\frac{2}{\pi x}\right)^{\frac{1}{2}}u(x)$$

则 $u(x)$ 满足

$$u''(x) + u(x) = 0$$

这个方程的基础解系是我们熟知的，即 $\sin x$ 和 $\cos x$。

于是原方程的两个线性无关的解为

$$y_1(x) = \left(\frac{2}{\pi x}\right)^{\frac{1}{2}}\sin x,\quad y_2(x) = \left(\frac{2}{\pi x}\right)^{\frac{1}{2}}\cos x$$

用 Maple 直接求解方程(3.3.16)的结果是

```
> ode:=x^2*diff(y(x),x$2)+x*diff(y(x),x)+(x^2-1/4)*y(x)=0;
```

$$ode := x^2\left(\frac{d^2}{dx^2}y(x)\right) + x\left(\frac{d}{dx}y(x)\right) + \left(x^2 - \frac{1}{4}\right)y(x) = 0$$

```
> dsolve(ode);
```

$$y(x) = \frac{\_C_1\sin(x)}{\sqrt{x}} + \frac{\_C_2\cos(x)}{\sqrt{x}}$$

其中 $\_C_1$ 和 $\_C_2$ 为任意常数。这样，方程(3.3.16)通解可表示成

$$\begin{aligned} y(x) &= Ay_1(x) + By_2(x) \\ &= A\left(\frac{2}{\pi x}\right)^{\frac{1}{2}}\sin x + B\left(\frac{2}{\pi x}\right)^{\frac{1}{2}}\cos x = AJ_{\frac{1}{2}}(x) + BJ_{-\frac{1}{2}}(x) \end{aligned}$$

即半整阶 Bessel 函数为初等函数，记为

$$J_{\frac{1}{2}}(x) = \sqrt{\frac{2}{\pi x}}\sin x,\quad J_{-\frac{1}{2}}(x) = \sqrt{\frac{2}{\pi x}}\cos x \tag{3.3.17}$$

事实上,上式也可以直接从

$$J_{\mu}(x) = \sum_{m=0}^{\infty}(-1)^m \frac{1}{m!\Gamma(\mu+m+1)}\left(\frac{x}{2}\right)^{\mu+2m}$$

中得到,因为

$$J_{\frac{1}{2}}(x) = \sum_{m=0}^{\infty}(-1)^m \frac{1}{m!\Gamma\left(\frac{3}{2}+m\right)}\left(\frac{x}{2}\right)^{\frac{1}{2}+2m}$$

而

$$\Gamma\left(\frac{3}{2}+m\right) = \frac{1\cdot 3\cdot 5\cdots(2m+1)}{2^{m+1}}\Gamma\left(\frac{1}{2}\right) = \frac{1\cdot 3\cdot 5\cdots(2m+1)}{2^{m+1}}\sqrt{\pi}$$

从而

$$J_{\frac{1}{2}}(x) = \sqrt{\frac{2}{\pi x}}\sum_{m=0}^{\infty}\frac{(-1)^m}{(2m+1)!}x^{2m+1} = \sqrt{\frac{2}{\pi x}}\sin x$$

同理,可求得

$$J_{-\frac{1}{2}}(x) = \left(\frac{2}{\pi x}\right)^{\frac{1}{2}}\cos x$$

由此可见,$J_{\frac{1}{2}}(x)$和$J_{-\frac{1}{2}}(x)$确系初等函数。由我们将在第5章中讨论的Bessel函数的递推公式可以证明所有半整阶Bessel函数都是初等函数。

3.4 Sturm-Liouville本征值问题

从第2章我们看到,分离变量法的核心是求解固有值(或称本征值、特征值)问题。在上一节中,我们讨论了一般二阶线性常微分方程的级数解法,这一节,我们讨论一般二阶线性常微分方程固有值问题,并给出固有值问题的共性。

3.4.1 Sturm-Liouville方程

事实上任意二阶线性常微分方程

$$y''(x) + p(x)y'(x) + q(x)y(x) = 0 \tag{3.4.1}$$

都可化为所谓的Sturm-Liouville方程

$$\frac{\mathrm{d}}{\mathrm{d}x}\left[k(x)\frac{\mathrm{d}y}{\mathrm{d}x}\right] - \gamma(x)y + \lambda\rho(x)y = 0 \tag{3.4.2}$$

的形式。以函数$k(x) = \exp\left(\int p(x)\mathrm{d}x\right)$乘以(3.4.1)两端整理后即得式(3.4.2)。式(3.4.2)中$a\leqslant x\leqslant b$,$k(x)\geqslant 0$,$\gamma(x)\geqslant 0$,$\rho(x)\geqslant 0$,λ为参数,$\rho(x)$为权函数。

如Bessel方程

$$x^2y'' + xy' + (k^2x^2 - \mu^2)y = 0$$

可以写为

$$\frac{\mathrm{d}}{\mathrm{d}x}\left[x\frac{\mathrm{d}y}{\mathrm{d}x}\right] - \frac{\mu^2}{x}y + k^2xy = 0$$

其中 $k(x)=x$，$\gamma(x)=\dfrac{\mu^2}{x}$，$\rho(x)=x$，$\lambda=k^2$（为参数）。

又如 Legendre 方程

$$(1-x^2)y''-2xy'+l(l+1)y=0$$

可以写为

$$\frac{\mathrm{d}}{\mathrm{d}x}\left[(1-x^2)\frac{\mathrm{d}y}{\mathrm{d}x}\right]+l(l+1)y=0$$

$k(x)=1-x^2$，$\gamma(x)=0$，$\rho(x)=1$，$\lambda=l(l+1)$（为参数）。

而对于 Hermite 方程

$$y''-2xy'+2ny=0$$

有

$$k(x)=e^{-x^2},\quad \gamma(x)=0,\quad \rho(x)=e^{-x^2}$$

因此方程可以化为

$$\frac{\mathrm{d}}{\mathrm{d}x}\left(e^{-x^2}\frac{\mathrm{d}y}{\mathrm{d}x}\right)+2ne^{-x^2}y=0$$

对于 Laguerre 方程

$$xy''+(1-x)y'+\alpha y=0$$

有

$$k(x)=xe^{-x}$$

及其 Sturm-Liouville 形式

$$\frac{\mathrm{d}}{\mathrm{d}x}\left(xe^{-x}\frac{\mathrm{d}y}{\mathrm{d}x}\right)+\lambda e^{-x}y$$

等等。

引进 Sturm-Liouville 算符

$$L[y]=-\frac{\mathrm{d}}{\mathrm{d}x}\left[k(x)\frac{\mathrm{d}y}{\mathrm{d}x}\right]+\gamma(x)y$$

则式(3.4.2)可以写成

$$L[y]=\lambda\rho(x)y \tag{3.4.2'}$$

的形式。

3.4.2　本征值问题的一般提法

方程(3.4.2)中含有参数 λ，在一定的边界条件下，只有当 λ 取某些特定的值时，才有满足边界条件的非零解，这种 λ 值称为问题的本征值（固有值、特征值），而相应的本征解称为本征函数。那么，要使方程(3.4.2)构成本征问题需要附加什么样的边界条件呢？

边界条件通常有如下三种提法：

(1)以端点 $x=a$ 为例，如果 $k(a)\neq 0$，则要附加齐次边界条件，例如第三类边界条件

$$(\alpha y'(x)+\beta y(x))\big|_{x=a}=0 \tag{3.4.3}$$

第一类和第二类的齐次边界条件可以看成它的特例。

比如

$$\begin{cases} y''(x) + \lambda y(x) = 0 & (0 \leqslant x \leqslant l) \\ y(0) = 0, \quad y(l) = 0 \end{cases}$$

及

$$\begin{cases} y''(x) + \lambda y(x) = 0 & (0 \leqslant x \leqslant l) \\ y(0) = 0, \quad y'(l) + hy(l) = 0 \end{cases}$$

都属于这种情况。

(2)以端点 $x=a$ 为例,如果 $k(a)=0$,而且 $x=a$ 是 $k(x)$ 的一阶零点(即 $k'(a)\neq 0, k(x) = (x-a)\varphi(x)$,$\varphi(x)$ 是连续函数,且 $\varphi(x)\neq 0$),在这种情况下,如果方程(3.4.2)存在一个解 $y_1(x)$,它满足条件 $y_1(a)\neq\infty$,则 Liouville 求解公式

$$\begin{aligned} y_2(x) &= y_1(x)\left\{\int_{x_0}^{x} \exp\left[-\int p(\xi)\mathrm{d}\xi\right]\frac{1}{{y_1}^2(\xi)}\mathrm{d}\xi + C\right\} \\ &= y_1(x)\left[\int_{x_0}^{x} \frac{\mathrm{d}\xi}{k(\xi){y_1}^2(\xi)} + C\right] \end{aligned}$$

(其中 x_0 是一个定点,C 为积分常数)可见,该方程与 $y_1(x)$ 线性无关的解 $y_2(x)$ 必定满足 $y_2(a)=\infty$,这时应该附加边界条件

$$y(a) \neq \infty \tag{3.4.4}$$

这种边界条件称为一种自然边界条件。

例如

$$\begin{cases} (1-x^2)y''(x) - 2xy'(x) + \lambda y(x) = 0 & (-1 \leqslant x \leqslant 1) \\ |y(\pm 1)| < +\infty \end{cases}$$

就属于这种情况。

(3)如果 $k(a)=k(b)$,这时可以提周期性边界条件:

$$y(a) = y(b), \quad y'(a) = y'(b) \tag{3.4.5}$$

这也是一种自然边界条件。例如,本征值问题

$$\begin{cases} y''(x) + \lambda y(x) = 0 & (0 \leqslant x \leqslant 2\pi) \\ y(0) = y(2\pi), \quad y'(0) = y'(2\pi) \end{cases}$$

就属于这种情况,它的本征值和本征函数分别是

$$\lambda_m = m^2, y_m(x) = \begin{cases} \cos mx \\ \sin mx \end{cases} \quad (m = 0,1,2,\cdots)$$

方程(3.4.2)附加两端点如式(3.4.3)或式(3.4.4)或式(3.4.5)的边界条件就构成了 Sturm-Liouville 方程的本征值问题。

其实,n 阶 Bessel 方程也构成本征值问题,其提法是

$$\begin{cases} x^2y''(x) + xy'(x) + (\lambda x^2 - n^2)y(x) = 0 & (0 \leqslant x \leqslant a) \\ y(0) \neq \infty, \quad (\alpha y'(x) + \beta y(x))\big|_{x=a} = 0 \end{cases}$$

在方程(3.4.2)假设 $k(x)\geqslant 0, \gamma(x)\geqslant 0, \rho(x)\geqslant 0 (a\leqslant x\leqslant b)$,则 Sturm-Liouville 本征值问题,具有许多重要的性质,有些性质的证明超出了本教程的范围,因此这里只列出几个基本性质,而

不给出全部证明。

3.4.3 本征值问题的一般性质

性质 1　如果 $k(x)$ 及其一阶导数连续，$\gamma(x)$ 或连续或在边界上有一阶极点，则 Sturm-Liouville 本征值问题有无穷多个本征值

$$\lambda_0 \leqslant \lambda_1 \leqslant \lambda_2 \leqslant \cdots \lambda_n \leqslant \cdots$$

若 λ_0 不存在，则从 λ_1 开始，相应地有本征函数

$$y_1(x), y_2(x), \cdots, y_n(x), \cdots$$

性质 2　所有本征值 $\lambda_i \geqslant 0$。

性质 3　对应于不同本征值 λ_m 和 λ_n 的本征函数 $y_m(x)$ 与 $y_n(x)$ 在区间 $[a,b]$ 上加权正交，即

$$\int_a^b y_m(x) y_n(x) \rho(x) \mathrm{d}x = 0 \quad (m \neq n) \tag{3.4.6}$$

证明　由于 $y_m(x)$ 与 $y_n(x)$ 都是 Sturm-Liouville 方程(3.4.2)的解，所以有

$$\frac{\mathrm{d}}{\mathrm{d}x}\left[k(x)\frac{\mathrm{d}y_m(x)}{\mathrm{d}x}\right] - \gamma(x) y_m(x) + \lambda_m \rho(x) y_m(x) = 0 \tag{3.4.7}$$

$$\frac{\mathrm{d}}{\mathrm{d}x}\left[k(x)\frac{\mathrm{d}y_n(x)}{\mathrm{d}x}\right] - \gamma(x) y_n(x) + \lambda_n \rho(x) y_n(x) = 0 \tag{3.4.8}$$

式(3.4.7)乘以 y_n，式 (3.4.8)乘以 y_m，两式相减并在 $[a,\ b]$ 上对 x 积分，得

$$\int_a^b \left[y_n \frac{\mathrm{d}}{\mathrm{d}x}\left(k\frac{\mathrm{d}y_m}{\mathrm{d}x}\right) - y_m \frac{\mathrm{d}}{\mathrm{d}x}\left(k\frac{\mathrm{d}y_n}{\mathrm{d}x}\right)\right]\mathrm{d}x + (\lambda_m - \lambda_n)\int_a^b y_m y_n \rho \mathrm{d}x = 0 \tag{3.4.9}$$

对第一项积分进行分部积分，有

$$\begin{aligned}
&\int_a^b \left[y_n \frac{\mathrm{d}}{\mathrm{d}x}\left(k\frac{\mathrm{d}y_m}{\mathrm{d}x}\right) - y_m \frac{\mathrm{d}}{\mathrm{d}x}\left(k\frac{\mathrm{d}y_n}{\mathrm{d}x}\right)\right]\mathrm{d}x \\
&= k y_n \frac{\mathrm{d}y_m}{\mathrm{d}x}\bigg|_a^b - \int_a^b k\frac{\mathrm{d}y_m}{\mathrm{d}x}\frac{\mathrm{d}y_n}{\mathrm{d}x}\mathrm{d}x - k y_m \frac{\mathrm{d}y_n}{\mathrm{d}x}\bigg|_a^b + \int_a^b k\frac{\mathrm{d}y_n}{\mathrm{d}x}\frac{\mathrm{d}y_m}{\mathrm{d}x}\mathrm{d}x \\
&= k(b)[y_n(b)y_m{}'(b) - y_m(b)y_n{}'(b)] - k(a)[y_n(a)y_m{}'(a) - y_m(a)y_n{}'(a)]
\end{aligned} \tag{3.4.10}$$

上式的结果有两项，一项与端点 $x=a$ 有关，另一项与端点 $x=b$ 有关。下面以与端点 $x=a$ 有关的一项为例，证明在三种齐次边界条件下，它的值都是零(与端点 $x=b$ 有关的一项也如此)。

(1)若边界条件为自然边界条件，则 $k(a)=0$，从而该项为零。

(2)若边界条件为第三类边界条件，则

$$\alpha y'_m(a) + \beta y_m(a) = 0$$

$$\alpha y'_n(a) + \beta y_n(a) = 0$$

由 α 和 β 不同时为零，立刻可得

$$y_n(a)y_m{}'(a) - y_m(a)y_n{}'(a) = 0$$

(3)如边界条件为周期条件

$$y(a) = y(b), \quad y'(a) = y'(b)$$

则显然有式(3.4.10)的右端为零。因此由(3.4.9)有

$$(\lambda_m - \lambda_n)\int_a^b y_m y_n \rho \mathrm{d}x = 0$$

因为 $\lambda_m \neq \lambda_n$,所以

$$\int_a^b y_m(x)y_n(x)\rho(x)\mathrm{d}x = 0 \tag{3.4.11}$$

在函数空间中,公式(3.4.9)可以表示成两函数内积:

$$(y_m, y_n) = \int_a^b y_m y_n \rho \mathrm{d}x$$

内积为零,表示“正交”。

当 $m=n$ 时,则有

$$N_m{}^2 = \int_a^b [y_m(x)]^2 \rho(x)\mathrm{d}x \tag{3.4.12}$$

N_m 称为本函数 $y_m(x)$ 的模,式(3.4.12)称为 $y_m(x)$ 的模方公式。如果 $N_m \equiv 1$,说明 $y_m(x)$ 是归一化的。正交归一化的本征函数可以统一写成

$$\int_a^b y_m(x)y_n(x)\rho(x)\mathrm{d}x = \delta_{mn} = \begin{cases} 0 & (m \neq n) \\ 1 & (m = n) \end{cases}$$

性质 4 本征函数系列 $y_n(x)$ ($n=0,1,2,3,\cdots$) 是完备系列,即任一个有(分段)连续二阶导数和连续一阶导数的函数 $f(x)$,可按此本征函数系列展开为一个绝对且一致收敛的级数:

$$f(x) = \sum_{n=1}^{\infty} f_n y_n(x) \tag{3.4.13}$$

其中

$$f_n = \frac{\int_a^b y_n(x)f(x)\rho(x)\mathrm{d}x}{\int_a^b [y_n(x)]^2\rho(x)\mathrm{d}x} = \frac{1}{N_n{}^2}\int_a^b y_n(x)f(x)\rho(x)\mathrm{d}x \tag{3.4.14}$$

证明 设式(3.4.13)成立,两边乘以 $\rho(x)y_m(x)$,并在 $[a, b]$ 上对 x 积分,应用正交性(3.4.11)和模方公式(3.4.12),立即可得式(3.4.14)。

将函数 $f(x)$ 按本征函数系展开成级数的问题,称为 $f(x)$ 的广义 Fourier 展开。

习 题 3

1. 在 $x=0$ 的邻域内,求解下列方程:

$$(1-x^2)y'' + xy' - y = 0$$

2. 在 $x=0$ 的邻域上求解方程 $y''+y=0$。
3. 在 $x=0$ 的邻域上求解 Airy 方程 $y''-xy=0$。
4. 求方程 $x^2y''(x) - xy'(x) + y = 0$ 在 $x=0$ 邻域内的通解。
5. 将下列方程化为 Sturm-Liouville 型方程的标准形式:

(1) $y'' - \cot x y' + \lambda y = 0$;

(2) $xy'' + (1-x)y' + \lambda y = 0$。

6. 求解下列本征值问题的本征值和本征函数：

(1) $X''(x)+\lambda X(x)=0$，　$X(0)=0$，$X'(l)=0$；

(2) $X''(x)+\lambda X(x)=0$，　$X'(0)=0$，$X(l)=0$；

(3) $X''(x)+\lambda X(x)=0$，　$X(0)+HX'(0)=0$，$X(l)=0$　（H 为常数）；

(4) $\dfrac{\mathrm{d}}{r\mathrm{d}r}\left(r\dfrac{\mathrm{d}R}{\mathrm{d}r}\right)+\dfrac{\lambda}{r^2}R=0$，　$R(a)=0$，$R(b)=0$　$(0<a<b)$。

7. 已知二阶线性常微分方程的两个线性无关解 $y_1(x)=e^{a/x}$ 和 $y_2(x)=e^{-a/x}$，求其所满足的方程。

8. 在 $x=0$ 的邻域上求解方程 $y''-2xy'+(\lambda-1)y=0$，当取什么数值时可使级数退化为多项式。

9. 求合流超几何方程 $xy''(x)+(\gamma-z)y'(x)-\alpha y(x)=0$ 在 $x=0$ 附近的通解，其中 α、γ 为常数，且 $\alpha>0,1-\gamma\neq 0$ 及整数。

10. 证明在下列有界条件下的本征值问题中，本征函数是正交的。

$$\begin{cases}\dfrac{\mathrm{d}}{\mathrm{d}x}\left[k(x)\dfrac{\mathrm{d}y(x)}{\mathrm{d}x}\right]+\lambda y(x)=0 & x\in(a,b)\\ |y(a)|<\infty, \quad |y(b)|<\infty\end{cases}$$

其中 $k(x)$ 为非负的连续实函数，且 $k(a)=k(b)=0$。

第4章 Bessel函数的性质及其应用

这一章我们将深入讨论 Bessel 函数的性质和应用。在第 3 章中,作为常微分方程级数解的例子,我们求解了 Bessel 方程,得到了作为 Bessel 方程解的 Bessel 函数,这一章将结合定解问题,来讨论 Bessel 函数的性质和它在定解问题中的应用。

4.1 Bessel 方程的引出

例 1 设有半径为 b 的薄圆盘,其侧面绝热,若圆盘边界上的温度恒保持为零度,且初始温度已知,求圆盘内瞬时温度分布规律。

解 这个问题可以归结为求解下列定解问题

$$\begin{cases}\dfrac{\partial u}{\partial t}=a^2\left(\dfrac{\partial^2 u}{\partial x^2}+\dfrac{\partial^2 u}{\partial y^2}\right) \quad (x^2+y^2<b^2) & (4.1.1)\\ u\big|_{x^2+y^2=b^2}=0 & (4.1.2)\\ u\big|_{t=0}=f(x,y) & (4.1.3)\end{cases}$$

用分离变量法解这个问题。先将 t 的函数分离出来,令 $u(x,y,t)=v(x,y)T(t)$,代入(4.1.1)得

$$v(x,y)T'(t)=a^2(v_{xx}+v_{yy})T(t)$$

用 $a^2v(x,y)T(t)$ 除上式两边得

$$\frac{T''(t)}{a^2T(t)}=\frac{v_{xx}+v_{yy}}{v(x,y)}=-\lambda$$

由此得到

$$T''(t)+\lambda a^2T(t)=0 \tag{4.1.4}$$

和

$$v_{xx}+v_{yy}+\lambda v=0 \tag{4.1.5}$$

方程(4.1.4)的通解是

$$T(t)=Ae^{-\lambda a^2 t}$$

其中 A 为积分常数。方程(4.1.5)称为二维 Helmholtz 方程。为了求出这个方程满足条件

$$u\big|_{x^2+y^2=b^2}=0 \tag{4.1.6}$$

的解,采用平面极坐标系,将方程(4.1.5)和条件(4.1.6)改写成极坐标下的形式

$$\begin{cases}\dfrac{\partial^2 v}{\partial\rho^2}+\dfrac{1}{\rho}\dfrac{\partial v}{\partial\rho}+\dfrac{1}{\rho^2}\dfrac{\partial^2 v}{\partial\varphi^2}+\lambda v=0 \quad (\rho<b) & (4.1.7)\\ v\big|_{\rho=b}=0 & (4.1.8)\end{cases}$$

再分离变量,令 $v(\rho,\varphi)=R(\rho)\Phi(\varphi)$,代入到式(4.1.7)并分离变量得

$$\Phi''(\varphi)+\mu\Phi(\varphi)=0 \tag{4.1.9}$$

$$\rho^2R''(\rho)+\rho R'(\rho)+(\lambda\rho^2-\mu)R(\rho)=0 \tag{4.1.10}$$

由式(4.1.9)和周期条件

$$\Phi(\varphi+2\pi)=\Phi(\varphi)$$

得

$$\mu=m^2 \quad (m=0,\pm1,\pm2,\cdots)$$

相应的本征函数系为

$$\Phi_m=A_m\cos m\varphi+B_m\sin m\varphi \quad (m=0,1,2,\cdots)$$

这里 m 取非负整数的理由与第2.1节例1相同。

将 $\mu=m^2$ 代入到式(4.1.10),得

$$\rho^2R''(\rho)+\rho R'(\rho)+(\lambda\rho^2-m^2)R(\rho)=0 \quad (m=0,1,2,\cdots)$$

方程(4.1.10)与 Bessel 方程(3.3.1)相比,除了变量名不同外,就是第三项中 ρ^2 的系数是 λ 而不是1。当 $\lambda>0$ 时,作变换 $r=\sqrt{\lambda}\rho$,式(4.1.10)就变成了和式(3.3.1)一样的标准 Bessel 方程

$$r^2R''(r)+rR'(r)+(r^2-m^2)R(r)=0 \tag{4.1.11}$$

因此方程(4.1.10)也称为 Bessel 方程。由式(4.1.11)和第3.3节的讨论,知方程(4.1.10)的通解是

$$R(\rho)=C_mJ_m(\sqrt{\lambda}\rho)+D_mY_m(\sqrt{\lambda}\rho) \tag{4.1.12}$$

由条件(4.1.8)及温度是有限的,还需加上条件

$$\begin{cases} R(b)=0 & (4.1.13)\\ |R(0)|<+\infty & (4.1.14)\end{cases}$$

这时,由条件(4.1.14)知 $D_m=0$,因此有

$$\begin{cases} R(\rho)=C_mJ_m(\sqrt{\lambda}\rho) \quad (0<\rho<b)\\ R(b)=0\end{cases} \tag{4.1.15}$$

这就是在第一类边界条件下,Bessel 函数的本征值问题,要进一步讨论,就涉及到 Bessel 函数的零点,函数按 Bessel 函数展开等问题,将在本章第2节中讨论。

当 $\lambda=0$ 时,方程(4.1.10)变成

$$\rho^2R''(\rho)+\rho R'(\rho)-m^2R(\rho)=0 \quad (m=0,1,2,\cdots)$$

这是在第2.2节中求解过的 Euler 方程,其通解是

$$R_0=C_0+D_0\ln\rho \quad (m=0)$$

$$R=C_m\rho^m+D_m\frac{1}{\rho^m} \quad (m>0)$$

由条件(4.1.13)和条件(4.1.14),可知有 $C_0=D_0=C_m=D_m=0 \quad (m=1,2,\cdots)$,因此当 $\lambda=0$ 时,带有第一类边界条件的 Bessel 方程没有非零解。

当 $\lambda<0$ 时,令 $\lambda=-\mu^2$,方程(4.1.10)可以写成如下形式,

$$\rho^2R''(\rho)+\rho R'(\rho)-(\mu^2\rho^2-m^2)R(\rho)=0 \quad (m=0,1,2,\cdots) \tag{4.1.16}$$

这个方程称为修正 Bessel 方程,将在本章第4节中讨论。

4.2 Bessel 函数的性质

4.2.1 Bessel 函数的基本形态及本征值问题

用 Maple 画出的第一类和第二类 Bessel 函数的图像如图 4.2.1 所示。

```
> plot({BesselJ(0,x),BesselJ(1,x)},x=0..15);
> plot({BesselY(0,x),BesselY(1,x)},x=0..15, -1..1);
```

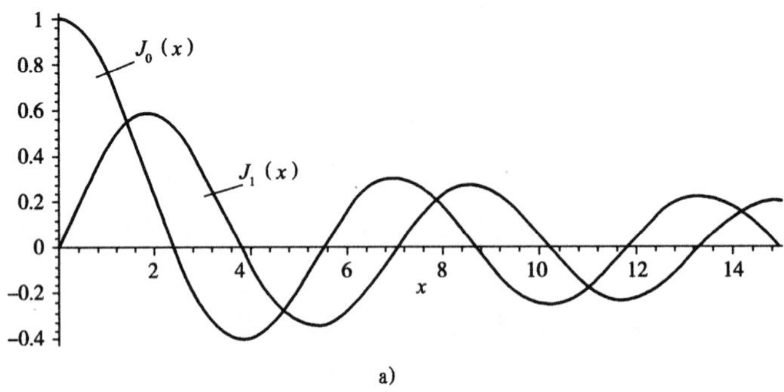

a)

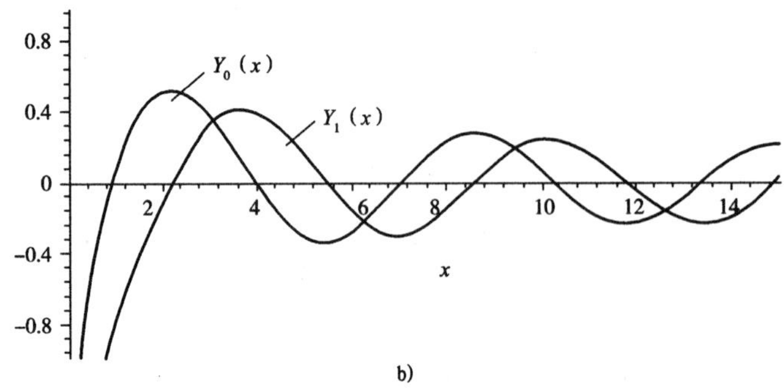

b)

图 4.2.1 Bessel 函数图像

a)第一类 Bessel 函数;b)第二类 Bessel 函数

从图中可以直观地看到:

(1)$J_m(x)$在 $x=0$ 点有有限值,$Y_m(x)$在 $x=0$ 点无有限值;所以在要求在坐标原点有有限值的问题中,第二类 Bessel 函数 $Y_m(x)$便不能使用。这就是在例 1 的讨论中,取 $Y_m(x)$前的系数 $D_m=0$ 的原因。

(2)Bessel 函数 $J_m(x)$和 $Y_m(x)$都有无穷多个单重实零点,且 $J_m(x)$的实零点在 x 轴上关于原点是对称分布的,因而 $J_m(x)$必有无穷多个单重正零点。

(3)$J_m(x)$的零点与 $J_{m+1}(x)$的零点时彼此相间分布的,即在 $J_m(x)$的任意两个相邻零点之间必存在且仅存在一个 $J_{m+1}(x)$的零点。以 $x_n^{(m)}$ 表示 $J_m(x)$的第 n 个正零点,有 $x_n^{(m)}<x_n^{(m+1)}$。

(4)当 $n\to\infty$ 时,$x_{n+1}^{(m)}-x_n^{(m)}$ 无限趋近于 π,即 $J_m(x)$几乎是以 2π 为周期的周期函数,

$J_m(x)$和$Y_m(x)$有如下渐进公式

$$J_m(x)\big|_{x\to\infty}\to\left(\frac{2}{\pi x}\right)^{1/2}\cos\left(x-\frac{\pi m}{2}-\frac{\pi}{4}\right)$$

$$Y_m(x)\big|_{x\to\infty}\to\left(\frac{2}{\pi x}\right)^{1/2}\sin\left(x-\frac{\pi m}{2}-\frac{\pi}{4}\right)$$

(5)在解定解问题时,要用到 Bessel 函数零点的数值,为了便于工程上的应用,Bessel 函数零点的数值已经被详细地计算出来,并且列成了表格,在一般的《数学手册》上都可以查到。表4.2.1 给出了$J_0(x)$和$J_1(x)$的前 10 个正零点。

$J_0(x)$、$J_1(x)$的零点　　表4.2.1

n	$x_n^{(0)}$	$x_n^{(1)}$	n	$x_n^{(0)}$	$x_n^{(1)}$
1	2.4048	3.8317	6	18.0711	19.6159
2	5.5201	7.0156	7	21.2116	22.7601
3	8.6537	10.1735	8	24.3525	25.9037
4	11.7925	13.3237	9	27.4935	29.0468
5	14.9309	16.4706	10	30.6346	32.1897

利用上述关于 Bessel 函数零点的讨论,本征值问题(4.1.15)应为

$$C_mJ_m(\sqrt{\lambda}b)=0$$

因为$C_m\neq0$,必有

$$\sqrt{\lambda}b=x_n^{(m)}\quad(n=1,2,\cdots)$$

其中$x_n^{(m)}$是$J_m(x)$的第n个正零点,只取正零点的理由与第 2.1 节例 1 相同。由此得到本征值为

$$\lambda_n=\frac{[x_n^{(m)}]^2}{b^2}\quad(n=1,2,\cdots)$$

相应的本征函数是

$$R_m(\rho)=C_mJ_m\left(\frac{x_n^{(m)}}{b}\rho\right)\quad(n=1,2,\cdots)$$

一般地,Bessel 方程的本征值问题是

$$\begin{cases}\rho^2R''(\rho)+\rho R'(\rho)+(\lambda\rho^2-m^2)R(\rho)=0\\ [\alpha R(\rho)+\beta R'(\rho)]\big|_{\rho=R}=0,\quad |R(0)|<+\infty\end{cases}$$

$\beta=0$或$\alpha=0$对应第一类或第二类边界条件。

如上面的讨论,对于第一类边界条件,本征值由$J_m(x)$的零点$x_n^{(m)}$确定。对于第二类齐次边界条件,本征值由 Bessel 函数一阶导数的零点来确定。

对于$m=0$的特例,由下面列出的 Bessel 函数的递推公式可知,$J_0'(x)$的零点,就是$J_1(x)$的零点。对于$m\neq0$的情况,由

$$J_m'(x)=\frac{1}{2}[J_{m-1}(x)-J_{m+1}(x)]$$

可知,$J_m'(x)$的零点,正是$J_{m-1}(x)$和$J_{m+1}(x)$两曲线的交点。

例 1　证明空心圆柱上 Bessel 方程的第一类边值的本征值问题

$$\begin{cases}\rho^2R''(\rho)+\rho R'(\rho)+(\lambda\rho^2-n^2)R(\rho)=0 \quad (a<\rho<b)\\ R(a)=R(b)=0\end{cases}$$

的特征函数为 $R_m=Y_n(\mu_m a)J_n(\mu_m x)-J_n(\mu_m a)Y_n(\mu_m x)$。其中 μ_m 是 $Y_n(ax)J_n(bx)-J_n(ax)Y_n(bx)=0$ 的第 m 个正根。

证明 Bessel 方程的通解是

$$R_n(\rho)=A_nJ_n(\sqrt{\lambda}\rho)+B_nY_n(\sqrt{\lambda}\rho)$$

由边界条件，有

$$R_n(a)=A_nJ_n(\sqrt{\lambda}a)+B_nY_n(\sqrt{\lambda}a)=0$$

$$R_n(b)=A_nJ_n(\sqrt{\lambda}b)+B_nY_n(\sqrt{\lambda}b)=0$$

A_n、B_n 不全为零,所以上述方程的系数行列式为零

$$\begin{vmatrix}J_n(\sqrt{\lambda}a) & Y_n(\sqrt{\lambda}a)\\ J_n(\sqrt{\lambda}b) & Y_n(\sqrt{\lambda}b)\end{vmatrix}=J_n(\sqrt{\lambda}a)Y_n(\sqrt{\lambda}b)-J_n(\sqrt{\lambda}b)Y_n(\sqrt{\lambda}a)=0$$

所以本征值 λ 满足方程

$$J_n(\sqrt{\lambda}a)Y_n(\sqrt{\lambda}b)-J_n(\sqrt{\lambda}b)Y_n(\sqrt{\lambda}a)=0$$

若这个方程的第 m 个根是 μ_m,则 $\sqrt{\lambda_m}=\mu_m \quad (m=1,2,\cdots)$,而本征函数就是

$$R_m=Y_n(\mu_m a)J_n(\mu_m x)-J_n(\mu_m a)Y_n(\mu_m x)$$

4.2.2 Bessel 函数的递推公式

阶数相邻的 Bessel 函数之间存在着一定的关系,这些关系称为 Bessel 函数的递推公式,下面将讨论之。

由第 3.3 节的讨论知,整数阶 Bessel 函数是

$$J_m(x)=\sum_{k=0}^{\infty}\frac{(-1)^k}{k!(m+k)!}\left(\frac{x}{2}\right)^{m+2k} \tag{4.2.1}$$

它满足如下的递推公式

$$\frac{\mathrm{d}}{\mathrm{d}x}\left[\frac{J_m(x)}{x^m}\right]=-\frac{J_{m+1}(x)}{x^m} \tag{4.2.2}$$

$$\frac{\mathrm{d}}{\mathrm{d}x}[x^mJ_m(x)]=x^mJ_{m-1}(x) \tag{4.2.3}$$

$$xJ_m'(x)-mJ_m(x)=-xJ_{m+1}(x) \tag{4.2.4}$$

$$xJ_m'(x)+mJ_m(x)=xJ_{m-1}(x) \tag{4.2.5}$$

$$mJ_m(x)=\frac{x}{2}[J_{m+1}(x)+J_{m-1}(x)] \tag{4.2.6}$$

$$J_m'(x)=\frac{1}{2}[J_{m-1}(x)-J_{m+1}(x)] \tag{4.2.7}$$

证明 在以上 6 式中,我们只证明的开头两式,后面 4 式可以从这两个基本公式的变形或适当组合得到。实际上,只要将头两式左端的微商求出来,就可以得到式(4.2.4)和式(4.2.5);将式(4.2.4)和式(4.2.5)相减和相加,即可得到式(4.2.6)和式(4.2.7)。下面证

明式(4.2.2)和式(4.2.3)。

(1)将式(4.2.1)代入式(4.2.2)之左端,得

$$\frac{\mathrm{d}}{\mathrm{d}x}\left[\frac{J_m(x)}{x^m}\right]=\sum_{k=1}^{\infty}\frac{2k(-1)^k}{k!(m+k)!}\left(\frac{1}{2}\right)^{m+2k}x^{2k-1}$$

将求和指标变换成 $l:l=k-1$,即 $k=l+1$,有

$$\frac{\mathrm{d}}{\mathrm{d}x}\left[\frac{J_m(x)}{x^m}\right]=\sum_{l=0}^{\infty}\frac{(-1)^{l+1}2(l+1)x^{2l+1}}{(l+1)!(m+l+1)!}\left(\frac{1}{2}\right)^{m+2l+2}$$

$$=-\frac{1}{x^m}\sum_{l=1}^{\infty}\frac{(-1)^l}{l!(m+l+1)!}\left(\frac{x}{2}\right)^{m+2l+1}=-J_{m+1}(x)/x^m$$

递推公式(4.2.3)由此得证。

(2)将式(4.2.2)代入式(4.2.3)之左端,有

$$\frac{\mathrm{d}}{\mathrm{d}x}[x^mJ_m(x)]=\sum_{l=0}^{\infty}\frac{(-1)^k(2m+2k)x^{2m+2k-1}}{k!(m+k)!}\left(\frac{1}{2}\right)^{m+2k}$$

$$=\sum_{l=0}^{\infty}\frac{(-1)^k}{k!(m-1+k)!}\left(\frac{x}{2}\right)^{m+2k-1}=x^mJ_{m-1}(x)$$

由此递推公式(4.2.3)得证。

下面,就递推公式再作几点补充说明:

(1)将式(4.2.6)改写成

$$J_{m+1}(x)=2mJ_m(x)/x-J_{m-1}(x)\tag{4.2.8}$$

这是一种 Bessel 函数的降阶公式,高阶的 Bessel 函数可用此式连续降阶,最后用零阶和一阶 Bessel 函数表示。

(2)式(6.2.2)的特例($m=0$)是

$$J_0'(x)=-J_1(x)\tag{4.2.9}$$

由此可得不定积分公式

$$\int J_1(x)\mathrm{d}x=-J_0(x)+C\tag{4.2.10}$$

(3)由式(4.2.2)和式(4.2.3)可得不定积分公式

$$\int\frac{J_{m+1}(x)}{x^m}\mathrm{d}x=-\frac{J_m(x)}{x^m}+C\tag{4.2.11}$$

$$\int x^mJ_{m-1}(x)\mathrm{d}x=x^mJ_m(x)+C\tag{4.2.12}$$

第二类 Bessel 函数也具有与第一类 Bessel 函数相同的递推公式:

$$\begin{cases}\dfrac{\mathrm{d}}{\mathrm{d}x}[x^mY_m(x)]=x^mY_{m-1}(x)\\ \dfrac{\mathrm{d}}{\mathrm{d}x}[x^{-m}Y_m(x)]=-x^{-m}Y_{m+1}(x)\\ Y_{m-1}(x)+Y_{m+1}(x)=\dfrac{2m}{x}Y_m(x)\\ Y_{m-1}(x)-Y_{m+1}(x)=2Y'_m(x)\end{cases}$$

作为 Bessel 函数递推公式的应用,我们考虑高阶半整数阶 Bessel 函数。在第 3.3 节中我们已经知道:

$$J_{\frac{1}{2}}(x) = \sqrt{\frac{2}{\pi x}}\sin x, \text{ 及 } J_{-\frac{1}{2}}(x) = \sqrt{\frac{2}{\pi x}}\cos x$$

利用递推公式(4.2.8)得到

$$J_{\frac{3}{2}}(x) = \frac{1}{x}J_{\frac{1}{2}}(x) - J_{-\frac{1}{2}}(x) = \sqrt{\frac{2}{\pi x}}\left(-\cos x + \frac{1}{x}\sin x\right)$$

$$= -\sqrt{\frac{2}{\pi}}x^{\frac{3}{2}} \cdot \frac{1}{x}\frac{\mathrm{d}}{\mathrm{d}x}\left(\frac{\sin x}{x}\right) = -\sqrt{\frac{2}{\pi}}x^{\frac{3}{2}} \cdot \left(\frac{1}{x}\frac{\mathrm{d}}{\mathrm{d}x}\right)\left(\frac{\sin x}{x}\right)$$

同理可得

$$J_{-\frac{3}{2}}(x) = \sqrt{\frac{2}{\pi}}x^{\frac{3}{2}} \cdot \left(\frac{1}{x}\frac{\mathrm{d}}{\mathrm{d}x}\right)\left(\frac{\cos x}{x}\right)$$

一般地有

$$J_{n+\frac{1}{2}}(x) = (-1)^n\sqrt{\frac{2}{\pi}}x^{n+\frac{1}{2}} \cdot \left(\frac{1}{x}\frac{\mathrm{d}}{\mathrm{d}x}\right)^n\left(\frac{\sin x}{x}\right)$$

$$J_{-(n+\frac{1}{2})}(x) = \sqrt{\frac{2}{\pi}}x^{n+\frac{1}{2}} \cdot \left(\frac{1}{x}\frac{\mathrm{d}}{\mathrm{d}x}\right)^n\left(\frac{\cos x}{x}\right)$$

这里为了简便起见,采用了微分算子$\left(\frac{1}{x}\frac{\mathrm{d}}{\mathrm{d}x}\right)^n$,它是算子$\frac{1}{x}\frac{\mathrm{d}}{\mathrm{d}x}$连续作用 n 次的缩写,如

$$\left(\frac{1}{x}\frac{\mathrm{d}}{\mathrm{d}x}\right)^2\left(\frac{\sin x}{x}\right) = \frac{1}{x}\frac{\mathrm{d}}{\mathrm{d}x}\left[\frac{1}{x}\frac{\mathrm{d}}{\mathrm{d}x}\left(\frac{\sin x}{x}\right)\right]$$

千万不能把它与$\frac{1}{x^n}\frac{\mathrm{d}^n}{\mathrm{d}x^n}$混为一谈。

由以上分析可见,半整数阶 Bessel 函数 $J_{n+\frac{1}{2}}(x)$, $J_{-n+\frac{1}{2}}(x)$ $(n=0,1,2,\cdots)$都是初等函数。

例 2 利用 Bessel 函数的递推公式证明:

(1) $\int x^n J_0(x)\mathrm{d}x = x^n J_1(x) + (n-1)x^{n-1}J_0(x) - (n-1)^2\int x^{n-2}J_0(x)\mathrm{d}x$;

(2) $\int_0^a x^3 J_0\left(\frac{\mu}{a}x\right)\mathrm{d}x = \frac{2a^4}{\mu^2}J_0(\mu)$,其中 μ 是 $J'_0(x)=0$ 的正根。

证明 (1)由$\frac{\mathrm{d}}{\mathrm{d}x}[xJ_1(x)] = xJ_0(x)$,$\frac{\mathrm{d}J_0(x)}{\mathrm{d}x} = -J_1(x)$,并应用分部积分法有

$$\int x^n J_0(x)\mathrm{d}x = \int x^{n-1}\mathrm{d}(xJ_1) = x^n J_1(x) - (n-1)\int x^{n-1}J_1\mathrm{d}x$$

$$= x^n J_1(x) + (n-1)\int x^{n-1}\mathrm{d}(J_0)$$

$$= x^n J_1(x) + (n-1)x^{n-1}J_0 - (n-1)^2\int x^{n-2}J_0\mathrm{d}x$$

(2)在上式中,取 $n=3$, 并再次利用$(xJ_1)' = xJ_0$,有

$$\int x^3 J_0(x)\mathrm{d}x = x^3 J_1(x) + 2x^2 J_0(x) - 4xJ_1(x) + C$$

其中 C 是积分常数。在上式中代入积分上下限,并注意 $J_1(\mu) = J'_0(\mu) = 0$,得

$$\int_0^a x^3 J_0\left(\frac{\mu}{a}x\right)\mathrm{d}x = \frac{a^4}{\mu^4}\left[x^3 J_1(x) + 2x^2 J_0(x) - 4xJ_1(x)\right]\Big|_0^{\mu} = \frac{2a^4}{\mu^2}J_0(\mu)$$

4.2.3 Bessel 函数的正交性和模方

将 Bessel 方程(4.1.10)写成 Sturm-Liouville 型方程是

$$\frac{\mathrm{d}}{\mathrm{d}\rho}\left[\rho\frac{\mathrm{d}R(\rho)}{\mathrm{d}\rho}\right] - \frac{m^2}{\rho}R(\rho) + \lambda\rho R(\rho) = 0 \tag{4.2.13}$$

由此可见,Bessel 方程的权函数是 ρ,故正交关系应为

$$\int_0^b R_k(\rho)R_n(\rho)\rho\mathrm{d}\rho = \int_0^b J_m(\mu_k\rho)J_m(\mu_n\rho)\rho\mathrm{d}\rho = 0 \quad (k \neq n) \tag{4.2.14}$$

其中 $\mu_k = \sqrt{\lambda_k}$, $\mu_n = \sqrt{\lambda_n}$ 分别表示第 k 和第 n 个本征值。当 $k = n$ 时,有

$$\begin{aligned}\left[N_n^{(m)}\right]^2 &= \int_0^b \left[R_n(\rho)\right]^2\rho\mathrm{d}\rho = \int_0^b \left[J_m(\mu_n\rho)\right]^2\rho\mathrm{d}\rho \\ &= \frac{b^2}{2}\left[J_m'(\mu_n b)\right]^2 + \frac{1}{2}\left(b^2 - \frac{m^2}{\mu_n^{\ 2}}\right)\left[J_m(\mu_n b)\right]^2\end{aligned} \tag{4.2.15}$$

$[N_n^{(m)}]^2$ 称为 Bessel 函数的模方,式(4.2.15)称为 Bessel 函数模方的计算公式。

现在来证明式(4.2.15),用 $\rho R_n'$ 乘 Sturm-Liouville 型 Bessel 方程

$$\frac{\mathrm{d}}{\mathrm{d}\rho}\left(\rho\frac{\mathrm{d}R_n}{\mathrm{d}\rho}\right) + \left(\mu_n^2\rho - \frac{m^2}{\rho}\right)R_n(\rho) = 0$$

的两边,得到

$$\rho R_n'\frac{\mathrm{d}}{\mathrm{d}\rho}\left(\rho\frac{\mathrm{d}R_n}{\mathrm{d}\rho}\right) + (\mu_n^2\rho^2 - m^2)R_n R_n' = 0$$

它可以改写成

$$\frac{1}{2}\frac{\mathrm{d}}{\mathrm{d}\rho}(\rho R_n')^2 + \frac{1}{2}(\mu_n^2\rho^2 - m^2)\frac{\mathrm{d}R_n^{\ 2}}{\mathrm{d}\rho} = 0$$

将上式对 ρ 从 0 到 b 进行积分,得

$$\frac{b^2}{2}\left[R_n'(b)\right]^2 + \frac{1}{2}\int_0^b (\mu_n^2\rho^2 - m^2)\mathrm{d}R_n^{\ 2} = 0$$

进行分部积分,可得

$$\frac{b^2}{2}\mu_n^{\ 2}\left[J_m'(\mu_n b)\right]^2 + \frac{1}{2}(\mu_n^2\rho^2 - m^2)R_n^{\ 2}\Big|_0^b - \int_0^b \mu_n^{\ 2}\left[R_n(\rho)\right]^2\rho\mathrm{d}\rho = 0$$

上式左端第二项,在下限 $\rho = 0$ 处的值为零。因为当 $m = 0$ 时,它显然为零;当 $m \neq 0$ 时,由于 $R(0) = J_m(0) = 0$,故其值也为零。这样,就有

$$\left[N_n^{(m)}\right]^2 = \frac{b^2}{2}\left[J_m'(\mu_n b)\right]^2 + \frac{1}{2}\left(b^2 - \frac{m^2}{\mu_n^{\ 2}}\right)\left[J_m(\mu_n b)\right]^2$$

式(4.2.15)的导出,并未涉及边界条件的类型,它对三类齐次边界条件都适用。针对不

同的边界条件,该公式可以简化。

(1)对第一类齐次边界条件

因为这时有 $J_m(\mu_n b)=0$,故式(4.2.15)化为

$$[N_n^{(m)}]^2=\frac{b^2}{2}[J_m'(\mu_n b)]^2=\frac{b^2}{2}[J_{m+1}(\mu_n b)]^2 \tag{4.2.16}$$

导出上式的最后一步中,已利用了递推公式(4.2.4)和此时的边界条件。

(2)对第二类齐次边界条件

因为这时有 $J_m'(\mu_n b)=0$,故式(4.2.15)化为

$$[N_n^{(m)}]^2=\frac{1}{2}\left(b^2-\frac{m^2}{\mu_n^2}\right)[J_m(\mu_n b)]^2 \tag{4.2.17}$$

(3)对第三类齐次边界条件

因为这时有

$$J_m'(\mu_n b)=-\frac{1}{H\mu_n}J_m(\mu_n b)$$

所以模方公式化为

$$[N_n^{(m)}]^2=\frac{1}{2}\left(b^2-\frac{m^2}{\mu_n^2}+\frac{b^2}{H^2\mu_n^2}\right)[J_m(\mu_n b)]^2 \tag{4.2.18}$$

4.2.4 按 Bessel 函数的广义 Fourier 级数展开

如果函数 $f(\rho)$ 满足展开成下列绝对且一致收敛级数的条件,就可以展开成下面的 Fourier-Bessel 级数

$$f(\rho)=\sum_{n=1}^{\infty}f_n J_m(\mu_n\rho) \tag{4.2.19}$$

由正交性公式和模方的定义,级数的系数按下面公式计算

$$f_n=\frac{1}{[N_n^{(m)}]^2}\int_0^b f(\rho)J_m(\mu_n\rho)\rho\mathrm{d}\rho \tag{4.2.20}$$

求 f_n 常要求某些包含 Bessel 函数的积分。这个问题要用到一些技巧,放到后面的例题中介绍。

例 3 在第一类齐次边界条件下,把定义在 $(0,b)$ 上的函数

$$f(\rho)=H(1-\rho^2/b^2)$$

按零阶 Bessel 函数 $J_0(\mu_n\rho)$ 展开成级数。

解 按式(4.2.19)与式(4.2.20),有

$$H\left(1-\frac{\rho^2}{b^2}\right)=\sum_{n=1}^{\infty}f_n J_0(\mu_n\rho) \tag{4.2.21}$$

$$f_n=\frac{1}{[N_n^{(0)}]^2}\int_0^b H\left(1-\frac{\rho^2}{b^2}\right)J_0(\mu_n\rho)\rho\mathrm{d}\rho \tag{4.2.22}$$

其中 $N_n^{(0)}$ 为模方,因为属于第一类齐次边界条件

$$J_0(\mu_n b)=0$$

由零阶 Bessel 函数的零点 $x_n^{(0)}$ 确定本征值

$$\mu_n = \frac{x_n^{(0)}}{b} \tag{4.2.23}$$

按公式(4.2.16)有

$$[N_n^{(0)}]^2 = \frac{b^2}{2}[J_1(x_n^{(0)})]^2 \tag{4.2.24}$$

为求式(4.2.22)中的积分,先计算以下不定积分

$$(1)\ I_1 = \int xJ_0(x)\mathrm{d}x \xlongequal{\text{由递推公式(4.2.3)}} \int \frac{\mathrm{d}}{\mathrm{d}x}[xJ_1(x)]\mathrm{d}x = xJ_1(x) + C \tag{4.2.25}$$

(2)由递推公式和分部积分法,有

$$\begin{aligned} I_2 &= \int x^3J_0(x)\mathrm{d}x = \int x^2[xJ_0(x)]\mathrm{d}x \\ &= \int x^2\mathrm{d}[xJ_1(x)] = x^3J_1(x) - \int 2x^2J_1(x)\mathrm{d}x \\ &= x^3J_1(x) - 2x^2J_2(x) + C \end{aligned}$$

这个积分可以由 Maple 直接算出:

```
> int(x^3* BesselJ(0,x), x);
```

$$x^3J(1,x) - 2x^2J(2,x)$$

利用 Bessel 函数的降阶公式可以将结果简化:

$$\begin{aligned} I_2 &= x^3J_1(x) + 2x^2J_0(x) - 4xJ_1(x) + C \\ &= (x^3 - 4x)J_1(x) + 2x^2J_0(x) + C \end{aligned} \tag{4.2.26}$$

利用(4.2.25)和(4.2.26)两式,就可求出式(4.2.22)中的积分

$$\int_0^b H\left(1 - \frac{\rho^2}{b^2}\right)J_0(\mu_n\rho)\rho\mathrm{d}\rho = \frac{4Hb^2J_1(x_n^{(0)})}{[x_n^{(0)}]^3} \tag{4.2.27}$$

将式(4.2.24)、式(4.2.27)代入式(4.2.22)中,求得系数为

$$f_n = \frac{8H}{[x_n^{(0)}]^3J_1(x_n^{(0)})} \tag{4.2.28}$$

于是

$$H\left(1 - \frac{\rho^2}{b^2}\right) = \sum_{n=1}^{\infty}\frac{8H}{[x_n^{(0)}]^3J_1(x_n^{(0)})}J_0(\mu_n\rho)$$

4.3　Bessel 函数在定解问题中的应用

现在,我们举些 Bessel 函数在定解问题中应用的例子,以加深对它们的理解和掌握。

首先回到第 4.1 节例 1,如果初始条件只与 ρ 有关,而与 φ 无关,即初始条件变为 $u|_{t=0} = f(\rho)$,这时可以认为,圆盘内的温度分布也与 φ 无关,即 $u = u(\rho, t)$,这类问题称为轴对称问题,在本课程中,我们只讨论轴对称问题。

如果设 $f(\rho) = 1 - \rho^2$, 并设圆盘的半径为 $b = 1$, 则定解问题变为

$$\begin{cases} \dfrac{\partial u}{\partial t} = a^2\left(\dfrac{\partial^2 u}{\partial \rho^2} + \dfrac{1}{\rho}\dfrac{\partial u}{\partial \rho}\right) \quad (0 < \rho < b = 1) \\ u\big|_{\rho=1} = 0 \\ u\big|_{t=0} = 1 - \rho^2 \end{cases} \tag{4.3.1}$$

这里是第一类齐次边界条件,由分离变量法,可得问题的一般解为

$$u(\rho,t) = \sum_{n=1}^{\infty} A_n e^{-a^2[x_n^{(0)}]^2 t} J_0(x_n^{(0)}\rho) \tag{4.3.2}$$

注意 因为 u 与 φ 无关,故 $m=0$, $\Phi(\varphi)=$ 常数。$x_n^{(0)}$ $(n=1,2,\cdots)$ 为零阶 Bessel 函数 $J_0(x)$ 第 n 个零点。由初始条件得

$$1-\rho^2 = \sum_{n=1}^{\infty} A_n J_0(x_n^{(0)}\rho)$$

将右端的函数按 Bessel 函数展开,并比较等式两边级数的系数,有

$$\begin{aligned} A_n &= \frac{2}{[J'_0(x_n^{(0)})]^2}\int_0^1 (1-\rho^2)\rho J_0(x_n^{(0)}\rho)\,d\rho \\ &= \frac{2}{[J_1(x_n^{(0)})]^2}\left[\int_0^1 \rho\, J_0(x_n^{(0)}\rho)\,d\rho - \int_0^1 \rho^3 J_0(x_n^{(0)}\rho)\,d\rho\right] \end{aligned}$$

由于 $d[(x_n^{(0)}\rho)J_1(x_n^{(0)}\rho)] = (x_n^{(0)}\rho)[J_0(x_n^{(0)}\rho)d(x_n^{(0)}\rho)]$,即

$d\left[\dfrac{\rho J_1(x_n^{(0)}\rho)}{x_n^{(0)}}\right] = \rho J_0(x_n^{(0)}\rho)d\rho$,所以有

$$\int_0^1 \rho J_0(x_n^{(0)}\rho)\,d\rho = \frac{\rho J_1(x_n^{(0)}\rho)}{x_n^{(0)}}\bigg|_0^1 = \frac{J_1(x_n^{(0)})}{x_n^{(0)}}$$

而

$$\int_0^1 \rho^3 J_0(x_n^{(0)}\rho)\,d\rho = \int_0^1 \rho^2 d\left[\frac{\rho J_1(x_n^{(0)}\rho)}{x_n^{(0)}}\right] = \frac{\rho^3 J_1(x_n^{(0)}\rho)}{x_n^{(0)}}\bigg|_0^1 - \frac{2}{x_n^{(0)}}\int_0^1 \rho^2 J_1(x_n^{(0)}\rho)\,d\rho$$

$$= \frac{J_1(x_n^{(0)})}{x_n^{(0)}} - \frac{2}{[x_n^{(0)}]^2}\rho^2 J_2(x_n^{(0)}\rho)\bigg|_0^1 = \frac{J_1(x_n^{(0)})}{x_n^{(0)}} - \frac{2J_2(x_n^{(0)})}{[x_n^{(0)}]^2}$$

从而

$$A_n = \frac{4J_2(x_n^{(0)})}{[x_n^{(0)}J_1(x_n^{(0)})]^2}$$

代入式(4.3.2)得定解问题(4.3.1)的解为

$$u(\rho,t) = \sum_{n=1}^{\infty} \frac{4J_2(x_n^{(0)})}{[x_n^{(0)}J_1(x_n^{(0)})]^2} J_0(x_n^{(0)}\rho)e^{-a^2(x_n^{(0)})^2 t} \tag{4.3.3}$$

例 1 求解下列定解问题

$$\begin{cases}\dfrac{\partial^2 u}{\partial t^2}=a^2\left(\dfrac{\partial^2 u}{\partial \rho^2}+\dfrac{1}{\rho}\dfrac{\partial u}{\partial \rho}\right) \quad (0<\rho<b)\\ \left.\dfrac{\partial u}{\partial \rho}\right|_{\rho=b}=0, \quad \left|u|_{\rho=0}\right|<+\infty \\ u|_{t=0}=0, \quad \left.\dfrac{\partial u}{\partial t}\right|_{t=0}=1-\dfrac{\rho^2}{b}\end{cases} \tag{4.3.4}$$

解　这里 u 与 φ 无关,仍然为轴对称问题。应用分离变量法,令 $u(\rho,t)=R(\rho)T(t)$,代入到方程(4.3.4)中,并整理

得

$$\rho^2 R''(\rho)+\rho R'(\rho)+\lambda\rho^2 R(\rho)=0 \tag{4.3.5}$$

及

$$T''(t)+\lambda a^2 T(t)=0 \tag{4.3.6}$$

方程(4.3.5)的通解是

$$\begin{cases}R_0(\rho)=C_0+D_0\ln\rho \quad (\lambda=0)\\ R(\rho)=CJ_0(\sqrt{\lambda}\rho)+DY_0(\sqrt{\lambda}\rho) \quad (\lambda>0)\end{cases} \tag{4.3.7}$$

由边界条件$\left.\dfrac{\partial u}{\partial \rho}\right|_{\rho=b}=0$, $\left|u|_{\rho=0}\right|<+\infty$, 有$\left.\dfrac{\mathrm{d}R}{\mathrm{d}\rho}\right|_{\rho=b}=0$, $|R(0)|<+\infty$。将 $|R(0)|<+\infty$ 代入到式(4.3.7),得

$$D_0=0, \quad D=0 \tag{4.3.8}$$

再由$\left.\dfrac{\mathrm{d}R}{\mathrm{d}\rho}\right|_{\rho=b}=0$,得

$$R_0(\rho)=C_0 \quad (\lambda=0)$$

$$CJ_0{}'(\sqrt{\lambda}b)=0 \quad (\lambda>0)$$

由递推公式(4.2.9), 有

$$J_1(\sqrt{\lambda}b)=0$$

由此得

$$\sqrt{\lambda}b=x_n^{(1)} \quad (n=1,2,\cdots)$$

其中 $x_n^{(1)}(n=1,2,\cdots)$ 表示 $J_1(x)$ 的第 n 个零点。由以上的讨论,得到本征值为

$$\lambda=0, \quad \lambda_n=\left(\frac{x_n^{(1)}}{b}\right)^2 \quad (n=1,2,\cdots) \tag{4.3.9}$$

相应的本征函数为

$$\begin{cases}R_0(\rho)=C_0 \quad (\lambda=0)\\ R_n(\rho)=C_nJ_0\left(\dfrac{x_n^{(1)}}{b}\rho\right) \quad \left(\lambda=\left[\dfrac{x_n^{(1)}}{b}\right]^2\right)\end{cases} \tag{4.3.10}$$

将本征值(4.3.9)代入到方程(4.3.6),解得

$$\begin{cases}T_0(t)=A_0+B_0t\\ T_n(t)=A_n\cos\dfrac{ax_n^{(1)}t}{b}+B_n\sin\dfrac{ax_n^{(1)}t}{b}\end{cases} \tag{4.3.11}$$

将式(4.3.10)和式(4.3.11)组合,并迭加,得到定解问题的一般解为

$$\begin{aligned}u(\rho,t) &= R_0(\rho)T_0(t) + \sum_{n=1}^{\infty} R_n(\rho)T_n(t)\\ &= A_0 + B_0 t + \sum_{n=1}^{\infty}\left(A_n\cos\frac{ax_n^{(1)}t}{b} + B_n\sin\frac{ax_n^{(1)}t}{b}\right)J_0\left(\frac{x_n^{(1)}}{b}\rho\right)\end{aligned} \tag{4.3.12}$$

注意常数 C_0 和 C_n 已合并到相应的常数中。

由初始条件

$$u|_{t=0} = 0$$

得

$$A_0 + \sum_{n=1}^{\infty} A_n J_0\left(\frac{x_n^{(1)}}{b}\rho\right) = 0$$

由此得

$$A_0 = 0,\quad A_n = 0\quad (n = 1,2,\cdots)$$

再由

$$\left.\frac{\partial u}{\partial t}\right|_{t=0} = 1 - \frac{\rho^2}{b}$$

得

$$B_0 + \sum_{n=1}^{\infty} B_n\frac{ax_n^{(1)}}{b}J_0\left(\frac{x_n^{(1)}}{b}\rho\right) = 1 - \frac{\rho^2}{b^2}$$

由对应于不同本征值的本征函数在[0,b]的加权正交性,得

$$\begin{cases}B_0\int_0^b \rho\mathrm{d}\rho = \int_0^b\left(1 - \frac{\rho^2}{b^2}\right)\rho\mathrm{d}\rho\\ B_n\frac{ax_n^{(1)}}{b}[N^{(0)}]^2 = \int_0^b\left(1 - \frac{\rho^2}{b^2}\right)J_0\left(\frac{x_n^{(1)}}{b}\rho\right)\rho\mathrm{d}\rho\end{cases} \tag{4.3.13}$$

由式(4.3.13)的第一式得

$$B_0 = \frac{1}{2}$$

由于本问题给出的是第二类边界条件,故(4.3.13)第二式中的模方应用式(4.3.8)计算得

$$[N_n^{(0)}]^2 = \int_0^b J_0^{\,2}\left(\frac{x_n^{(1)}}{b}\rho\right)\rho\mathrm{d}\rho = \frac{1}{2}b^2J_0^{\,2}(x_n^{(1)})$$

而

$$\int_0^b\left(1 - \frac{\rho^2}{b^2}\right)J_0\left(\frac{x_n^{(1)}}{b}\rho\right)\rho\mathrm{d}\rho = \frac{b^2J_2(x_n^{(1)})}{[x_n^{(1)}]^2}$$

代入到式(4.3.13)的第二式,得

$$B_n = \frac{4bJ_2(x_n^{(1)})}{a[x_n^{(1)}]^2J_0^{\,2}(x_n^{(1)})} = -\frac{4b}{a[x_n^{(1)}]^3J_0(x_n^{(1)})}$$

将 B_0 和 B_n 的值代入到式(4.3.12),得定解问题的解是

$$u(\rho,t) = \frac{1}{2}t - \frac{4b}{a}\sum_{n=1}^{\infty}\frac{1}{(x_n^{(1)})^3J_0(x_n^{(1)})}\sin\frac{ax_n^{(1)}t}{b}J_0\left(\frac{x_n^{(1)}}{b}\rho\right) \tag{4.3.14}$$

例 2 半径为 a 高为 h 的圆柱体,上底的电势分布为 $f(\rho)=\rho^2$,下底和侧面的电势保持为零,求柱体内的电势分布。

解 该问题属于静电场问题,电势满足 Laplace 方程,以柱体的下底面为 $z=0$ 的平面,柱轴为 z 轴建立柱坐标系,由边界上的电势分布可以推知柱内电势分布与 φ 无关,写出定解问题是

$$\begin{cases} \nabla^2 u = \dfrac{\partial^2 u}{\partial \rho^2} + \dfrac{1}{\rho}\dfrac{\partial u}{\partial \rho} + \dfrac{\partial^2 u}{\partial^2 z} = 0 \quad (\rho < a,\ 0 < z < h) \\ u\big|_{z=0} = 0, \quad u\big|_{z=h} = \rho^2 \\ u\big|_{\rho=a} = 0, \quad \left| u\big|_{\rho=0} \right| < +\infty \end{cases} \tag{4.3.15}$$

分离变量,即令 $u=u(\rho,z)=R(\rho)Z(z)$ 代入式(4.3.15)得

$$Z''(z) - k^2 Z(z) = 0 \tag{4.3.16}$$

$$\rho^2 R''(\rho) + \rho R'(\rho) + (k^2\rho - 0)R(\rho) = 0 \tag{4.3.17}$$

其中 $-k^2$ 是分离常数,当分离常数大于零时,得到修正 Bessel 方程,将在下一节中讨论。方程(4.3.16)和(4.3.17)解依次是

$$\begin{cases} Z_0(z) = A_0 z + B_0 \quad (k=0) \\ Z(z) = Ae^{kz} + Be^{-kz} \quad (k>0) \end{cases} \tag{4.3.18}$$

$$\begin{cases} R_0(\rho) = C_0 + D_0 \ln\rho \quad (k=0) \\ R(\rho) = CJ_0(k\rho) + DY_0(k\rho) \quad (k>0) \end{cases} \tag{4.3.19}$$

由边界条件

$$\left| u\big|_{\rho=0} \right| < +\infty \text{ 和} u\big|_{\rho=a} = 0$$

得

$$C_0 = D_0 = D = 0$$

及

$$J_0(ka) = 0 \tag{4.3.20}$$

可见对应 $k=0$ 问题没有非零解。由(4.3.20)得本征值为

$$k_n = \frac{x_n^{(0)}}{a} \quad (n = 1,2,\ \ ) \tag{4.3.21}$$

相应的本征函数为

$$R_n(\rho) = C_n J_0\left(\frac{x_n^{(0)}}{a}\rho\right) \quad (n = 1,2,\cdots) \tag{4.3.22}$$

将本征值(4.3.21)代入到式(4.3.18)的第二个式子(由于已经得出本问题在 $k=0$ 无非零解的结论,故式(4.3.18)的第一个式子没有意义),得到

$$Z_n(z) = A_n e^{\frac{x_n^{(0)}}{a}z} + B_n e^{-\frac{x_n^{(0)}}{a}z}$$

由边界条件 $u\big|_{z=0}=0$, 得

$$A_n + B_n = 0,\ \text{即 } B_n = -A_n$$

于是

$$Z_n(z)=2A_n\frac{e^{\frac{x_n^{(0)}}{a}z}-_ne^{-\frac{x_n^{(0)}}{a}z}}{2}=a_n\text{sh}\frac{x_n^{(0)}}{a}z \tag{4.3.23}$$

将式(4.3.22)和式(4.3.23)组合,并迭加,得问题的一般解为

$$u(\rho,z)=\sum_{n=1}^{\infty}C_n\text{sh}\left(\frac{x_n^{(0)}}{a}z\right)J_0\left(\frac{z_n^{(0)}}{a}\rho\right) \tag{4.3.24}$$

由边界条件$u|_{z=h}=\rho^2$ 代入,得

$$\sum_{n=1}^{\infty}C_n\text{sh}\left(\frac{x_n^{(0)}}{a}h\right)J_0\left(\frac{x_n^{(0)}}{a}\rho\right)=\rho^2$$

左边的级数是右边函数的 Fourier-Bessel 级数,由展开式的系数公式(4.2.20),并考虑此时的边界条件,有

$$\begin{aligned}C_n&=\frac{1}{\text{sh}\left(\frac{x_n^{(0)}}{a}h\right)\frac{a^2}{2}J_1^2(x_n^{(0)})}\int_0^a\rho^3J_0\left(\frac{x_n^{(0)}}{a}\rho\right)\text{d}\rho\\&=\frac{2}{\text{sh}\left(\frac{x_n^{(0)}}{a}h\right)a^2J_1^2(x_n^{(0)})}\frac{a^4}{(x_n^{(0)})^4}\int_0^{x_n^{(0)}}\left(\frac{x_n^{(0)}}{a}\rho\right)^3J_0\left(\frac{x_n^{(0)}}{a}\rho\right)\text{d}\left(\frac{x_n^{(0)}}{a}\rho\right)\end{aligned}$$

令$\frac{x_n^{(0)}}{a}\rho=x$, 应用分部积分法和递推公式,得

$$\begin{aligned}\int_0^{x_n^{(0)}}x^3J_0(x)\text{d}x&=(x_n^{(0)})^3J_1(x_n^{(0)})+2(x_n^{(0)})^2J_0(x_n^{(0)})-4x_n^{(0)}J_1(x_n^{(0)})\\&=x_n^{(0)}J_1(x_n^{(0)})[(x_n^{(0)})^2-4]\end{aligned}$$

因此

$$C_n=\frac{2a^2[(x_n^{(0)})^2-4]}{(x_n^{(0)})^3J_1(x_n^{(0)})\text{sh}\left(\frac{x_n^{(0)}}{a}h\right)}$$

将上式代入到式(4.3.24), 的原定解问题的解为

$$u(\rho,z)=2a^2\sum_{n=0}^{\infty}\frac{[(x_n^{(0)})^2-4]}{(x_n^{(0)})^3}\frac{\text{sh}\left(\frac{x_n^{(0)}}{a}z\right)}{\text{sh}\left(\frac{x_n^{(0)}}{a}h\right)}\frac{J_1\left(\frac{x_n^{(0)}}{a}\rho\right)}{J_1(x_n^{(0)})} \tag{4.3.25}$$

*4.4 修正 Bessel 函数

4.4.1 第一类修正 Bessel 函数

在本章第 1 节中,我们曾得到修正 Bessel 方程

$$\rho^2R''(\rho)+\rho R'(\rho)-(\mu^2\rho^2-m^2)R(\rho)=0\quad(m=0,1,2,\cdots) \tag{4.4.1}$$

对此方程可以直接用级数求解,但是如果作变换$\rho=-ir(r=i\rho)$,就可以将这个方程化成 Bessel 方程(4.1.10)。

由于 $\rho = -ir(r=i\rho)$，$\frac{dR}{d\rho}=\frac{dR}{dr}\frac{dr}{d\rho}=i\frac{dR}{dr}$，$\frac{d^2R}{d\rho^2}=-\frac{d^2R}{dr^2}$，将这些结果代入到式(4.4.1)就得到

$$r^2\frac{d^2R}{dr^2}+r\frac{dR}{dr}+(\mu^2r^2-m^2)R(r)=0$$

因此方程(4.4.1)的通解为

$$R(\rho)=A_mJ_m(i\mu\rho)+B_mY_m(i\mu\rho) \tag{4.4.2}$$

如果参数 $\mu=1$，式(4.4.1)和式(4.4.2)就变成标准修正 Bessel 方程和解。

因为

$$J_m(ix)=i^m\sum_{k=0}^{\infty}\frac{x^{m+2k}}{2^{m+2k}k!\Gamma(m+k+1)}$$

将此式乘以 i^m 后，就去掉了虚值，将这个结果定义为第一类修正 Bessel 函数，记作

$$I_m(x)=i^{-m}J_m(ix)=\sum_{k=0}^{\infty}\frac{x^{m+2k}}{2^{m+2k}k!\Gamma(m+k+1)} \tag{4.4.3}$$

特别地

$$I_0(x)=\sum_{k=0}^{\infty}\frac{\left(\frac{x}{2}\right)^{2k}}{(k!)^2}=1+\frac{x^2}{2^2}+\frac{x^4}{2^4(2!)^2}+\frac{x^6}{2^6(3!)^2}+\cdots,$$

$$I_1(x)=I_0'(x)=\sum_{k=0}^{\infty}\frac{\left(\frac{x}{2}\right)^{2k+1}}{(k!)(k+1)!}=\frac{x}{2}+\frac{x^3}{2^32!}+\frac{x^5}{2^52!3!}+\cdots$$

与 $J_m(x)$ 类似，当 m 不是整数时，$I_m(x)$ 与 $I_{-m}(x)$ 线性无关。但当 $m=0,1,2\cdots$ 为整数时，两者线性相关：

$$\begin{aligned}I_{-m}(x)&=\sum_{k=0}^{\infty}\frac{1}{k!\Gamma(k-m+1)}\left(\frac{x}{2}\right)^{2k-m}\\&=\sum_{k=0}^{\infty}\frac{1}{k!(k-m)!}\left(\frac{x}{2}\right)^{2k-m}=\sum_{l=0}^{\infty}\frac{1}{(l+m)!l!}\left(\frac{x}{2}\right)^{2l+m}=I_m(x)\end{aligned} \tag{4.4.4}$$

为此，引进第二类修正 Bessel 函数。

4.4.2　第二类修正 Bessel 函数

第二类修正 Bessel 函数定义如下：

当 m 是非整数时

$$K_m(x)=\frac{\pi[I_{-m}(x)-I_m(x)]}{2\sin m\pi} \tag{4.4.5}$$

当 m 是整数时

$$K_m(x)=\lim_{\alpha\to m}\frac{\pi[I_{-\alpha}(x)-I_\alpha(x)]}{2\sin\alpha\pi} \tag{4.4.6}$$

所以修正 Bessel 方程

$$x^2y''(x)+xy'(x)-(x^2-m^2)y(x)=0 \tag{4.4.7}$$

的通解是

$$y(x) = A_m I_m(x) + B_m K_m(x) \tag{4.4.8}$$

用 Maple 画出的第一类和第二类修正 Bessel 函数的曲线图如图 4.4.1 和图 4.4.2 所示。

```
> plot({BesselI(0,x),BesselI(1,x)},x=0..5,0..5);
> plot({BesselK(0,x),BesselK(1,x)},x=0..3,0..3);
```

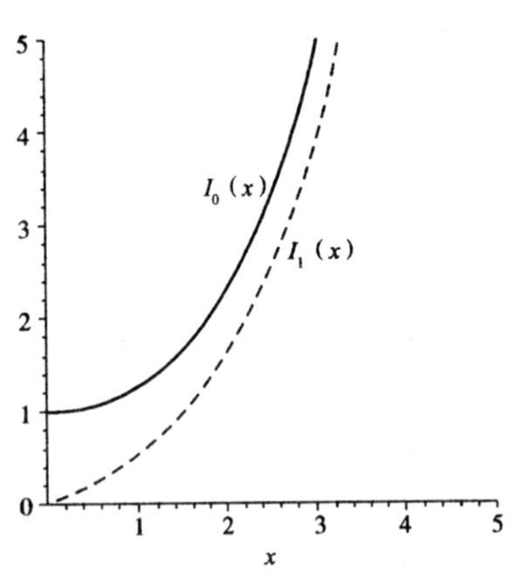

图 4.4.1　第一类修正 Bessel 函数曲线图

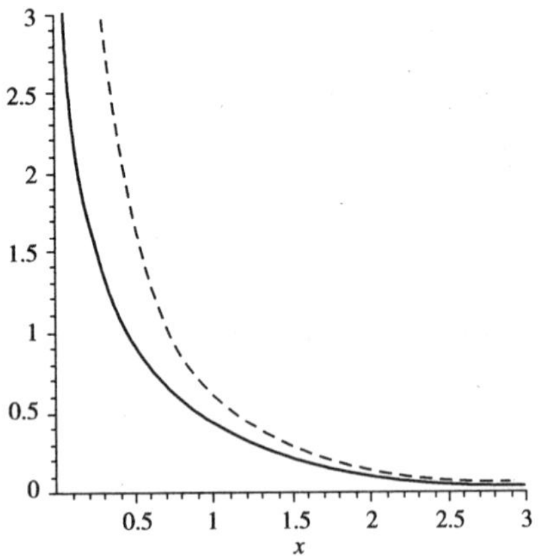

图 4.4.2　第二类修正 Bessel 函数曲线图

可以看出,$I_m(x)$是正项级数,是 x 的递增函数。当 $m=0$ 时,$I_0(x)$没有零点;$m\neq 0$ 时,$I_m(x)$在 $x=0$ 处有一个零点,即 $I_0(0)=1$; $I_m(0)=0\quad(m\neq 0)$。第二类修正 Bessel 函数在 $x=0$处没有有限值,$I_m(x)$和 $K_m(x)$都没有正零点,因此图形是单调曲线,这与第一类 Bessel 函数 $J_m(x)$和第二类 Bessel 函数 $Y_m(x)$不同。下面举一个例子说明修正 Bessel 函数的应用。

例 1　一个半径为 a,高度为 h 的均匀导体圆柱,侧面充电维持电势为常数 u_0,求柱体内部的电势。

解　以柱体的轴线为 z 轴建立柱坐标系(ρ,φ,z),柱体内的电势 u 的分布是轴对称的,所以它仅是 ρ 与 z 的函数,而与 φ 无关。静电场的电势 u 满足 Laplace 方程,于是有定解问题

$$\begin{cases} u_{\rho\rho} + \dfrac{1}{\rho}u_\rho + u_{zz} = 0, \quad (0<\rho<a,\ 0<z<h) \\ u\big|_{z=0} = u\big|_{z=h} = 0 \\ u\big|_{\rho=a} = u_0 \end{cases} \tag{4.4.9}$$

用分离变量法求解。令 $u(\rho,z)=R(\rho)Z(z)$,代入到方程,可得

$$\frac{R'' + \dfrac{1}{\rho}R'}{R} = -\frac{Z''}{Z} = \lambda$$

从而的特征值问题

$$\begin{cases} Z'' + \lambda Z = 0 \\ Z\big|_{z=0} = Z\big|_{z=h} = 0 \end{cases} \tag{4.4.10}$$

和 Bessel 方程

$$R'' + \frac{1}{\rho}R' - \lambda R = 0 \tag{4.4.11}$$

由本征值问题(4.4.10),求得本征值和本征函数依次为

$$\lambda_n = \left(\frac{n\pi}{h}\right)^2,\quad Z_n(z) = \sin\frac{n\pi z}{h}\quad (n = 1,2,\cdots) \tag{4.4.12}$$

将特征值代入到 Bessel 方程,得到

$$R'' + \frac{1}{\rho}R' - \left(\frac{n\pi}{l}\right)^2 R = 0 \tag{4.4.13}$$

令 $r = \frac{n\pi}{h}\rho$,则上述方程变成零阶修正 Bessel 方程

$$r^2R''(r) + rR'(r) - r^2R(r) = 0 \tag{4.4.14}$$

于是方程(4.4.13)的有界解是

$$R_n(\rho) = A_nI_0\left(\frac{n\pi}{h}\rho\right)$$

经过组合、迭加,得到方程满足齐次边界条件的通解是

$$u(\rho,z) = \sum_{n=1}^{\infty} A_n\sin\left(\frac{n\pi z}{h}\right)I_0\left(\frac{n\pi\rho}{h}\right) \tag{4.4.15}$$

再由柱面上的边界条件$u|_{\rho=a} = u_0$,得

$$u_0 = \sum_{n=1}^{\infty} A_nI_0\left(\frac{n\pi a}{h}\right)\sin\left(\frac{n\pi z}{h}\right) \tag{4.4.16}$$

由上式可以求出展开式系数为

$$A_n = \frac{2u_0}{n\pi}[1 - (-1)^n]$$

所以定解问题(4.4.9)的解为

$$u(\rho,z) = \frac{2u_0}{\pi}\sum_{n=1}^{\infty}\frac{[1-(-1)^n]}{n}\frac{I_0\left(\frac{n\pi\rho}{h}\right)}{I_0\left(\frac{n\pi a}{h}\right)}\sin\left(\frac{n\pi z}{h}\right) \tag{4.4.17}$$

例 2　电子光学透镜的某个部件由两个半径为 r 的中空圆柱组成,其电势分别为 u_0 和 $-u_0$。在两筒中间隙缝(缝宽为 2δ)的侧面边缘处电势可以近似表示为 $u = u_0\sin\frac{\pi z}{2\delta}$,求圆筒内的电势分布。圆筒两端的边界条件可以近似地表示为$u|_{z=\pm l} = \pm u_0$(如图 4.4.3 所示)。

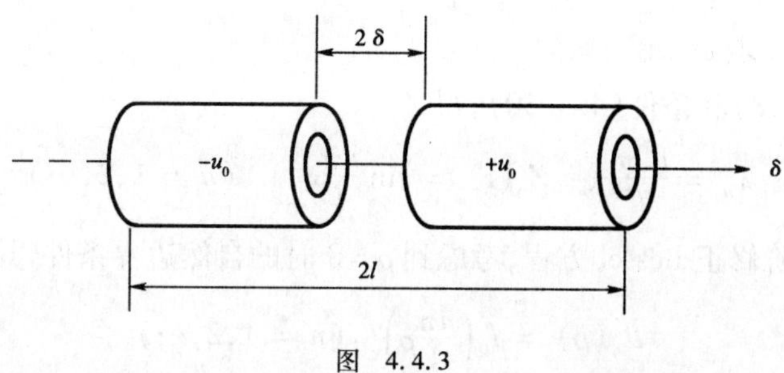

图　4.4.3

解 由题意,取圆柱坐标,柱内中心线取作 z 轴,原点取在隙缝中心处,由于问题是轴对称的,故电势与 φ 无关。写出定解问题如下:

$$\nabla^2 u = 0 \quad (0 \leqslant \rho \leqslant r,\ -l < z < l) \tag{4.4.18}$$

$$u\big|_{z=-l} = -u_0,\quad u\big|_{z=l} = u_0 \tag{4.4.19}$$

$$u\big|_{\rho=r} = \begin{cases} u_0 & (\delta < z < l) \\ u_0 \sin\dfrac{\pi z}{2\delta} & (-\delta < z < \delta) \\ -u_0 & (-l < z < -\delta) \end{cases} \tag{4.4.20}$$

为了简化问题,根据问题的对称性:$+z$ 和 $-z$ 部分正好相差一个负号,因此我们可以只求出 $0\leqslant z\leqslant l$ 部分的解,于是定解问题为

$$\nabla^2 u = \frac{1}{\rho}\frac{\partial}{\partial\rho}\left(\rho\frac{\partial u}{\partial\rho}\right) + \frac{\partial^2 u}{\partial z^2} = 0 \quad (0 \leqslant \rho \leqslant r,\ 0 < z < l) \tag{4.4.21}$$

$$u\big|_{z=0} = 0,\quad u\big|_{z=l} = u_0 \tag{4.4.22}$$

$$u\big|_{\rho=r} = \begin{cases} u_0 \sin\dfrac{\pi z}{2\delta} & (0 < z < \delta) \\ u_0 & (\delta \leqslant z \leqslant l) \end{cases} \tag{4.4.23}$$

现在求解定解问题(4.4.21)~(4.4.23)。先把两组非齐次边界条件中的一组齐次化。因为式(4.4.22)容易齐次化,故令

$$u = v + u_0 \frac{z}{l} \tag{4.4.24}$$

得到 v 的定解问题如下

$$\frac{1}{\rho}\frac{\partial}{\partial\rho}\left(\rho\frac{\partial v}{\partial\rho}\right) + \frac{\partial^2 v}{\partial z^2} = 0 \quad (0 \leqslant \rho \leqslant r,\ 0 < z < l) \tag{4.4.25}$$

$$v_{z=0} = 0,\quad u\big|_{z=l} = 0 \tag{4.4.26}$$

$$v\big|_{\rho=r} = \begin{cases} u_0\left(\sin\dfrac{\pi z}{2\delta} - \dfrac{z}{l}\right) & (0 < z < \delta) \\ u_0\left(1 - \dfrac{z}{l}\right) & (\delta \leqslant z \leqslant l) \end{cases} \tag{4.4.27}$$

分离变量,令 $v(\rho,z) = R(\rho)Z(z)$ 代入到式(4.4.25)和式(4.4.26)得到两个常微分方程

$$Z''(z) + \lambda Z(z) = 0 \tag{4.4.28}$$

$$R''(\rho) + \frac{1}{\rho}R'(\rho) - \lambda R = 0 \tag{4.4.29}$$

和边界条件 $Z(0) = Z(l) = 0$ (4.4.30)

解本征值问题(4.4.28)和条件(4.4.30),得

$$\lambda_n = \frac{n^2\pi^2}{l^2},\quad Z_n(z) = \sin\frac{n\pi}{l}z \qquad (n = 1,2,\cdots)$$

方程(4.4.29)是零阶修正 Bessel 方程,考虑到 $\rho=0$ 时的自然边界条件,其解为

$$R_n(\rho) = I_0\left(\frac{n\pi}{l}\rho\right) \quad (n = 1,2,\cdots)$$

于是问题的本征解为

$$v_n(\rho,z) = I_0\left(\frac{n\pi}{l}\rho\right)\sin\frac{n\pi}{l}z \quad (n = 1,2\cdots)$$

将本征解迭加，得到

$$v(\rho,z) = \sum_{n=1}^{\infty} C_n v_n = \sum_{n=1}^{\infty} C_n I_0\left(\frac{n\pi}{l}\rho\right)\sin\frac{n\pi}{l}z \tag{4.4.31}$$

由边界条件(4.4.27)确定 C_n，即

$$v(\rho,z)\big|_{\rho=r} = \sum_{n=1}^{\infty} C_n I_0\left(\frac{n\pi}{l}r\right)\sin\frac{n\pi}{l}z = \begin{cases} u_0\left(\sin\frac{\pi z}{2\delta} - \frac{z}{l}\right) & (0 < z < \delta) \\ u_0\left(1 - \frac{z}{l}\right) & (\delta \leqslant z < l) \end{cases}$$

将右端函数展开为 Fourier 级数，有

$$\begin{aligned} C_n I_0\left(\frac{n\pi}{l}r\right) &= \frac{2}{l}\left[\int_0^{\delta} u_0\left(\sin\frac{\pi\xi}{2\delta} - \frac{\xi}{l}\right)\sin\frac{n\pi\xi}{l}d\xi + \int_{\delta}^{l} u_0\left(1 - \frac{\xi}{l}\right)\sin\frac{n\pi\xi}{l}d\xi\right] \\ &= \frac{2u_0}{l}\left[\int_0^{\delta}\sin\frac{\pi\xi}{2\delta}\sin\frac{n\pi\xi}{l}d\xi - \frac{1}{l}\int_0^{l}\xi\sin\frac{n\pi\xi}{l}d\xi + \int_0^{l}\sin\frac{n\pi\xi}{l}d\xi\right] \\ &= \frac{2u_0}{n\pi}\left[\frac{l^2\cos\frac{n\pi}{l}\delta}{l^2 - (2n\delta)^2} + 2(-1)^{n+1}\right] \end{aligned}$$

由此可得

$$C_n = \frac{2u_0}{n\pi I_0\left(\frac{n\pi}{l}r\right)}\left[\frac{l^2\cos\frac{n\pi}{l}\delta}{l^2 - (2n\delta)^2} + 2(-1)^{n+1}\right]$$

这样就有

$$v(\rho,\varphi) = \sum_{n=1}^{\infty}\frac{2u_0}{n\pi}\left[\frac{l^2\cos\frac{n\pi}{l}\delta}{l^2 - (2n\delta)^2} + 2(-1)^{n+1}\right]\cdot\frac{I_0\left(\frac{n\pi}{l}\rho\right)}{I_0\left(\frac{n\pi}{l}r\right)}\sin\frac{n\pi z}{l}$$

最后

$$u(\rho,\varphi) = u_0\frac{z}{l} + \sum_{n=1}^{\infty}\frac{2u_0}{n\pi}\left[\frac{l^2\cos\frac{n\pi}{l}\delta}{l^2 - (2n\delta)^2} + 2(-1)^{n+1}\right]\cdot\frac{I_0\left(\frac{n\pi}{l}\rho\right)}{I_0\left(\frac{n\pi}{l}r\right)}\sin\frac{n\pi z}{l} \tag{4.4.32}$$

这个解虽然是在 $0 \leqslant z \leqslant l$ 范围内得到的，但因为在 $z < 0$ 范围与 $z > 0$ 范围差一个负号，而解(4.4.32)符合这一要求，因此就是问题在 $-l \leqslant z \leqslant l$ 整个范围内的解。

在这一章的最后，我们请读者注意，本章求解的定解问题，都具有轴对称性，即目标物理量 u 与 φ 无关。对非轴对称的问题，即 u 与 φ 有关的问题，涉及到对已知函数 $f(\rho,\varphi)$ 的多重展

开,这里不予讨论。

*4.5　可化为 Bessel 方程的方程

Bessel 函数是一类非常重要的特殊函数,在实际问题中,有许多微分方程虽不是 Bessel 方程,但通过变换可以变成 Bessel 方程,其解可以用 Bessel 函数表示。举例如下。

4.5.1　Kelvin(W. ThomSon)方程

Kelvin 方程为

$$x^2\frac{\mathrm{d}^2y}{\mathrm{d}x^2}+x\frac{\mathrm{d}y}{\mathrm{d}x}-(i\beta^2x^2+m^2)y=0 \tag{4.5.1}$$

如设 $x_1=\sqrt{-i}\beta x$,则方程(6. 4. 1)变成 x_1 的 Bessel 方程,它的解是 x_1 的 Bessel 函数,如 $J_m(x_1)$、$H_m^{(1)}(x_1)$、$K_m(x_1)$等。今将其实部与虚部分开,称做 Kelvin 函数。即

$$beR_m(\beta x)=\mathrm{Re}J_m(\sqrt{-i}\beta x)$$

$$beI_m(\beta x)=\mathrm{Im}J_m(\sqrt{-i}\beta x)$$

$$heR_m(\beta x)=\mathrm{Re}H_m^{(1)}(\sqrt{-i}\beta x)$$

$$heI_m(\beta x)=\mathrm{Im}H_m^{(1)}(\sqrt{-i}\beta x)$$

$$KeR_m(\beta x)=\mathrm{Re}K_m(\sqrt{-i}\beta x)$$

$$KeI_m(\beta x)=\mathrm{Im}K_m(\sqrt{-i}\beta x)$$

4.5.2　其他例子

下面几个方程皆可化成 Bessel 方程,并给出解(Bessel 函数用 Z_m 表示)

(1)
$$y''+bx^my=0 \tag{4.5.2}$$

$$y=\sqrt{x}Z_{\frac{1}{m+2}}\left(\frac{2\sqrt{b}}{m+2}x^{\frac{m+2}{2}}\right)$$

(2)
$$y''+\frac{1}{x}y'-\left[\frac{1}{x}+\left(\frac{m}{2x}\right)^2\right]y=0 \tag{4.5.3}$$

$$y=Z_m(2i\sqrt{x})$$

(3)
$$y''+\left(\frac{2m+1}{x}-k\right)y'-\frac{2m+1}{2x}ky=0 \tag{4.5.4}$$

$$y=\frac{1}{x^m}e^{\frac{kx}{2}}Z_m\left(\frac{jkx}{2}\right)$$

(4)
$$y''+\frac{1-2a}{x}y'+\left[(\beta rx^{r-1})^2+\frac{\alpha^2-m^2r^2}{x^2}\right]y=0 \tag{4.5.5}$$

$$y=x^aZ_m(\beta x^r)$$

(5)
$$y''+\left(\frac{1}{x}-2\tan x\right)y'-\left(\frac{m^2}{x^2}+\frac{\tan x}{x}\right)y=0 \tag{4.5.6}$$

$$y = \frac{1}{\cos x} Z_m(x)$$

(6)
$$y'' + \left(\frac{1}{x} - 2u\right)y' + \left(1 + \frac{m^2}{x^2} + u^2 - u' - \frac{u}{x}\right)y = 0 \tag{4.5.7}$$

$$y = e^{\int u\mathrm{d}x} Z_m(x)$$

其他就不一一列举了。

4.5.3　含 Bessel 函数的积分

计算含 Bessel 函数的积分,在前面曾用递推关系计算过。不过在许多情况下,这种方法不好用,而常常是把 Bessel 函数表示成级数,交换积分与求和的次序,先积分后求和得出结果。下面看两个例子。

(1) Sonine 第一积分公式

$$\int_0^{\pi/2} J_\mu(z\sin\theta)(\sin\theta)^{\mu+1}(\cos\theta)^{2v+1}\mathrm{d}\theta$$

$$= \sum_{k=0}^{\infty} \frac{(-1)^k}{k!\Gamma(k+\mu+1)}\left(\frac{z}{2}\right)^{2k+\mu} \int_0^{\pi/2} (\sin\theta)^{2k+2\mu+1}(\cos\theta)^{2v+1}\mathrm{d}\theta$$

$$= \sum_{k=0}^{\infty} \frac{(-1)^k}{k!\Gamma(k+\mu+1)}\left(\frac{z}{2}\right)^{2k+\mu} \frac{\Gamma(k+\mu+1)\Gamma(v+1)}{2\Gamma(k+\mu+v+2)}$$

$$= \frac{2^v\Gamma(v+1)}{Z^{v+1}} J_{\mu+v+1}(z) \quad (\mathrm{Re}\mu, \mathrm{Re}v > -1) \tag{4.5.8}$$

(2) 求积分

$$I = \int_0^\infty e^{-ax} J_0(\beta x)\mathrm{d}x = \int_0^\infty e^{-ax} \sum_{k=0}^{x} \frac{(-1)^k}{(k!)^2}\left(\frac{\beta x}{2}\right)^{2k}\mathrm{d}x$$

$$= \sum_{k=0}^{\infty} \frac{(-1)^k}{(k!)^2}\left(\frac{\beta x}{2}\right)^{2k} \int_0^\infty e^{-ax}x^{2k}\mathrm{d}x = \sum_{k=0}^{\infty} \frac{(-1)^k}{(k!)^2}\left(\frac{\beta x}{2}\right)^{2k} \alpha^{-2k-1}(2k!)$$

$$= \frac{1}{\alpha}\sum_{k=0}^{x} \frac{(-1)^k}{(k!)^2}\frac{(2k)!}{2^{2k}}\left(\frac{\beta}{\alpha}\right)^{2k} = \frac{1}{\alpha}\sum_{k=0}^{x} \begin{pmatrix} -\frac{1}{2} \\ k \end{pmatrix}\left(\frac{\beta}{\alpha}\right)^{2k}$$

$$= \frac{1}{\alpha\sqrt{1+\left(\frac{\beta}{\alpha}\right)^2}} = \frac{1}{\sqrt{\alpha^2+\beta^2}} \tag{4.5.9}$$

在此式推导过程中,利用了 $\alpha > \beta$ 的条件,但结果并不受此条件的限制。

事实上,这个积分亦可利用 $J_0(\beta x)$ 的积分表示进行计算。

$$\int_0^\infty e^{-ax} J_0(\beta x)\mathrm{d}x = \frac{1}{2\pi}\int_0^\infty e^{-ax}\mathrm{d}x \int_{-\pi}^{\pi} e^{j\beta x\sin\theta}\mathrm{d}\theta$$

$$= \frac{1}{2\pi}\int_{-\pi}^{\pi}\mathrm{d}\theta \int_0^\infty e^{\alpha+j\beta x\sin\theta}\mathrm{d}x = \frac{1}{2\pi}\int_{-\pi}^{\pi}\frac{\mathrm{d}\theta}{\alpha - j\beta\sin\theta}$$

$$= \frac{1}{2\pi}\int_{-\pi}^{\pi}\frac{(\alpha + j\beta\sin\theta)}{\alpha^2+\beta^2\sin^2\theta}\mathrm{d}\theta = \frac{\alpha}{2\pi}\int_{-\pi}^{\pi}\frac{\mathrm{d}\theta}{\alpha^2+\beta^2\sin^2\theta}$$

$$= \frac{1}{\sqrt{\alpha^2 + \beta^2}} \tag{4.5.10}$$

最后积分是利用复变函数积分法求出的。两者结果相同。

习　题　4

1. 写出的 $J_0(x)$，$J_1(x)$，$J_n(x)$（n 为正整数）级数表达式的前 5 项。

2. 证明 $J_{2n-1}(0)=0$，其中 $n=1,2,3,\cdots$。

3. 证明 $y=J_n(\alpha x)$ 为方程 $x^2y''+xy'+(\alpha^2x^2-n^2)y=0$ 的解。

4. 试证 $y=x^{\frac{1}{2}}J_{\frac{3}{2}}(x)$ 是方程 $x^2y''+(x^2-2)y=0$ 的一个解。

5. 试证 $y=xJ_n(x)$ 是方程 $x^2y''-xy'+(1+x^2-n^2)y=0$ 的一个解。

6. 利用递推公式证明：

(1) $J_2(x)=J''_0(x)-\frac{1}{x}J'_0(x)$

(2) $J_3(x)+3J'_0(x)+4J'''_0(x)=0$

7. 求解半径为 R，边界固定的圆膜的轴对称振动问题，设 $t=0$ 时有膜上 $\rho\leqslant\varepsilon$ 处有一冲量的垂直作用。

8. 半径为 b 的圆形膜，边缘固定，初始形状是旋转抛物面

$$u|_{t=0}=(1-\rho^2/b^2)H$$

初始速度分布为零，求解膜的振动情况。

9. 一均匀无限长圆柱体，体内无热源，通过柱体表面沿法向的热量为常数 q，若柱体的初始温度也为常数 u_0，求任意时刻柱体的温度分布。

10. 圆柱空腔内电磁振荡的定解问题为

$$\begin{cases} \nabla^2 u+\lambda u=0, \quad \sqrt{\lambda}=\dfrac{\omega}{c} \\ u|_{\rho=a}=0 \\ \left.\dfrac{\partial u}{\partial z}\right|_{z=0}=\left.\dfrac{\partial u}{\partial z}\right|_{z=l}=0 \end{cases}$$

试证电磁振荡的固有频率为

$$\omega_{mn}=c\sqrt{\lambda}=c\sqrt{\left(\frac{x_m^{(0)}}{a}\right)^2+\left(\frac{n\pi}{l}\right)^2} \qquad (n=0,1,2\cdots;m=1,2,\cdots)$$

11. 半径为 R、高为 H 的圆柱内无电荷，柱体下底和柱面保持零电位，上底电位为 $f(\rho)=\rho^2$，求柱体内各内点的电位分布。定解问题为(取极坐标)

$$\begin{cases} \nabla^2 u=0 \\ u|_{z=0}=0, u|_{z=H}=1-\rho^2 \\ u|_{\rho=0}\neq\infty, u|_{\rho=R}=0 \end{cases}$$

*12. 圆柱体半径为 R、高为 H，上底保持温度 u_1，下底保持温度 u_2，侧面温度分布为

$$f(z) = \frac{2u_1}{H}\left(z - \frac{H}{2}\right)z + \frac{2u_2}{H}(H - z)$$

求柱内各点的稳定温度分布。

*13. 求柱内的调和函数，使之在上下底($z=0$ 和 $z=h$)的数值为零，而在柱面上($\rho=a$)上为

$$u\big|_{\rho=a} = Az\left(1 - \frac{z}{h}\right)$$

第5章 Legendre 多项式

在这一章中,我们讨论另一个重要的特殊函数——Legendre 多项式。首先将通过在球坐标系中对 Laplace 方程分离变量,引出在第 3 章中曾讨论过的 Legendre 方程,及其解 Legendre 函数。并深入讨论 Legendre 方程在区间[-1,1]上有界解构成的另一类正交函数系——Legendre 多项式。

5.1 Legendre 方程与 Legendre 多项式的引出

首先我们从一个实际例子出发,从球坐标系中 Laplace 方程的分离变量法中,引出 Legendre 方程,和作为 Legendre 方程本征解的 Legendre 多项式,然后在接下来的章节中,介绍 Legendre 多形式的性质和应用。

在本来匀强的静电场 $\boldsymbol{E}_0$ 中,放置一个导体球,球的半径为 a,试研究导体球怎样改变了匀强电磁场(如图 5.1.1)。

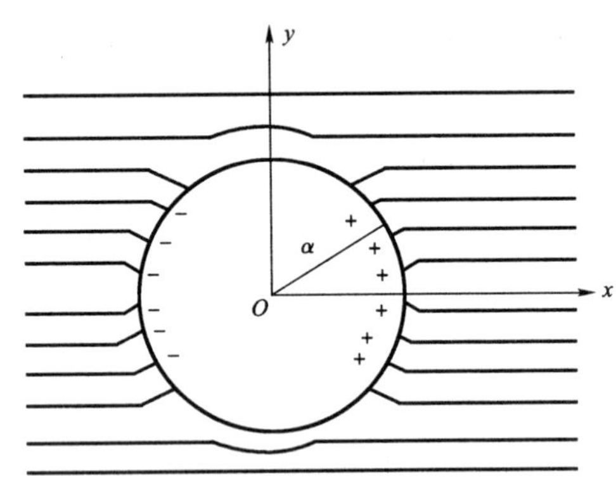

图 5.1.1　匀强静电场中的导体球

这是一个三维静电场问题,球外电势满足 Laplace 方程,在距球无穷远处,电场保持为原来的 $\boldsymbol{E}_0$。取球坐标系(以球心为原点),定解问题是

$$\begin{cases} \nabla^2 u = 0 \quad (r > a) & (5.1.1) \\ u\big|_{r\to\infty} = -E_0 z = -E_0 r\cos\theta & (5.1.2) \\ u\big|_{r=a} = 0 & (5.1.3) \end{cases}$$

由于球面上的电荷不再运动,故可设球面上的电势处处相等,又由于电势具有相对概念,因此设球面上的电势为零。

现在求解这个定解问题。在球坐标系 (r,θ,φ) 中,Laplace 方程 $\nabla^2 u(r,\theta,\varphi)=0$ 的表达式是

$$\frac{1}{r^2}\frac{\partial}{\partial r}\left(r^2\frac{\partial u}{\partial r}\right)+\frac{1}{r^2\sin\theta}\frac{\partial}{\partial\theta}\left(\sin\theta\frac{\partial u}{\partial\theta}\right)+\frac{1}{r^2\sin^2\theta}\frac{\partial^2 u}{\partial\varphi^2}=0 \tag{5.1.4}$$

用分离变量法求解,设 $u(r,\theta,\varphi)=R(r)\Theta(\theta)\Phi(\varphi)$, 代入式(5.1.4)中,得

$$\frac{\Theta\Phi}{r^2}\frac{\mathrm{d}}{\mathrm{d}r}\left(r^2\frac{\mathrm{d}R}{\mathrm{d}r}\right)+\frac{R\Phi}{r^2\sin\theta}\frac{\mathrm{d}}{\mathrm{d}\theta}\left(\sin\theta\frac{\mathrm{d}\Theta}{\mathrm{d}\theta}\right)+\frac{R\Theta}{r^2\sin^2\theta}\frac{\mathrm{d}^2\Phi}{\mathrm{d}\varphi^2}=0$$

将变量 φ 和变量 r、θ 分离。为此,用$\dfrac{r^2\sin^2\theta}{R\Theta\Phi}$遍乘上式,并适当移项,可得

$$\frac{\sin^2\theta}{R}\frac{\mathrm{d}}{\mathrm{d}r}\left(r^2\frac{\mathrm{d}R}{\mathrm{d}r}\right)+\frac{\sin\theta}{\Theta}\frac{\mathrm{d}}{\mathrm{d}\theta}\left(\sin\theta\frac{\mathrm{d}\Theta}{\mathrm{d}\theta}\right)=-\frac{\Phi''}{\Phi}=m^2$$

其中 m^2 是分离常数。由此可得两个微分方程

$$\Phi''+m^2\Phi=0 \tag{5.1.5}$$

和

$$\frac{1}{R}\frac{\mathrm{d}}{\mathrm{d}r}\left(r^2\frac{\mathrm{d}R}{\mathrm{d}r}\right)+\frac{1}{\Theta\sin\theta}\frac{\mathrm{d}}{\mathrm{d}\theta}\left(\sin\theta\frac{\mathrm{d}\Theta}{\mathrm{d}\theta}\right)-\frac{m^2}{\sin^2\theta}=0$$

对上面第二个方程,再将变量 r、θ 分离

$$\frac{1}{\Theta\sin\theta}\frac{\mathrm{d}}{\mathrm{d}\theta}\left(\sin\theta\frac{\mathrm{d}\Theta}{\mathrm{d}\theta}\right)-\frac{m^2}{\sin^2\theta}=-\frac{1}{R}\frac{\mathrm{d}}{\mathrm{d}r}\left(r^2\frac{\mathrm{d}R}{\mathrm{d}r}\right)=-l(l+1)$$

其中 $l(l+1)$ 是第二次分离变量引入的常数,它可以用一个实数 λ 表示,为了以后讨论方便,令 $\lambda=l(l+1)$(可以证明任意一个实数 λ 都可表为 $l(l+1)$,其中 l 为另一任意实数或复数)。由此再得两个常微分方程

$$\frac{\mathrm{d}}{\mathrm{d}r}\left(r^2\frac{\mathrm{d}R}{\mathrm{d}r}\right)-l(l+1)R=0 \tag{5.1.6}$$

即

$$r^2R''(r)+2rR'(r)-l(l+1)R(r)=0 \tag{5.1.6'}$$

以及

$$\frac{1}{\sin\theta}\frac{\mathrm{d}}{\mathrm{d}\theta}\left(\sin\theta\frac{\mathrm{d}\Theta}{\mathrm{d}\theta}\right)+\left[l(l+1)-\frac{m^2}{\sin^2\theta}\right]\Theta=0 \tag{5.1.7}$$

对方程(5.1.7)作变换 $x=\cos\theta$ 以后,可以改写成

$$\frac{\mathrm{d}}{\mathrm{d}x}\left((1-x^2)\frac{\mathrm{d}\Theta}{\mathrm{d}x}\right)+\left[l(l+1)-\frac{m^2}{1-x^2}\right]\Theta=0 \tag{5.1.7'}$$

即

$$(1-x^2)\Theta''(x)-2x\Theta'(x)+\left[l(l+1)-\frac{m^2}{1-x^2}\right]\Theta(x)=0 \tag{5.1.7''}$$

至此球坐标系下的 Laplace 方程(5.1.4)分离变量的结果是得到三个常微分方程(5.1.5)、方程(5.1.6)和方程(5.1.7)。方程(5.1.5)加上周期性条件

$$\Phi(0)=\Phi(2\pi) \tag{5.1.8}$$

构成本征值问题,解之得到

$$\Phi(\varphi)=A_m\cos m\varphi+B_m\sin m\varphi\quad(m=0,1,2,\cdots) \tag{5.1.9}$$

方程(5.1.6)是 Euler 方程,做变换 $r=e^t$,或直接用 Maple 求解得

```
>dsolve(r^2* diff(R(r),r $2)+2* r* diff(R(r),r)-l* (l+1)* R(r)=0);
```

$$R(r)=\_C_1r^l+\_C_2r^{(-l-1)}$$

其中$_C_1$ 和$_C_2$ 是两个积分常数。或用 A_l、B_l 表示任意常数,将通解写成

$$R(r)=A_lr^l+B_lr^{-(l+1)} \tag{5.1.10}$$

方程(5.1.7)叫做关联 Legendre 方程。在 $m=0$ 时,它就退化为 Legendre 方程

$$(1-x^2)\Theta''(x)-2x\Theta'(x)+l(l+1)\Theta(x)=0 \tag{5.1.11}$$

(注意这里未知函数用 Θ 表示)这种退化,有着真实的物理含义,它是物理问题具有轴对称的反应。所谓轴对称问题即场量 u 与角度 φ 无关,只是 r 和 θ 的函数。那么,这会在什么情况下发生呢?重新考虑定解问题(5.1.1)~(5.1.3)。非齐次边界条件(5.1.2)是引起场量 u 发生

变化的唯一根源,如果这个非齐次函数不是角变量 φ 的函数,则问题就具有轴对称性,我们讨论的问题符合这个条件。

在第 3 章中,我们已经求出了 Legendre 方程(5.1.11)的通解,并且指出,Legendre 方程(5.1.11)加上自然条件

$$|\Theta(\pm 1)| < +\infty \tag{5.1.12}$$

构成本征值问题,其本征值和本征函数依次是

$$l = n \quad (n = 0,1,2,\cdots); \quad \Theta(x) = P_n(x) \tag{5.1.13}$$

在我们讨论的问题中,自然条件(5.1.12)是必需的。因为这里(即球坐标系下 Laplace 方程的分离变量法中)$x=\cos\theta$, $x=\pm1$ 对应 $\theta=0$ 和 π,我们当然要求物理量 u 在各个方向上都有有限值。

综上所述,定解问题(5.1.1) ~ (5.1.3)在具有轴对称性质(即 u 与 φ 无关)的假设下,具有如下所示的一般解,也称本征解

$$u_n(r,\theta) = (A_n r^n + B_n r^{-(n+1)})P_n(\cos\theta) \quad (n = 0,1,2,\cdots) \tag{5.1.14}$$

将这些解迭加起来,得到级数解为

$$u(r,\theta) = \sum_{n=0}^{\infty} (A_n r^n + B_n r^{-(n+1)})P_n(\cos\theta) \tag{5.1.15}$$

要确定其中的未知常数,需要进一步了解 Legendre 多项式的性质,将在下一节中讨论。

当 $m\neq0$ 时,关联 Legendre 方程(5.1.7″)的解也可用 Legendre 多项式表示。事实上,对方程(5.1.7″)作变换

$$\Theta(x) = (1-x^2)^{m/2}Y(x) \tag{5.1.16}$$

则函数 Y 满足方程

$$(1-x^2)Y'' - 2(m+1)xY' + [l(l+1) - m(m+1)]Y = 0 \tag{5.1.17}$$

另一方面,我们利用微商的莱布尼兹法则

$$(uv)^{(m)} = u^{(m)}v + \frac{m}{1!}u^{(m-1)}v' + \frac{m(m-1)}{2}u^{(m-2)}v'' + \cdots$$

将 Legendre 方程

$$(1-x^2)P'' - 2xP' + l(l+1)P = 0$$

对 x 求 m 次微商,可得

$$(1-x^2)P^{(m)''} - 2(m+1)xP^{(m)'} + [l(l+1) - m(m+1)]P^{(m)} = 0 \tag{5.1.17$'$}$$

其中

$$P^{(m)} = \frac{\mathrm{d}^m P}{\mathrm{d}x^m}$$

由此可见,式(5.1.17′)与式(5.1.17)完全一样,所以 $Y(x)=P^{(m)}(x)$。因为满足自然条件(5.1.12)的 Legendre 方程的解是 legendre 多项式 $P_n(x)$,因此满足同样边界条件的关联 Legendre 方程的本征函数,称为关联 Legendre 多项式,记作 $P_n^m(x)$, 于是按式(5.1.16)就应是

$$P_n^m(x) = (1-x^2)^{\frac{m}{2}}\frac{\mathrm{d}^m P_n(x)}{\mathrm{d}x^m} \quad (m = 0,1,2,\cdots,n) \tag{5.1.18}$$

一般解 $u(r,\theta,\varphi)$ 应该是按本征函数序列的迭加,并且是二重求和,求和指标为 n、m。首先本征解是

$$u_{nm}(r,\theta,\varphi) = \left[Ar^n + Br^{-(n+1)}\right] \times \left[C_m\cos m\varphi + D_m\sin m\varphi\right]P_n^m(\cos\theta) \quad (5.1.19)$$

则一般解就是

$$u(r,\theta,\varphi) = \sum_{n=0}^{\infty}\sum_{m=0}^{+n} u_{nm}(r,\theta,\varphi)$$

关于关联 Legendre 多项式,我们将在第 4 节中讨论。

5.2　Legendre 多项式的性质

这一节中,我们给出 Legendre 多项式的一些常用性质。为其在定解问题中的应用打下基础。

5.2.1　Legendre 多项式的微分表示

由第 3 章的讨论我们知道,Legendre 多项式为

$$P_n(x) = \sum_{k=0}^{M}(-1)^k\frac{(2n-2k)!}{2^n k!(n-k)!(n-2k)!}x^{n-2k}$$

其中

$$M = \begin{cases}\dfrac{n}{2} & \text{当 } n \text{ 为偶数时}\\[2mm] \dfrac{n-1}{2} & \text{当 } n \text{ 为奇数时}\end{cases}$$

现在我们来证明,Legendre 多项式还可表示成如下的微分形式:

$$P_n(x) = \frac{1}{2^n n!}\frac{\mathrm{d}^n}{\mathrm{d}x^n}(x^2-1)^n \quad (5.2.1)$$

该公式称为 Rodrigues 公式。

证明　将式(5.2.1)中的$(x^2-1)^n$按二项式定理展开,可得

$$\begin{aligned}\frac{1}{2^n n!}\frac{\mathrm{d}^n}{\mathrm{d}x^n}(x^2-1)^n &= \sum_{k=0}^{n/2}\frac{(-1)^k(2n-2k)\cdots(n-2k+1)}{2^n k!(n-k)!}x^{n-2k}\\ &= \sum_{k=0}^{n/2}(-1)^k\frac{(2n-2k)!}{2^n k!(n-k)!(n-2k)!}x^{n-2k}\end{aligned}$$

Rodrigues 公式由此得证。

利用 Rodrigues 公式(5.2.1),可方便地给出低阶的几个 Legendre 多项式的显式:

$$\left.\begin{aligned}P_0 &= 1\\ P_1 &= x = \cos\theta\\ P_2(x) &= \frac{3x^2-1}{2} = \frac{3\cos^2\theta-1}{2}\\ P_3(x) &= \frac{5x^3-3x}{2} = \frac{5\cos^3\theta-3\cos\theta}{2}\\ P_4(x) &= \frac{1}{8}(35x^4-30x^2+3) = \frac{1}{64}(35\cos 4\theta+20\cos 2\theta+9)\\ P_5(x) &= \frac{1}{8}(63x^5-70x^3+15x) = \frac{1}{128}(63\cos 5\theta+35\cos 3\theta+30\cos\theta)\end{aligned}\right\} \quad (5.2.2)$$

利用 Maple,画出它们的图形如图 5.2.1 所示。

```
>plot({LegendreP(0,x),LegendreP(1,x),LegendreP(2,x),LegendreP(3,x),LegendreP(4,x),LegendreP(5,x)},x=0..1);
```

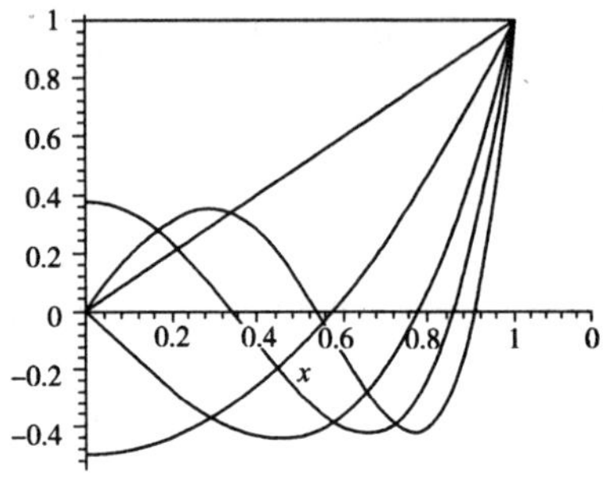

图 5.2.1　Legendre 多项式

由图 5.2.1 可见,$P_l(1)=1$, $P_l(x)$ 的奇偶性由 l 的奇偶性来决定。

$$P_{2n}(-x)=P_{2n}(x),\ P_{2n+1}(-x)=-P_{2n+1}(x) \tag{5.2.3}$$

$$P_{2n+1}(0)=0,$$

$$P_{2n}(0)=(-1)^n\frac{(2n)!}{(2^n n!)^2}=(-1)^n\frac{(2n)!}{[(2n)!!]^2} \tag{5.2.4}$$

5.2.2　Legendre 多项式的积分表示

1. Schlufli 积分

根据复变函数中的 Cauchy 积分公式

$$f^{(n)}(x)=\frac{n!}{2\pi i}\oint_L\frac{f(z)\mathrm{d}z}{(z-x)^{n+1}}$$

$P_n(x)$ 的微分表示又可变为积分表示:

$$P_n(x)=\frac{1}{2^n n!}\frac{\mathrm{d}^n}{\mathrm{d}x^n}(x^2-1)^n=\frac{1}{2^n 2\pi i}\oint_L\frac{(z^2-1)^n}{(z-x)^{n+1}}\mathrm{d}z \tag{5.2.5}$$

其中 L 是在 z 平面上围绕 $z=x$ 点的任一闭合回路。式(5.2.5)称为 Schlafli 积分。

2. Laplace 积分

Schlafli 积分也可写成定积分的形式。

在式(5.2.5)中,将积分回路 L 选成:以 $z=x$ 为圆心,以 $\rho=|x^2-1|^{\frac{1}{2}}$ 为半径的圆周(其中,$|x|<1$)。因此,在积分回路上,有

$$z-x=(1-x^2)^{1/2}e^{i\varphi}\quad(0\leqslant\varphi\leqslant 2\pi)$$

$$z=x+(1-x^2)^{1/2}e^{i\varphi}$$

$$\mathrm{d}z=i(1-x^2)^{1/2}e^{i\varphi}\mathrm{d}\varphi$$

将以上各式代入式(5.2.5)中,可得

$$\begin{aligned}P_n(x)&=\frac{1}{2\pi i}\int_{-\pi}^{\pi}\frac{(x-1+\sqrt{x^2-1}e^{i\varphi})^n(x+1+\sqrt{x^2-1}e^{i\varphi})^n}{2^n(x^2-1)^{(n+1)1/2}e^{i(n+1)\varphi}}i\sqrt{x^2-1}e^{i\varphi}\mathrm{d}\varphi\\&=\frac{1}{2\pi}\int_{-\pi}^{\pi}(x+\sqrt{x^2-1}\cos\varphi)^n\mathrm{d}\varphi\\&=\frac{1}{\pi}\int_0^{\pi}(x+\sqrt{x^2-1}\cos\varphi)^n\mathrm{d}\varphi\end{aligned} \tag{5.2.6}$$

按 $x=\cos\theta$,从变量 x 变回变量 θ,可得

$$P_n(x)=\frac{1}{\pi}\int_0^{\pi}[\cos\theta+i\sin\theta\cos\varphi]^n\mathrm{d}\varphi \tag{5.2.7}$$

上式称为 Legendre 多项式的 Laplace 积分。

利用式(5.2.6),可得 Legendre 多项式的一些特殊值。比如

$$P_n(1) = 1 \quad (\text{取 } x = 1)$$
$$P_n(-1) = (-1)^n \quad (\text{取 } x = -1)$$

5.2.3　Legendre 多项式的母函数

如果一个函数按其某个自变量的幂级数展开时,其系数是 Legendre 多项式,则称该函数为 Legendre 多项式的母函数,或称生成函数,即如果有

$$f(x,t) = \sum_{n=0}^{\infty} P_n(t) x^n$$

则 $f(x,t)$ 称为 Legendre 多项式的母函数。为求 $f(x,t)$,考虑下例。

考察电量为 $4\pi\varepsilon_0$,位于半径为 1 的单位球北极 N 处的点电荷,如图 5.2.2 所示。由电学知识可知,它在球内一点 $M(r,\theta,\varphi)$ 处所产生的电势 u 为

$$u = \frac{1}{d} = \frac{1}{(1 + r^2 - 2r\cos\theta)^{1/2}} \tag{5.2.8}$$

其中 $r<1$, $d = \overline{MN} = (1 + r^2 - 2r\cos\theta)^{1/2}$。

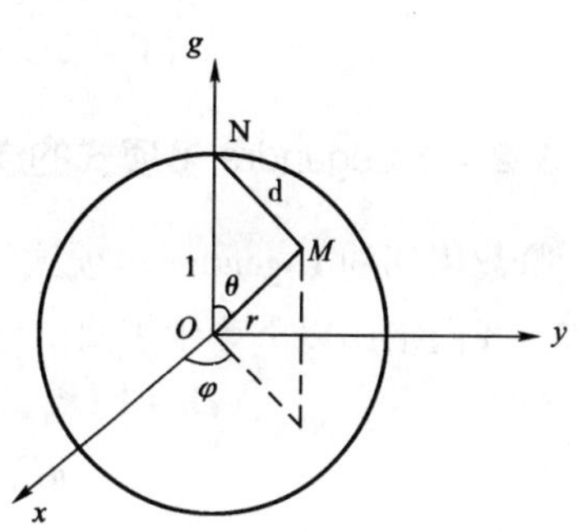

图　5.2.2

另一方面,球内电势 u 满足 Laplace 方程 $\nabla^2 u = 0$。在球坐标系中,由于电荷放在极轴上,它所产生的静电场是轴对称的,与变量 φ 无关,即有 $u = u(r,\theta)$。如在本章第一节的分析,球内任意一点的电势可以表示为式(5.1.15),如果再加上 $\left| u|_{r=0} \right| < +\infty$ 的条件,取式(5.1.15)中的系数 $B_n = 0 (n = 0,1,2,\cdots)$,于是上述单位球内各点的电势分布是

$$u = \sum_{n=0}^{\infty} A_n r^n P_n(\cos\theta) \tag{5.2.9}$$

比较式(5.2.8)和式(5.2.9),有

$$\frac{1}{(1 + r^2 - 2r\cos\theta)^{1/2}} = \sum_{n=0}^{\infty} A_n r^n P_n(\cos\theta) \quad (r < 1) \tag{5.2.10}$$

为确定系数 A_n,取特殊位置 $\theta = 0$, $\cos\theta = 1$,式(5.2.10)化为

$$\frac{1}{1 - r} = \sum_{n=0}^{\infty} A_n r^n \qquad (\text{其中已利用了 } P_n(1) = 1)$$

因为 $r<1$,上式左方可展成 Taylor 级数

$$1 + r + r^2 + \cdots + r^l + \cdots = \sum_{n=0}^{\infty} A_n r^n$$

比较两边的系数,可知:$A_n = 1 (n = 0,1,2,\cdots)$。这样,式(5.2.10)便化为

$$\frac{1}{(1 + r^2 - 2r\cos\theta)^{1/2}} = \sum_{n=0}^{\infty} r^n P_n(\cos\theta) \quad (r < 1) \tag{5.2.11}$$

或

$$\frac{1}{(1-2rx+r^2)^{1/2}}=\sum_{n=0}^{\infty}r^nP_n(x)\quad(r<1)\tag{5.2.12}$$

由此可见,Legendre 多项式 $P_n(x)$ 是函数$\frac{1}{(1-2rx+r^2)^{1/2}}$在 $r=0$ 的邻域中进行 Taylor 级数展开时所得的系数。因此,该函数称为 Legendre 多项式 $P_n(x)$ 的母函数。式(5.2.11)和式(5.2.12)称为 Legendre 多项式 $P_n(x)$ 的母函数展开式。

类似地,在球外一点的电势为

$$\frac{1}{(1+r^2-2r\cos\theta)^{1/2}}=\sum_{l=0}^{\infty}\frac{1}{r^{l+1}}P_l(\cos\theta)\quad(r>1)\tag{5.2.13}$$

或

$$\frac{1}{(1-2rx+r^2)^{1/2}}=\sum_{l=0}^{\infty}\frac{1}{r^{l+1}}P_l(x)\quad(r>1)\tag{5.2.14}$$

5.2.4 Legendre 多项式的递推公式

阶数相邻的 Legendre 多项式以及它们的微商之间的关系式,称为 Legendre 多项式的递推公式。我们给出以下 3 个主要的递推公式:

(1) $$(n+1)P_{n+1}(x)-(2n+1)xP_n(x)+nP_{n-1}(x)=0\tag{5.2.15}$$

(2) $$nP_n(x)-xP_n'(x)+P_{n-1}'(x)=0\tag{5.2.16}$$

(3) $$nP_{n-1}(x)-P_n'(x)+xP_{n-1}'(x)=0\tag{5.2.17}$$

我们只证明式(5.2.15),其他两式请读者自证之。将母函数公式(5.2.12)的两边对 r 求导一次,得

$$(x-r)(1-2rx+r^2)^{-3/2}=\sum_{l=0}^{\infty}nr^{n-1}P_n(x)$$

再用$(1-2rx+r^2)$乘上式之两边,可得

$$(x-r)\sum_{n=0}^{\infty}r^nP_n(x)=(1-2rx+r^2)\sum_{n=0}^{\infty}nr^{n-1}P_n(x)$$

比较等式两边 r^k 的系数,可得

$$xP_k(x)-P_{k-1}(x)=(k+1)P_{k+1}(x)-2kxP_k(x)+(k-1)P_{k-1}(x)$$

由此可证式(5.2.15)是正确的。

5.2.5 Legendre 多项式的正交归一性

Legendre 多项式,在[-1,1]上满足如下正交归一关系:

$$\int_{-1}^{1}P_n(x)P_k(x)\,\mathrm{d}x=\begin{cases}0 & (n\neq k)\\ \dfrac{2}{2n+1} & (n=k)\end{cases}\tag{5.2.18}$$

第一式称为正交性,第二式是 Legendre 多项式的模方 $N_n{}^2=\frac{2}{2n+1}$。

证明 事实上 Legendre 方程加上边界条件$P(x)|_{x=\pm1}=$有限值,构成 Sturm-Liouville 本征

值问题。于是 Legendre 多项式具有正交性,于是第一式成立,也可给出证明如下:

由于 $P_n(x)$ 和 $P_k(x)$ 分别为 n 阶和 k 阶 Legendre 方程的一个特解,故有

$$\frac{\mathrm{d}}{\mathrm{d}x}\left[(1-x^2)\frac{\mathrm{d}P_n(x)}{\mathrm{d}x}\right]+n(n+1)P_n(x)=0$$

$$\frac{\mathrm{d}}{\mathrm{d}x}\left[(1-x^2)\frac{\mathrm{d}P_k(x)}{\mathrm{d}x}\right]+k(k+1)P_k(x)=0$$

以 $P_k(x)$ 乘第一式,$P_n(x)$ 乘第二式,再把结果相减,然后积分得

$$\int_{-1}^{1}P_k(x)\frac{\mathrm{d}}{\mathrm{d}x}[(1-x^2)P_n'(x)]\mathrm{d}x-\int_{-1}^{1}P_n(x)\frac{\mathrm{d}}{\mathrm{d}x}[(1-x^2)P_k'(x)]\mathrm{d}x$$

$$+[n(n+1)-k(k+1)]\int_{-1}^{1}P_n(x)P_k(x)\mathrm{d}x=0 \tag{5.2.19}$$

对前两项利用分部积分,有

$$\int_{-1}^{1}P_k(x)\frac{\mathrm{d}}{\mathrm{d}x}[(1-x^2)P_n'(x)]\mathrm{d}x=(1-x^2)P_k(x)P_n'(x)\Big|_{-1}^{1}-\int_{-1}^{1}(1-x^2)P_n'(x)P_k'(x)\mathrm{d}x$$

$$\int_{-1}^{1}P_n(x)\frac{\mathrm{d}}{\mathrm{d}x}[(1-x^2)P_k'(x)]\mathrm{d}x=(1-x^2)P_n(x)P_k'(x)\Big|_{-1}^{1}-\int_{-1}^{1}(1-x^2)P_k'(x)P_n'(x)\mathrm{d}x$$

将结果代如(5.2.19),即得

$$[n(n+1)-k(k+1)]\int_{-1}^{1}P_n(x)P_k(x)\mathrm{d}x=0$$

当 $l\neq k$ 时,有

$$\int_{-1}^{1}P_n(x)P_k(x)\mathrm{d}x=0$$

下面证明第二式。

由母函数关系式(5.2.12),有

$$\frac{1}{1-2xt+t^2}=\sum_{n=0}^{\infty}P_n(x)t^n\cdot\sum_{k=0}^{\infty}P_k(x)t^k=\sum_{n=0}^{\infty}\sum_{k=0}^{\infty}P_n(x)P_k(x)t^{n+k}$$

将上式两边对 x 积分,并应用正交性,有

$$\int_{-1}^{1}\frac{\mathrm{d}x}{1-2xt+t^2}=\sum_{n=0}^{\infty}\sum_{k=0}^{\infty}\int_{-1}^{1}P_n(x)P_k(x)\mathrm{d}x\cdot t^{n+k}=\sum_{n=0}^{\infty}\int_{-1}^{1}P_n^{\,2}(x)\mathrm{d}x\cdot t^{2n}$$

又 $$\int_{-1}^{1}\frac{\mathrm{d}x}{1-2xt+t^2}=-\frac{1}{2t}\int_{-1}^{1}\frac{\mathrm{d}(1-2xt+t^2)}{(1-2xt+t^2)}=\frac{1}{2t}\ln\frac{(1+t)^2}{(1-t)^2}=\sum_{n=0}^{\infty}\frac{2}{2n+1}t^{2n}$$

故有

$$\sum_{n=0}^{\infty}\frac{2}{2n+1}t^{2n}=\int_{-1}^{1}\frac{\mathrm{d}x}{1-2xt+t^2}=\sum_{n=0}^{\infty}\int_{-1}^{1}P_n^{\,2}(x)\mathrm{d}x\cdot t^{2n}$$

比较 t^{2n} 的系数,有

$$\int_{-1}^{1}P_n^{\,2}(x)\mathrm{d}x=\frac{2}{2n+1} \tag{5.2.20}$$

记 $N_n^{\,2}=\dfrac{2}{2n+1}$,称 N_n 为 $P_n(x)$ 的模,而 $\dfrac{1}{N_n}$ 为 $P_n(x)$ 的归一化因子,因为函数 $\dfrac{P_n(x)}{N_n}$ 在 $[-1,1]$ 上归一:

$$\int_{-1}^{1}\left[\frac{P_n(x)}{N_n}\right]^2 \mathrm{d}x = 1 \tag{5.2.21}$$

5.2.6 按 $P_n(x)$的广义 Fourier 级数展开

按照 Sturm-Liouville 型本征值问题的一般结论,本征函数族 $P_n(x)$是完备的。即如果定义在区间[-1,1]的函数$f(x)$具有连续二阶导数,且满足与 $P_n(x)$相同的边界条件,则可按 $P_n(x)$展成绝对且一致收敛的级数

$$f(x) = \sum_{n=0}^{\infty} f_n P_n(x) \tag{5.2.22}$$

称为 Fourier-Legendre 级数。利用 $P_n(x)$的正交性及模方公式(5.2.20),立即可证其系数的计算公式为

$$f_n = \frac{(2n+1)}{2}\int_{-1}^{1} f(x)P_n(x)\mathrm{d}x \tag{5.2.23}$$

如果使用原来的变量 θ,则为

$$f(\theta) = \sum_{n=0}^{\infty} f_n P_n(\cos\theta) \tag{5.2.24}$$

其中

$$f_n = \frac{(2n+1)}{2}\int_{0}^{\pi} f(\theta)P_n(\cos\theta)\sin\theta\mathrm{d}\theta \tag{5.2.25}$$

求级数系数f_n 时,按公式(5.2.23)或式(5.2.25)求积分,一般总能解决。但是,如果$f(x)$或$f(\theta)$能用更直接的办法写成所要级数的模样时,则采用比较系数法——直接比较等式两边相同基本函数的系数,总是更加简便的。采用比较系数法时,记住 $P_l(x)$或 $P_l(\cos\theta)$的几个低阶多项式的显式(5.2.2)是有用的。

5.2.7 一个重要公式

在计算包含 $P_n(x)$的积分时,Legendre 多项式的正交性、模方、递推公式、母函数等都是常用的关系式。这里再介绍一个重要公式:

$$\int_{x}^{1} P_n(x)P_m(x)\mathrm{d}x = \frac{(1-x^2)[P_n'(x)P_m(x) - P_m'(x)P_n(x)]}{n(n+1)-m(m+1)} \tag{5.2.26}$$

证明 写出 Legendre 方程的 Sturm-Liouville 型形式

$$\frac{\mathrm{d}}{\mathrm{d}x}\left[(1-x^2)\frac{\mathrm{d}P_n}{\mathrm{d}x}\right] + n(n+1)P_n = 0 \tag{5.2.27}$$

$$\frac{\mathrm{d}}{\mathrm{d}x}\left[(1-x^2)\frac{\mathrm{d}P_m}{\mathrm{d}x}\right] + m(m+1)P_m = 0 \tag{5.2.28}$$

用 $P_m(x)$乘式(5.2.27),$P_n(x)$乘(5.2.28),并将所得结果相减后再积分之,得

$$\int_{x}^{1}\left\{P_m\frac{\mathrm{d}}{\mathrm{d}x}\left[(1-x^2)\frac{\mathrm{d}P_n}{\mathrm{d}x}\right] - P_n\frac{\mathrm{d}}{\mathrm{d}x}\left[(1-x^2)\frac{\mathrm{d}P_m}{\mathrm{d}x}\right]\right\}\mathrm{d}x$$

$$= [m(m+1)-n(n+1)]\int_{x}^{1} P_nP_m\mathrm{d}x$$

对左端的两项实施分部积分,未积出的部分相互抵消,从而式(5.2.26)得证。

5.3 Legendre 多项式的应用

这一节中,我们举一些利用 Legendre 多项式解定解问题的例子,以便更好地掌握它们。

先看第1节开始时提到的问题:在均匀电场$\boldsymbol{E}_0$中放置一个导体球。球的半径为a,求球外区域中的电场。

我们已经写出了其定解问题:

$$\nabla^2 u = 0 \quad (a < r < \infty) \tag{5.3.1}$$

$$u|_{r=a} = 0 \tag{5.3.2}$$

$$u|_{r\to+\infty} = -E_0 r\cos\theta \tag{5.3.3}$$

并求出其级数形式的一般解为

$$u = \sum_{n=0}^{\infty} [A_n r^n + B_n r^{-(n+1)}] P_n(\cos\theta) \tag{5.3.4}$$

为确定待定系数A_n、B_n,先利用条件(5.3.3),将式(5.3.4)代入,可得

$$u|_{r\to+\infty} = -E_0 r\cos\theta = \sum_{n=0}^{\infty} A_n r^n P_n(\cos\theta) = A_0 + A_1 r\cos\theta + \sum_{n=2}^{\infty} A_n r^n P_n(\cos\theta)$$

比较两边的系数,可定出系数A_n:

$$A_0 = 0,\ A_1 = -E_0,\ A_n = 0 \quad (n \geqslant 2) \tag{5.3.5}$$

将上式代入一般解(5.3.4),得到

$$u(r,\theta) = -E_0 r P_1(\cos\theta) + \sum_{n=0}^{\infty} B_n r^{-(n+1)} P_n(\cos\theta) \tag{5.3.6}$$

现在,再利用条件(5.3.2)来确定系数B_n。将上式代入以后,得到

$$\frac{B_0}{a} + \left(-E_0 a + \frac{B_1}{a^2}\right) P_1(\cos\theta) + \sum_{n=2}^{\infty} B_n a^{-(n+1)} P_n(\cos\theta) = 0$$

比较系数可得

$$B_0 a^{-1} = 0, \quad -E_0 a + B_1 a^{-2} = 0, \quad B_n = 0 \quad (n \geqslant 2)$$

解出

$$B_0 = -0, \quad B_1 = E_0 a^3, \quad B_n = 0 \quad (n \geqslant 2) \tag{5.3.7}$$

将它们代入式(5.3.4),得到最后的解是

$$u(r,\theta) = -E_0 r\cos\theta + E_0 a^3 \frac{\cos\theta}{r^2} \tag{5.3.8}$$

其中第一项就是原来的匀强电场,第二项是导体球上感应电荷的影响,与r^{-2}成正比,说明在远离球面的地方,这个影响将消失。

例1 在$[-1, +1]$上将函数$f(x) = x^3$按$P_l(x)$展开成 Fourier-Legendre 级数。

解 设$f(x) = x^3 = \sum\limits_{l=0}^{\infty} f_l P_l(x)$

求系数f_l有两种方法:一种是按公式(5.2.23),将$f(x) = x^3$代入,利用 Rodrigues 公式,采

用分部积分技巧等。这方法较繁琐。另一种为比较系数法。

我们知道

$$P_3(x)=\frac{5x^3-3x}{2}=\frac{5x^3-3P_1(x)}{2}$$

所以

$$f(x)=x^3=\frac{3P_1(x)}{5}+\frac{2P_3(x)}{5}$$

由此可见,展开系数为:$f_1=3/5$,$f_3=2/5$,$f_l=0$(当 $l\neq1,3$ 时)。

例 2 计算积分 $\int_{-1}^{1}P_n(x)\mathrm{d}x$

解 **方法一**

$$\int_{-1}^{1}P_n(x)\mathrm{d}x=\int_{-1}^{1}P_0(x)P_n(x)\mathrm{d}x=\begin{cases}0 & (n\neq0)\\ \dfrac{2}{2\cdot0+1}=2 & (n=0)\end{cases}$$

方法二 利用递推公式

$$(2n+1)P_n(x)=P'_{n+1}(x)-P'_{n-1}(x)$$

有

$$\begin{aligned}\int_{-1}^{1}P_n(x)\mathrm{d}x&=\frac{1}{2n+1}\int_{-1}^{1}[P'_{n+1}(x)-P'_{n-1}(x)]P_n(x)\mathrm{d}x\\&=\frac{1}{2n+1}[P_{n+1}(1)-P_{n+1}(-1)-P_{n-1}(1)+P_{n-1}(-1)]\end{aligned}$$

但

$$P_n(1)=1,\quad P_n(-1)=(-1)^nP_n(1)=(-1)^n$$

于是

$$\int_{-1}^{1}P_n(x)\mathrm{d}x=\frac{1}{2n+1}[1-(-1)^{n+1}-1+(-1)^{n-1}]=\begin{cases}0 & (n\neq0)\\2 & (n=0)\end{cases}$$

例 3 设 $f(x)$ 是一个 k 次多项式,试证明当 $k<n$ 时,

$$\int_{-1}^{1}f(x)P_n(x)\mathrm{d}x=0$$

即 $f(x)$ 和 $P_n(x)$ 在 $[-1,1]$ 上正交。

证明 利用 Legendre 多项式 $P_n(x)$ 的微分表达式

$$P_n(x)=\frac{1}{2^nn!}\frac{\mathrm{d}^n}{\mathrm{d}x^n}(x^2-1)^n \tag{5.3.9}$$

有

$$\int_{-1}^{1}f(x)P_n(x)\mathrm{d}x=\frac{1}{2^nn!}\int_{-1}^{1}f(x)\frac{\mathrm{d}^n}{\mathrm{d}x^n}(x^2-1)^n\mathrm{d}x$$

$$=\frac{1}{2^nn!}\left[f(x)\frac{\mathrm{d}^{n-1}}{\mathrm{d}x^{n-1}}(x^2-1)^n\right]\Bigg|_{-1}^{1}-\frac{1}{2^nn!}\int_{-1}^{1}f'(x)\frac{\mathrm{d}^{n-1}}{\mathrm{d}x^{n-1}}(x^2-1)^n\mathrm{d}x$$

上式右端第一项之值为零,再对第二项分部积分$(k-1)$次,并注意 $f(x)$ 是一个 k 次多项式,

$f^{(k)}(x)$是常数，于是上式变为

$$\int_{-1}^{1} f(x)P_n(x)\mathrm{d}x = (-1)^k \frac{1}{2^n n!}\int_{-1}^{1} f^{(k)}(x)\frac{\mathrm{d}^{n-k}}{\mathrm{d}x^{n-k}}(x^2-1)^n\mathrm{d}x$$

$$=(-1)^k \frac{1}{2^n n!}f^{(k)}(x)\int_{-1}^{1}\frac{\mathrm{d}^{n-k}}{\mathrm{d}x^{n-k}}(x^2-1)^n\mathrm{d}x$$

$$=(-1)^k \frac{1}{2^n n!}f^{(k)}(x)\left[\frac{\mathrm{d}^{n-k-1}}{\mathrm{d}x^{n-k-1}}(x^2-1)^n\right]\Bigg|_{-1}^{1} = 0$$

例 4 计算积分

$$\int_{-1}^{1} x^2 P_n(x)P_{n+2}(x)\mathrm{d}x$$

解 利用递推公式

$$(n+1)P_{n+1}(x) - (2n+1)xP_n(x) + nP_{n-1}(x) = 0$$

可得

$$xP_n(x) = \frac{1}{2n+1}[(n+1)P_{n+1}(x) + nP_{n-1}(x)]$$

$$xP_{n+2}(x) = \frac{1}{2(n+1)+1}[(n+3)P_{n+3}(x) + (n+2)P_{n+1}(x)]$$

将这两个式子代入到被积函数后，利用 Legendre 多项式和模方计算公式有

$$\int_{-1}^{1} x^2 P_n(x)P_{n+2}(x)\mathrm{d}x = \frac{1}{(2n+1)(2n+5)}$$

$$\times\int_{-1}^{1}[(n+1)P_{n+1}(x)+nP_{n-1}(x)][(n+3)P_{n+3}(x)+(n+2)P_{n+1}(x)]\mathrm{d}x$$

$$=\frac{(n+1)(n+2)}{(2n+1)(2n+5)}\int_{-1}^{1}P_{n+1}^2(x)\mathrm{d}x = \frac{(n+1)(n+2)}{(2n+1)(2n+5)}\cdot\frac{1}{2(2n+1)+1}$$

$$=\frac{2(n+1)(n+2)}{(2n+1)(2n+3)(2n+5)}$$

例 5 计算积分 $\int_0^1 P_n(x)\mathrm{d}x$

解 当 $n=0$ 时，

$$I_0 = \int_0^1 P_0(x)\mathrm{d}x = \int_0^1 \mathrm{d}x = 1$$

当 $n=2k$， $k=1,2,\cdots$时，

$$I_{2k} = \int_0^1 P_{2k}(x)\mathrm{d}x = \frac{1}{2}\int_{-1}^{1}P_{2k}(x)\mathrm{d}x = 0$$

此处利用了例 4 的结果。

当 $n=2k+1$， $k=0,1,2,\cdots$时，

$$I_{2k+1} = \int_0^1 P_{2k+1}(x)\mathrm{d}x = \frac{1}{2(2k+1)+1}\int_0^1[P'_{2k+1+1}(x) - P'_{2k+1-1}(x)]\mathrm{d}x$$

$$=\frac{1}{4k+3}[P_{2k+2}(1) - P_{2k+2}(0) - P_{2k}(1) + P_{2k}(0)]$$

$$=\frac{1}{4k+3}[P_{2k}(0)-P_{2k+2}(0)]$$

$$=\frac{1}{4k+3}\left[\frac{(-1)^k(2k)!}{2^{2k}k!k!}-\frac{(-1)^{k+1}[2(k+1)]!}{2^{2k+2}(k+1)!(k+1)!}\right]$$

$$=\frac{1}{4k+3}\frac{(-1)^k(2k+2)!}{2^{2k+2}[(k+1)!]^2}=\frac{(-1)^k(2k-1)!!}{(2k+2)!!}$$

上式第三步应用了 $P_n(1)=1$ 和式(5.2.4)。

例 6 在半径为 a 的球面上,电势分布为 $f(\theta)$,试求在球内、外区域中的电势分布。

解 (1)球内电势满足

$$\nabla^2 u=0(r<a,0<\theta<\pi,0<\varphi<2\pi) \tag{5.3.10}$$

$$u|_{r=a}=f(\theta) \tag{5.3.11}$$

及

$$u|_{r=0}=\text{有限值} \tag{5.3.12}$$

因为边界条件与 φ 无关,即问题具有轴对称性,由第一节的讨论知问题的级数解为

$$u(r,\theta)=\sum_{n=0}^{\infty}[A_n r^n+B_n r^{-(n+1)}]P_n(\cos\theta) \tag{5.3.13}$$

下面用边界条件确定系数 A_n、B_n。由球内解的条件(5.3.12)应取

$$B_n=0$$

将式(5.3.13)代入边界条件(5.3.11),可得

$$u|_{r=a}=f(\theta)=\sum_{n=0}^{\infty}A_n a^n P_n(\cos\theta)$$

这是将函数 $f(\theta)$ 按 $P_n(\cos\theta)$ 的 Fourier-Legendre 级数展开问题。按公式(5.2.25),有

$$A_n=\frac{2n+1}{2a^n}\int_0^{\pi}f(\theta)P_n(\cos\theta)\sin\theta\mathrm{d}\theta \tag{5.3.14}$$

于是球内电势的分布是

$$u(r,\theta)=\sum_{n=0}^{\infty}\left[\frac{(2n+1)r^n}{2a^n}\int_0^{\pi}f(\theta)P_n(\cos\theta)\sin\theta\mathrm{d}\theta\right]P_n(\cos\theta)$$

(2)球外电势满足

$$\nabla^2 u=0(a<r<+\infty,0<\theta<\pi,0<\varphi<2\pi) \tag{5.3.15}$$

$$u|_{r=a}=f(\theta) \tag{5.3.16}$$

及

$$u|_{r\to+\infty}=\text{有限值} \tag{5.3.17}$$

问题依然具有轴对称性,故一般解仍为式(5.3.13)。但由条件(5.3.17),应取 $A_n=0$,所以球外电势为

$$u=\sum_{n=0}^{\infty}B_n r^{-(n+1)}P_n(\cos\theta) \tag{5.3.18}$$

将式(5.3.18)代入条件(5.3.16)中,可得

$$u|_{r=a}=f(\theta)=\sum_{n=0}^{\infty}B_n a^{-(n+1)}P_n(\cos\theta)$$

按式(5.2.25),系数为

$$B_n = \frac{(2n+1)a^{n+1}}{2}\int_0^{\pi} f(\theta)P_n(\cos\theta)\sin\theta d\theta \tag{5.3.19}$$

因此球外电势分布为

$$u = \sum_{n=0}^{\infty}\left[\frac{(2n+1)a^{n+1}}{2r^{n+1}}\int_0^{\pi} f(\theta)P_n(\cos\theta)\sin\theta d\theta\right]P_n(\cos\theta)$$

例 7 一个半球形热良导体,在球坐标系下,其半球表面维持温度为函数 $\cos^2\theta$,底面维持为零度,试求出导体内部的稳定温度分布。

球体表面温度分布为 $\cos^2\theta$ 与 φ 无关,因此球体内的温度分布 u 具有轴对称性,与 φ 无关。于是 u 满足如下定解问题

$$\begin{cases}\dfrac{1}{r^2}\dfrac{\partial}{\partial r}\left(r^2\dfrac{\partial u}{\partial r}\right)+\dfrac{1}{r^2\sin\theta}\dfrac{\partial}{\partial\theta}\left(\sin\theta\dfrac{\partial u}{\partial\theta}\right)=0 & \left(0<r<a,\quad 0<\theta<\dfrac{\pi}{2}\right)\\ u|_{r=a}=\cos^2\theta \\ u|_{\theta=\frac{\pi}{2}}=0\end{cases}$$

由半球底面的边界条件$u|_{\theta=\frac{\pi}{2}}=0$ 以及方程关于 θ 的奇偶不变性,可以对 $u(r,\theta)$ 关于 $\theta=\dfrac{\pi}{2}$作奇延拓为新未知函数 $\bar{u}(r,\theta)$,上述定解问题变为

$$\begin{cases}\dfrac{1}{r^2}\dfrac{\partial}{\partial r}\left(r^2\dfrac{\partial \bar{u}}{\partial r}\right)+\dfrac{1}{r^2\sin\theta}\dfrac{\partial}{\partial\theta}\left(\sin\theta\dfrac{\partial \bar{u}}{\partial\theta}\right)=0 & (0<r<a,\quad 0<\theta<\pi)\\ \bar{u}|_{r=a}=\cos^2\theta \quad (0<\theta\leqslant\pi)\end{cases}$$

设 $\bar{u}(r,\theta)=R(r)\Theta(\theta)$,做代换 $x=\cos\theta$,并记 $\Theta(\theta)$ 为 $P(x)$ 由第一节可知,R、P 分别满足 Euler 方程和 Legendre 方程

$$r^2R''+2R'-n(n+1)R=0$$
$$(1-x^2)P''-2xP+n(n+1)P=0$$

它们有物理意义的特解分别是 $R=r^n$ 和 $P=P_n(x)$,由迭加原理,得问题有物理意义的级数解为

$$\bar{u}(r,\theta)=\sum_{n=0}^{\infty}C_nr^nP_n(x)$$

在变换 $x=\cos\theta$ 下,边界条件可以写成 $\bar{u}(a,\theta)=x^2$,因此

$$x^2=\sum_{n=0}^{\infty}C_na^nP_n(x)$$

因为 $P_n(x)$是 n 次多项式,而等式左边是二次多项式,因此,当 $n\geqslant3$ 时,$C_n=0$,由 Legendre 函数的正交关系可以求出

$$C_n=\frac{2n+1}{2a^n}\int_{-1}^{1}x^2P_n(x)dx \quad (n=0,1,2)$$

$P_1(x)$是奇函数,所以 $C_1=0$ 而

$$C_0=\frac{1}{2}\int_{-1}^{1}x^2dx=\frac{1}{3}$$

$$C_2=\frac{5}{2a^2}\int_{-1}^{1}x^2\frac{3x^2-1}{2}dx=\frac{2}{3a^2}$$

因此,有

$$\bar{u}(r,\theta) = \frac{1}{3} + \frac{2r^2}{3a^2}P_2(\cos\theta) = \frac{1}{3} - \frac{r^2}{3a^2} + \frac{r^2}{a^2}\cos^2\theta$$

最后将 θ 限制在$\left(0,\frac{\pi}{2}\right)$内,得问题的解为

$$u(r,\theta) = \frac{1}{3} + \frac{2r^2}{3a^2}P_2(\cos\theta) = \frac{1}{3} - \frac{r^2}{3a^2} + \frac{r^2}{a^2}\cos^2\theta \quad \left(0 < \theta < \frac{\pi}{2}\right)$$

例 8 设有半径为 a 的导体球壳,被一层过球心的水平的绝缘薄片分割为两个半球壳,若上、下半球壳各充电到电势为 A 和 B,试求球壳内外的电势分布。

解 设球内外电势分别为 u_i 和 u_e,则关于它们的定解问题分别为

$$\begin{cases} \nabla^2 u_i = 0 \quad (r < a) \\ u_i|_{r=a} = \begin{cases} A & \left(0 \leqslant \theta \leqslant \frac{\pi}{2}\right) \\ B & \left(\frac{\pi}{2} < \theta < \pi\right) \end{cases} \\ u_i|_{r=0} = \text{有限} \end{cases} \tag{5.3.20}$$

$$\begin{cases} \nabla^2 u_e = 0 \quad (r > a) \\ u_e|_{r=a} = \begin{cases} A & \left(0 \leqslant \theta \leqslant \frac{\pi}{2}\right) \\ B & \left(\frac{\pi}{2} < \theta < \pi\right) \end{cases} \\ u_e|_{r\to\infty} = \text{有限} \end{cases} \tag{5.3.21}$$

从边界条件可知,本问题也具有轴对称性,故由分离变量法立即可得

$$u_i(r,\theta) = \sum_{n=0}^{\infty} C_n r^n P_n(\cos\theta) \tag{5.3.22}$$

$$u_e(r,\theta) = \sum_{n=0}^{\infty} D_n r^{-(n+1)} P_n(\cos\theta) \tag{5.3.23}$$

将(5.3.22)代入问题(5.3.20)中的边界条件,得

$$\sum_{n=0}^{\infty} C_n a^n P_n(x) = f(x) = \begin{cases} A & (0 \leqslant x \leqslant 1) \\ B & (-1 \leqslant x < 0) \end{cases}$$

从而有

$$C_n = \frac{2n+1}{2a^n}\int_{-1}^{1} f(x)P_n(x)\,dx = \frac{2n+1}{2a^n}\left[\int_0^1 AP_n(x)\,dx + \int_{-1}^0 BP_n(x)\,dx\right]$$

而

$$\int_{-1}^0 P_n(x)\,dx = \int_1^0 P_n(-x)\,d(-x) = \int_0^1 P_n(-x)\,dx = (-1)^n\int_0^1 P_n(x)\,dx$$

故

$$C_n = \frac{2n+1}{2a^n}\left[A\int_0^1 P_n(x)\,dx + (-1)^n B\int_0^1 P_n(x)\,dx\right] = \frac{2n+1}{2a^n}[A + (-1)^n B]\int_0^1 P_n(x)\,dx$$

而由例 6 的结果有

$$\int_0^1 P_n(x)\mathrm{d}x = \begin{cases} 1 & (n=0) \\ 0 & n=2k \quad (k=1,2,\cdots) \\ \dfrac{(-1)^k(2k-1)!!}{(2k+2)!!} & (n=2k+1,\quad k=0,1,2,\cdots) \end{cases} \tag{5.3.24}$$

代入上式有

$$\begin{cases} C_0 = \dfrac{2\cdot 0+1}{2}(A+B) = \dfrac{1}{2}(A+B) \\ C_{2k} = 0 \\ C_{2k+1} = \dfrac{2(2k+1)+1}{2a^{2k+1}}(A-B)\dfrac{(-1)^k(2k-1)!!}{(2k+2)!!} \quad (k=0,1,2,\cdots) \end{cases} \tag{5.3.25}$$

将式(5.3.25)代入到式(5.3.22)，得球内电势分布为

$$u_i(r,\theta) = \frac{(A+B)}{2} + \frac{(A-B)}{2}\sum_{k=0}^{\infty}(-1)^k\frac{(4k+3)(2k-1)!!}{(2k+2)!!}\left(\frac{r}{a}\right)^{2k+1}P_{2k+1}(\cos\theta) \tag{5.3.26}$$

再求球外问题的解。将式(5.3.21)中的边界条件代入式(5.3.23)，得

$$\sum_{n=0}^{\infty} D_n\frac{1}{a^{n+1}}P_n(x) = f(x) = \begin{cases} A & (0\leqslant x\leqslant 1) \\ B & (-1\leqslant x<0) \end{cases}$$

于是

$$D_n = \frac{2n+1}{2}a^{n+1}\int_{-1}^1 f(x)P_n(x)\mathrm{d}x = \frac{2n+1}{2}a^{n+1}\left[\int_0^1 AP_n(x)\mathrm{d}x + \int_{-1}^0 BP_n(x)\mathrm{d}x\right]$$

$$= \frac{2n+1}{2}a^{n+1}[A+(-1)^nB]\int_0^1 P_n(x)\mathrm{d}x$$

将式(5.3.24)代入上式，得

$$\begin{cases} D_0 = \dfrac{1}{2}(A+B) \\ D_{2k} = 0 \quad (k=1,2,\cdots) \\ D_{2k+1} = \dfrac{2(2k+1)+1}{2}a^{2k+2}(A-B)\dfrac{(-1)^k(2k-1)!!}{(2k+2)!!} \quad (k=0,1,2,\cdots) \end{cases} \tag{5.3.27}$$

将式(5.3.27)代入式(5.3.23)，得球外电势分布

$$u_e(r,\theta) = \frac{(A+B)}{2}\left(\frac{a}{r}\right) + \frac{(A-B)}{2}\sum_{k=0}^{\infty}(-1)^k\frac{(4k+3)(2k-1)!!}{(2k+2)!!}\left(\frac{a}{r}\right)^{2k+2}P_{2k+1}(\cos\theta)$$

*5.4　关联 Legendre 多项式

由 5.1.1 节知道，关联 Legendre 方程

$$(1-x^2)\Theta''(x) - 2x\Theta'(x) + \left[l(l+1) - \frac{m^2}{1-x^2}\right]\Theta(x) = 0 \tag{5.4.1}$$

对应于本征值 n 的本征函数是如下的关联 Legendre 多项式

$$P_n^m(x) = (1-x^2)^{m/2}\frac{\mathrm{d}^m}{\mathrm{d}x^m}P_n(x) \quad (m=0,1,2,\cdots,n) \tag{5.4.2}$$

它是关联 Legendre 方程(5.4.1)的有限解。

由式(5.4.2)及式(5.2.2)可得

$$\begin{cases} P_0^0(x) = 1 \\ P_1^0(x) = x = \cos\theta \\ P_1^1(x) = (1-x^2)^{\frac{1}{2}} = \sin\theta \\ P_2^1(x) = 3(1-x^2)^{\frac{1}{2}}x = \dfrac{3}{2}\sin 2\theta \\ P_2^2(x) = 3(1-x^2) = \dfrac{3}{2}(1-\cos 2\theta) \end{cases} \tag{5.4.3}$$

以下给出关联 Legendre 多项式的其他重要性质:

5.4.1 关联 Legendre 函数的微分表示

将 Rodrigues 公式(5.2.1)代入式(5.4.2),立即可得

$$P_n^m(x) = (1-x^2)^{m/2}\frac{1}{2^n n!}\frac{\mathrm{d}^{n+m}}{\mathrm{d}x^{n+m}}[(x^2-1)^n] \tag{5.4.4}$$

因为在关联 Legendre 方程中,参数 m 是以 m^2 的形式出现的,故若将 m 用 $-m$ 置换,方程并不发生任何改变。所以下式也是满足自然边界条件的本征函数

$$P_n^{-m}(x) = (1-x^2)^{-m/2}\frac{1}{2^n n!}\frac{\mathrm{d}^{n-m}}{\mathrm{d}x^{n-m}}[(x^2-1)^n] \tag{5.4.5}$$

它与 $P_n^m(x)$ 仅差一个常数因子,即

$$P_n^m(x) = (-1)^m\frac{(n+m)!}{(n-m)!}P_n^{-m}(x) \tag{5.4.6}$$

5.4.2 关联 Legendre 函数的积分表示

利用 Cauchy 积分公式

$$[(x^2-1)^n]^{(n+m)} = \frac{(n+m)!}{2\pi i}\oint_L\frac{(z^2-1)^n\mathrm{d}z}{(z-x)^{n+m+1}}$$

$P_n^m(x)$ 也可写成施列夫利积分

$$P_n^m(x) = \frac{(1-x^2)^{m/2}}{2^n}\frac{(n+m)!}{n!}\frac{1}{2\pi i}\oint_L\frac{(z^2-1)^n\mathrm{d}z}{(z-x)^{n+m+1}} \tag{5.4.7}$$

其中,L 是围绕 $z=x$ 的任一闭合回路。

如将围路 L 取为以 x 为心,以 $(|x^2-1|)^{\frac{1}{2}}$ 为半径的圆,$P_n^m(x)$ 也可表示成定积分——Laplace 积分

$$P_n^m(x) = \frac{(n+m)!}{\pi n!}\int_0^\pi (x+i\sqrt{1-x^2}\cos\varphi)^n\cos m\varphi\mathrm{d}\varphi \tag{5.4.8}$$

令 $x=\cos\theta$,则

$$P_n^m(\cos\theta) = \frac{(n+m)!}{\pi n!}\int_0^\pi (\cos\theta+i\sin\theta\cos\varphi)^n\cos m\varphi\mathrm{d}\varphi \tag{5.4.9}$$

5.4.3 关联 Legendre 函数的正交性与模方

正交性 对应于不同本征值 n 和 k 的本征函数相互正交,即

$$\int_{-1}^{1} P_n^m(x)P_k^m(x)\,\mathrm{d}x = 0 \quad (k \neq n) \tag{5.4.10}$$

或

$$\int_0^{\pi} P_n^m(\cos\theta)P_k^{\,m}(\cos\theta)\sin\theta\mathrm{d}\theta = 0 \quad (k \neq n) \tag{5.4.10'}$$

模方

$$(N_n^m)^2 = \int_{-1}^{+1} [P_n^{\,m}(x)]^2\mathrm{d}x = \frac{2(n+m)!}{(2n+1)(n-m)!} \tag{5.4.11}$$

或

$$(N_n^m)^2 = \int_0^{\pi} [P_n^m(\cos\theta)]^2\sin\theta\mathrm{d}\theta = \frac{2(n+m)!}{(2n+1)(n-m)!} \tag{5.4.11'}$$

将式(5.4.10)和式(5.4.11)写在一起有

$$\int_{-1}^{1} P_n^m(x)P_k^{\,m}(x)\mathrm{d}x = \int_0^{\pi} P_n^m(\cos\theta)P_k^m(\cos\theta)\sin\theta\mathrm{d}\theta = \frac{(n+m)!}{(n-m)!}\frac{2}{2n+1}\delta_{kn} \tag{5.4.12}$$

其中 $\delta_{kn} = \begin{cases} 1 & (k=n) \\ 0 & (k\neq n) \end{cases}$

5.4.4 按 $P_l^m(x)$ 的广义 Fourier 级数展开

如果函数 $f(x)$ 可展开为如下绝对且一致收敛的级数

$$f(x) = \sum_{n=0}^{\infty} f_n P_n^m(x) \tag{5.4.13}$$

则其展开系数的计算公式为

$$f_n = \frac{(2n+1)(n-m)!}{2(n+m)!}\int_{-1}^{+1} f(x)P_n^m(x)\mathrm{d}x \tag{5.4.14}$$

或用变量 θ 写出

$$f(\theta) = \sum_{l=0}^{\infty} f_n P_n^m(\cos\theta) \tag{5.4.15}$$

其中

$$f_n = \frac{(2n+1)(n-m)!}{2(n+m)!}\int_0^{\pi} f(\theta)P_n^{\,m}(\cos\theta)\sin\theta\mathrm{d}\theta \tag{5.4.16}$$

5.4.5 关联 Legendre 函数递推公式

$$(k+1-m)P_{k+1}^m(x) - (2k+1)xP_k^m(x) + (k+m)P_{k-1}^m = 0 \tag{5.4.17}$$

例 1 设有一个半径为 a 的球壳,球面上的电势分布为 $(1+3\cos\theta)\sin\theta\cos\varphi$,试求球内的静电势分布。

解 问题写成定解问题是

$$\begin{cases} \nabla^2 u = 0 & (r < a) \\ u|_{r=a} = (1+3\cos\theta)\sin\theta\cos\varphi \end{cases}$$

由边界条件与 θ 和 φ 均有关知,这是一个非轴对称问题。

首先分离变量,即令 $u(r,\theta,\varphi)=R(r)\Theta(\theta)\Phi(\varphi)$,代入方程,按照 5.1.1 节同样讨论,得到问题的一般解为

$$u(r,\theta,\varphi)=\sum_{n=0}^{\infty}\sum_{m=0}^{+n}\left[A_n r^n+B_n r^{-(n+1)}\right](C_m\cos m\varphi+D_m\sin m\varphi)P_n^m(\cos\theta) \tag{5.4.18}$$

如果加上 $\left|u|_{r=0}\right|<+\infty$ 的自然条件,则得球内电势解为

$$u(r,\theta,\varphi)=\sum_{n=0}^{\infty}\sum_{m=0}^{+n}r^n(C_{mn}\cos m\varphi+D_{mn}\sin m\varphi)P_n^m(\cos\theta) \tag{5.4.19}$$

其中常数 A_n 合并到 C_m 和 D_m 中,然后记为 $C_{mn}D_{mn}$。现在由边界条件确定这些任意常数。将边界条件代入得

$$\sum_{n=0}^{\infty}\sum_{m=0}^{+n}a^n(C_{mn}\cos m\varphi+D_{mn}\sin m\varphi)P_n^m(\cos\theta)=\sin\theta\cos\varphi+\frac{3}{2}\sin2\theta\cos\varphi$$

对比上式两边三角函数 $\cos m\varphi$ 和 $\sin m\varphi$ 的展开系数得

$$\sum_{n=0}^{\infty}C_{1n}a^nP_n^1(\cos\theta)=\sin\theta+\frac{3}{2}\sin2\theta \tag{5.4.20}$$

于是

$$C_{mn}a^nP_n^m(\cos\theta)=0,\ m\neq1;\quad D_{mn}a^nP_n^m(\cos\theta)\equiv0$$

即

$$C_{mn}=0,\ m\neq1;\quad D_{mn}\equiv0 \tag{5.4.21}$$

又由(5.4.3)知

$$P_1^1(x)=(1-x^2)^{\frac{1}{2}}=\sin\theta,\quad P_2^1(x)=3(1-x^2)^{\frac{1}{2}}x=\frac{3}{2}\sin2\theta$$

代入(5.4.20),得

$$\sum_{n=0}^{\infty}C_{1n}a^nP_n^1(\cos\theta)=P_1^1(\cos\theta)+P_2^1(\cos\theta)$$

对比上式两边 $P_n^m(\cos\theta)$ 的展开式系数得

$$C_{11}a=1,\quad C_{12}a^2=1$$

即

$$C_{11}=\frac{1}{a},\quad C_{12}=\frac{1}{a^2} \tag{5.4.22}$$

将式(5.4.21)、(5.4.22)代入到式(5.4.19)中,得本问题的解为

$$\begin{aligned}u(r,\theta,\varphi)&=\frac{r}{a}\cos\varphi P_1^1(\cos\theta)+\frac{r^2}{a^2}\cos\varphi P_2^1(\cos\theta)\\&=\frac{r}{a}\cos\varphi\sin\theta+\frac{3r^2}{2a^2}\cos\varphi\sin2\theta\end{aligned} \tag{5.4.23}$$

例 2 设有一个半径为 a 的球壳,球面上的电势分布为 $f(\theta,\varphi)$,求球内的静电势分布。

解 问题写成定解问题是

$$\begin{cases}\nabla^2u=0 & (r<a)\\ u|_{r=a}=f(\theta,\varphi)\end{cases}$$

本例与上例的定解问题具有完全相同的形式，只是边界条件给定的不是具体函数，故在用边界条件确定展开式系数时，不能像上例那样，通过对比分析来得到，而必须用展开式系数公式来求。

球内电势的一般解仍是

$$u(r,\theta,\varphi) = \sum_{n=0}^{\infty}\sum_{m=0}^{+n} r^n (C_{mn}\cos m\varphi + D_{mn}\sin m\varphi) P_n^m(\cos\theta)$$

代入本题的边界条件有

$$\sum_{n=0}^{\infty}\sum_{m=0}^{+n} a^n (C_{mn}\cos m\varphi + D_{mn}\sin m\varphi) P_n^m(\cos\theta) = f(\theta,\varphi) \tag{5.4.24}$$

因为

$$\int_{-1}^{1} P_n^m(x) P_k{}^m(x)\,\mathrm{d}x = \int_0^{\pi} P_n^m(\cos\theta) P_k{}^m(\cos\theta)\sin\theta\,\mathrm{d}\theta = \frac{(n+m)!}{(n-m)!}\frac{2}{2n+1}\delta_{kn} \tag{5.4.25}$$

$$\int_0^{2\pi} \cos n\varphi \cos m\varphi\,\mathrm{d}\varphi = \pi\delta_{mn} \tag{5.4.26}$$

$$\int_0^{2\pi} \sin n\varphi \sin m\varphi\,\mathrm{d}\varphi = \pi\delta_{mn} \tag{5.4.27}$$

$$\int_0^{2\pi} \sin m\varphi \cos n\varphi\,\mathrm{d}\varphi = 0 \tag{5.4.28}$$

所以为了求出系数 C_{mn}，我们将(5.4.24)两边同乘 $P_k^l(\cos\theta)\cos l\varphi$，然后在单位球面上积分，有

$$\begin{aligned}\sum_{n=0}^{\infty}\sum_{m=0}^{+n} [C_{mn}a^n &\int_0^{2\pi}\int_0^{\pi} P_n^m(\cos\theta) P_k^l(\cos\theta)\cos m\varphi\cos l\varphi\sin\theta\,\mathrm{d}\theta\mathrm{d}\varphi \\ &+ D_{mn}a^n\int_0^{2\pi}\int_0^{\pi} P_n^m(\cos\theta) P_k^l(\cos\theta)\sin m\varphi\cos l\varphi\sin\theta\,\mathrm{d}\theta\mathrm{d}\varphi \\ &= \int_0^{2\pi}\int_0^{\pi} f(\theta,\varphi) P_k^l(\cos\theta)\cos l\varphi\sin\theta\,\mathrm{d}\theta\mathrm{d}\varphi\end{aligned} \tag{5.4.29}$$

将正交性公式(5.4.26)、(5.4.27)和式(5.4.28)代入即得

$$C_{kl} = \frac{(2k+1)(k-l)!}{2\pi a^k (k+l)!}\int_0^{2\pi}\int_0^{\pi} f(\theta,\varphi) P_k^l(\cos\theta)\cos l\varphi\sin\theta\,\mathrm{d}\theta\mathrm{d}\varphi$$

即

$$C_{mn} = \frac{(2n+1)(n-m)!}{2\pi a^n (n+m)!}\int_0^{2\pi}\int_0^{\pi} f(\theta,\varphi) P_n^m(\cos\theta)\cos m\varphi\sin\theta\,\mathrm{d}\theta\mathrm{d}\varphi \tag{5.4.30}$$

类似地，将式(5.4.24)两边同乘 $P_k^l(\cos\theta)\sin l\varphi$，然后在单位球面上积分，并代入正交性公式(5.4.26)、(5.4.27)和式(5.4.28)，可得到

$$D_{mn} = \frac{(2n+1)(n-m)!}{2\pi a^n (n+m)!}\int_0^{2\pi}\int_0^{\pi} f(\theta,\varphi) P_n^m(\cos\theta)\sin m\varphi\sin\theta\,\mathrm{d}\theta\mathrm{d}\varphi \tag{5.4.31}$$

将(5.4.30)、(5.4.31)代入到式(5.4.19)，即得到定解问题的解。

*5.5　其他特殊函数方程简介

下面介绍一下在近代物理学中常常用到的 Hemiter 多项式和 Laguerre 多项式，它们是

Schrödinger(薛定谔)方程在不同条件下的解。同 Legendre 多项式一样,Hemiter 多项式和 Laguerre 多项式也是正交多项式。

5.5.1 Hemiter 多项式

在量子力学中,处于有势场内的粒子的性态可以用 Schrödinger 方程

$$ih\frac{\partial\psi}{\partial t}+\frac{h^2}{2m}\nabla^2\psi-U(x,y,z,t)\psi=0 \tag{5.5.1}$$

来描述,其中 $2\pi h$ 是 Planck 常数,U 是粒子在力场中的势能,m 是粒子的质量,$\psi=\psi(x,y,z,t)$ 称为波函数。

若力不依赖于时间 t,则 $U=U(x,y,z)$,可设 ψ 具有分离变量形式的解:$\psi=\overline{\psi}(x,y,z)e^{-\frac{iEt}{h}}$,其中 E 为粒子的总能量。将此式代入式(5.5.1),则有

$$ih\cdot\overline{\psi}(x,y,z)e^{-\frac{iEt}{h}}\left(-\frac{iEt}{h}\right)+\frac{h^2}{2m}\nabla^2\overline{\psi}e^{-\frac{iEt}{h}}-U(x,y,z,t)\overline{\psi}e^{-\frac{iEt}{h}}=0$$

整理并把 $\overline{\psi}$ 仍记为 ψ,得

$$\frac{h^2}{2m}\nabla^2\psi+(E-U)\psi=0 \tag{5.5.2}$$

仍为 Schrödinger 方程。

在 Schrödinger 方程中,具有直接物理意义的不是 ψ 本身,而是 $|\psi|^2$,它在统计上的解释是,式子 $|\psi|^2\mathrm{d}x\mathrm{d}y\mathrm{d}z$ 表示粒子在点 (x,y,z) 的体积元素 $\mathrm{d}x\mathrm{d}y\mathrm{d}z$ 内出现的概率。因此,前面对特殊函数所讲的归一性就看到物理意义了。$\iiint|\psi|^2\mathrm{d}x\mathrm{d}y\mathrm{d}z=1$,表示空间内总有一个地方"找到这个粒子的概率等于 1"。

设 Schrödinger 方程所描述的是一维谐振子,则 $U=\frac{m\omega^2}{2}x^2$,ω 是振子的固有频率,引入两个新的常数 $\alpha^2=\frac{m^2\omega^2}{h^2}$,$\lambda=\frac{2mE}{h^2}$,其中 α 为大于零的定数,而 λ 是取代 E 的位置,这时方程(5.5.2)成为

$$\frac{\mathrm{d}^2\psi}{\mathrm{d}x^2}+(\lambda-\alpha^2x^2)\psi=0$$

作变换 $\xi=\sqrt{a}x$,并将 ξ 仍记为 x,则有

$$\frac{\mathrm{d}^2\psi}{\mathrm{d}x^2}+\left(\frac{\lambda}{\alpha}-x^2\right)\psi=0 \tag{5.5.3}$$

由常微分方程理论,可设 $\psi(x)=e^{\theta(x)}H(x)$,代入式(5.5.3),通过推算和分析得到 $\theta(x)=-\frac{x^2}{2}$。因此,将 $\psi(x)=e^{-\frac{x^2}{2}}H(x)$ 代入式(5.5.3),即得 $H(x)$ 应满足的方程

$$\frac{\mathrm{d}^2H(x)}{\mathrm{d}x^2}-2x\frac{\mathrm{d}H(x)}{\mathrm{d}x}+\left(\frac{\lambda}{\alpha}-1\right)H(x)=0$$

由于边界条件要求取多项式解,令 $\frac{\lambda}{\alpha}-1=2n$, $n=0,1,2,\cdots$,得

$$\frac{d^2H}{dx^2} - 2x\frac{dH}{dx} + 2nH = 0 \tag{5.5.4}$$

这就是所谓的 n 阶 Hermite 方程。

用幂级数方法求解式(5.5.4),令

$$H(x) = \sum_{k=0}^{\infty} C_k x^k$$

代入式(5.5.4),得递推公式

$$C_{k+2} = \frac{2k-2n}{(k+2)(k+1)}C_k \quad (k = 0,1,2,\cdots)$$

于是

$$H(x) = C_0\left(1 + \sum_{k=1}^{\infty}(-2)^k\frac{n(n-2)\cdots(n-2k+2)}{(2k)!}x^{2k}\right) + C_1\left(x + \sum_{k=1}^{\infty}(-2)^k\frac{(n-1)(n-3)\cdots(n-2k+1)}{(2k+1)!}x^{2k+1}\right)$$

当 n 为偶数时,我们取 $C_1 = 0$,　$C_0 = (-1)^{\frac{n}{2}}2n!/\left(\frac{n-1}{2}\right)!$,因此对任意整数 n,$H_n(x)$ 可以写成

$$H_n(x) = (2x)^n - \frac{n(n-1)}{1!}(2x)^{n-2} + \frac{n(n-1)(n-2)(n-3)}{2}(2x)^{n-4} + \cdots + (-1)^{[\frac{n}{2}]}\frac{n!}{\left[\frac{n}{2}\right]!}(2x)^{n-2[\frac{n}{2}]}$$

其中[　]表示取整。

对 Hermiter 多项式,也可以讨论其母函数,正交归一性等等。

5.5.2　Laguerre 多项式

讨论电子在核的库仑场中运动时,其势能为 $U = \frac{-e^2}{r}$,r 是电子到核的距离,$-e$ 是电子的电荷,$+e$ 是核的电荷,于是 Schrödinger 方程具有形式

$$\frac{h^2}{2m}\nabla^2\psi + \left(E + \frac{e^2}{r}\right)\psi = 0 \tag{5.5.5}$$

在球坐标系中利用分离变量法,得到关于 r 的常微分方程。再对函数和自变量作适当变换,可得到

$$\frac{d}{dx}(x\omega') + \left(\lambda - \frac{x}{4} - \frac{s^2}{4x}\right)\omega = 0 \tag{5.5.6}$$

其中 $\lambda > 0$,s 为非负定常数,作试探解

$$\omega(x) = e^{-\frac{x}{2}}x^{\frac{s}{2}}L(x)$$

则 $L(x)$ 满足

$$x\frac{\mathrm{d}^2L}{\mathrm{d}x^2}+(s+1-x)\frac{\mathrm{d}L}{\mathrm{d}x}+\left(\lambda-\frac{s+1}{2}\right)L=0 \tag{5.5.7}$$

欲使此方程的解为多项式,则应令 $\lambda-\frac{s+1}{2}=n,\quad n=0,1,2,\cdots$,于是,有

$$x\frac{\mathrm{d}^2L}{\mathrm{d}x^2}+(s+1-x)\frac{\mathrm{d}L}{\mathrm{d}x}+nL=0 \tag{5.5.8}$$

这就是 n 阶 Laguerre 方程。

令 $L(x)=\sum\limits_{k=0}^{\infty}C_kx^k$ 并代入式(5.5.8),得递推公式

$$C_{k+1}=\frac{k-n}{(k+1)(k+s+1)}C_k\quad(k=0,1,2,\cdots)$$

于是有

$$L(x)=C_0\left(1-\frac{n}{s+1}x+\frac{n(n-1)}{2!(s+1)(s+2)}x^2-\frac{n(n-1)(n-2)}{3!(s+1)(s+2)(s+3)}x^3\right.$$
$$\left.+\cdots+(-1)^n\frac{n(n-1)\cdots3\cdot2\cdot1}{n!(s+1)(s+2)\cdots(s+n)}x^n\right)$$

令 $C_0=(s+1)(s+2)\cdots(s+n)$,则有

$$L_n{}'(x)=(-1)^n\left[x^n-\frac{n}{1!}(s+n)x^{n-1}+\frac{n(n-1)}{2!}(s+n)(s+n-1)x^{n-2}\right.$$
$$\left.-\cdots+(-1)^n(s+n)(s+n-1)\cdots(s+1)\right] \tag{5.5.9}$$

利用 Leibniz 公式:

$$(uv)^{(n)}=u^{(n)}v+nu^{(n-1)}v'+\frac{n(n-1)}{2!}u^{(n-2)}v''+\cdots$$

易证

$$L_n{}'(x)=e^xx^{-s}\frac{\mathrm{d}^n}{\mathrm{d}x^n}(e^{-x}x^{s+n}) \tag{5.5.10}$$

若取 $s=0$,则有

$$L_n(x)=(-1)^n\left(x^n+\frac{n^2}{1!}\right)x^{n-1}+\frac{n^2(n-1)^2}{2!}x^{n-2}+\cdots+(-1)^nn! \tag{5.5.11}$$

并称式(5.5.8)的特解(5.5.9)(即 $L_n{}'(x)$)为 n 阶 Laguerre 多项式。(5.5.10)是它的微分形式。而称式(5.5.11)为 n 阶狭义 Laguerre 多项式。

习 题 5

1. 氢原子定态问题的量子力学 Schrödinger(薛定谔)方程是

$$-\frac{h^2}{8\pi^2\mu}\nabla^2u-\frac{Ze^2}{r}u=Eu$$

其中 h、μ、Z、e、E 都是常数。试在球坐标系下把这个方程分离变量。

2. 试用平面极坐标系把二维波动方程分离变量：

$$u_{tt}-a^2(u_{xx}+u_{yy})=0$$

3. 证明：(1)$x^2=\frac{2}{3}P_2(x)+\frac{1}{3}P_0(x)$；(2)$x^3=\frac{2}{5}P_3(x)+\frac{3}{5}P_1(x)$

4. 求证 $\int_{-1}^{1}(1-x^2)[P'_n(x)]^2\mathrm{d}x=\frac{2n(n+1)}{2n+1}$。

5. 证明：

(1)$P_l(x)=\frac{1}{l}[xP'_l(x)-P'_{l-1}(x)]$

(2)$P_l(x)=\frac{1}{l+1}[P'_{l+1}(x)-xP'_l(x)]$

(3)$(1-x^2)P_l(x)=l[xP_l(x)-P_{l-1}(x)]$

6. 已知 $P_0(x)=1,P_1(x)=x,P_2(x)=\frac{1}{2}(3x^2-1)$

(1)用递推公式求：$P_3(x)$、$P_4(x)$；

(2)求证：$x^3=\frac{2}{5}P_3(x)+\frac{1}{5}P_1(x)$。

7. 在$(-1,1)$上，将下列函数按 Legendre 多项式展开为广义傅里叶级数。

$$f(x)=\begin{cases}x & (0<x<1)\\0 & (-1<x<0)\end{cases}$$

8. 利用 Legendre 多项式的生成函数(母函数)证明：

$$P_n(-1)=(-1)^n,P_{2n-1}(0)=0,P_{2n}(0)=\frac{(-1)^n(2n)!}{2^{2n}(n!)^2}$$

9. 在半径为 1 的球内求解 Laplace 方程 $\nabla^2u=0$，使

$$u|_{r=1}=3\cos2\theta+1$$

10. 在半径为 1 的球内求解方程 Laplace $\nabla^2u=0$，已知在球面上

$$u|_{r=1}=\begin{cases}A & (0\leqslant\theta\leqslant\alpha)\\0 & (\alpha<\theta\leqslant\pi)\end{cases}$$

11. 在半径为 1 的球外求解 Laplace 方程 $\nabla^2u=0$，使

$$u|_{r=1}=\cos^2\theta$$

*12. 在半径为 a 的球外$(r>a)$求解：

$$\begin{cases}\nabla^2u=0\\u|_{r=a}=f(\theta,\varphi)\end{cases}$$

*13. (辐射速度势问题)设半径为 r_0 的球面径向速度分布为

$$v=v_0\frac{1}{4}(3\cos2\theta+1)\cos wt$$

这个球在空气中辐射出去的声场中的速度势满足三维波动方程：

$$v_{tt} - a^2 \nabla^2 v = 0$$

其中 $a^2 = \frac{p_0 r}{\rho_0}$，$p_0$ 是初始压强，ρ_0 是初始密度，r 是定压比热的比值，设 $r_0 \leqslant \lambda$（声波长），求速度势 v，当 r 很大时 $v|_{r\to\infty}$ 的渐近表达式是什么？

第 6 章　行波法与积分变换法

在第 2 章、第 4 章和第 5 章中，我们较为详细地讨论了分离变量法，它是求解有限区域内定解问题的一个常用方法，只要解的区域比较规则（其边界在某种坐标系中的方程能用若干个只含有一个坐标变量的方程表示），对三种典型的方程均可运用。本章我们将介绍另外两个求解定解问题的方法：一是行波法；一是积分变换法。行波法只能用于求解无界区域内波动方程的定解问题，积分变换法不受方程类型的限制，主要用于无界区域，但对有界区域也能应用。

6.1　一维波动方程的 D'Alember（达朗贝尔）公式

我们知道，要求得一个常微分方程的特解，惯用的方法是先求出它的通解，然后利用初始条件确定通解中的任意常数得到特解。对于偏微分方程能否采用类似的方法呢？一般来说是不行的，原因之一是在偏微分方程中很难定义通解的概念；原因之二是即使对某些方程能够定义并求出它的通解，但在通解中包含有任意函数，要由定解条件确定出这些任意函数是会遇到很大困难的。但事情总不是绝对的，在少数情况下不仅可以求出偏微分方程的通解（指包含有任意函数的解），而且还可以由通解求出特解。本节我们就一维波动方程来建立它的通解公式，然后由它得到初始值问题解的表达式。

考虑一维波动方程的初值问题

$$
\begin{cases}
\dfrac{\partial^2 u}{\partial t^2} = a^2 \dfrac{\partial^2 u}{\partial x^2} & (6.1.1)\\
u\big|_{t=0} = \varphi(x),\quad \dfrac{\partial u}{\partial t}\Big|_{t=0} = \psi(x) & (6.1.2)
\end{cases}
$$

我们作如下的变换（见 1.3 节）

$$
\begin{cases}
\xi = x + at\\
\eta = x - at
\end{cases}
\tag{6.1.3}
$$

利用复合函数微分法则得

$$
\frac{\partial u}{\partial x} = \frac{\partial u}{\partial \xi}\frac{\partial \xi}{\partial x} + \frac{\partial u}{\partial \eta}\frac{\partial \eta}{\partial x} = \frac{\partial u}{\partial \xi} + \frac{\partial u}{\partial \eta}
$$

$$
\frac{\partial^2 u}{\partial x^2} = \frac{\partial}{\partial \xi}\left(\frac{\partial u}{\partial \xi} + \frac{\partial u}{\partial \eta}\right)\frac{\partial \xi}{\partial x} + \frac{\partial}{\partial \eta}\left(\frac{\partial u}{\partial \xi} + \frac{\partial u}{\partial \eta}\right)\frac{\partial \eta}{\partial x} = \frac{\partial^2 u}{\partial \xi^2} + 2\frac{\partial^2 u}{\partial \xi \partial \eta} + \frac{\partial^2 u}{\partial \eta^2}
\tag{6.1.4}
$$

以及

$$
\frac{\partial^2 u}{\partial t^2} = a^2\left[\frac{\partial^2 u}{\partial \xi^2} - 2\frac{\partial^2 u}{\partial \xi \partial \eta} + \frac{\partial^2 u}{\partial \eta^2}\right]
\tag{6.1.5}
$$

将式(6.1.4)及式(6.1.5)代入式(6.1.1)，将其化为

$$\frac{\partial^2 u}{\partial\xi\partial\eta} = 0 \tag{6.1.6}$$

将式(6.1.6)对 η 积分,得

$$\frac{\partial u}{\partial\xi} = f(\xi)\ (f(\xi)\text{ 是 }\xi\text{ 的任意可微函数})$$

再将此式对 ξ 积分,得

$$u(x,t) = \int f(\xi)\mathrm{d}\xi + f_2(\eta) = f_1(x+at) + f_2(x-at) \tag{6.1.7}$$

其中 f_1、f_2 都是任意二次连续可微函数。式(6.1.7)就是方程(6.1.1)的通解(包含有两个任意函数的解)。

在各个具体问题中,我们并不满足于求通解,还要确定函数 f_1 与 f_2 的具体形式。为此,必须考虑定解条件。将已知条件式(6.1.2)代入到式(6.1.7)中,得

$$f_1(x) + f_2(x) = \varphi(x) \tag{6.1.8}$$

$$af_1'(x) - af_2'(x) = \psi(x) \tag{6.1.9}$$

在式(6.1.9)两端对 x 积分一次,得

$$f_1(x) - f_2(x) = \frac{1}{a}\int_0^x \psi(\xi)\mathrm{d}\xi + C \tag{6.1.10}$$

由式(6.1.8)与式(6.1.10)解出 $f_1(x)$、$f_2(x)$,得

$$f_1(x) = \frac{1}{2}\varphi(x) + \frac{1}{2a}\int_0^x \psi(\xi)\mathrm{d}\xi + \frac{C}{2}$$

$$f_2(x) = \frac{1}{2}\varphi(x) - \frac{1}{2a}\int_0^x \psi(\xi)\mathrm{d}\xi - \frac{C}{2}$$

把确定出来的 $f_1(x)$ 与 $f_2(x)$ 代回到式(6.1.7)中,即得到方程(6.1.1)在条件式(6.1.2)下的解

$$u(x,t) = \frac{1}{2}\left[\varphi(x+at) + \varphi(x-at)\right] + \frac{1}{2a}\int_{x-at}^{x+at}\psi(\xi)\mathrm{d}\xi \tag{6.1.11}$$

式(6.1.11)称为无限长弦自由振动的 D'Alembert(达朗贝尔)公式。

现在来说明 D'Alembert 公式的物理意义。为方便起见,我们先讨论初始条件只有初始位移的情况下 D'Alembert 公式的物理意义。此时式(6.1.11)给出

$$u(x,t) = \frac{1}{2}\left[\varphi(x+at) + \varphi(x-at)\right]$$

先看第二项,设当 $t=0$ 时,观察者在 $x=c$ 处看到的波形为

$$\varphi(x-at) = \varphi(c-a\cdot 0) = \varphi(c)$$

若观察者以速度 a 沿 x 轴的正向运动,则 t 时刻在 $x=c+at$ 处,他所看到的波形为

$$\varphi(x-at) = \varphi(c+at-at) = \varphi(c)$$

由于 t 为任意时刻,这说明观察者在运动过程中随时可看到相同的波形 $\varphi(c)$,可见波形和观察者一样,以速度 a 沿 x 轴的正向传播。所以,$\varphi(x-at)$ 代表以速度 a 沿 x 轴正向传播的波,称为正行波。而第一项 $\varphi(x+at)$ 则当然代表以速度 a 沿 x 轴负向传播的波,称为反行波。正行波和反行波的迭加(相加)就给出弦的位移。

再讨论只有初速度的情况。此时式(6.1.11)给出

$$u(x,t)=\frac{1}{2a}\int_{x-at}^{x+at}\psi(\xi)\,\mathrm{d}\xi$$

设 $\Psi(x)$ 为$\dfrac{\psi(x)}{2a}$的一个原函数，即

$$\Psi(x)=\frac{1}{2a}\int_{x_0}^{x}\psi(\xi)\,\mathrm{d}\xi$$

则此时有

$$u(x,t)=\Psi(x+at)-\Psi(x-at)$$

由此可见第一项也是反行波，公式第二项也是正行波，正、反行波的迭加（相减）给出弦的位移。

综上所述，D' Alembert 解表示正行波和反行波的迭加。

例 1　求解初始速度 $\psi(x)$ 为零，初始位移为

$$\varphi(x)=\begin{cases}0 & (x<-a)\\ 2+\dfrac{2x}{a} & (-a<x\leqslant 0)\\ 2-\dfrac{2x}{a} & (0<x\leqslant a)\\ 0 & (x>a)\end{cases}$$

的一维波动方程的定解问题。

解　直接由 D' Alembert 公式(6.1.11)得出问题的解为

$$u(x,t)=\frac{1}{2}\left[\varphi(x+at)+\varphi(x-at)\right]$$

它表示初始位移函数（图 6.1.1 中最下一图的粗线）被分为两半（该图细线），分别向左右两个方向以速度 a 移动，如图 6.1.1 中由下而上的各图中的细线时间间隔为$\dfrac{\xi}{4a}$。弦的位移由此二行波的和给出如图 6.1.1 中由下而上各图中的粗线。

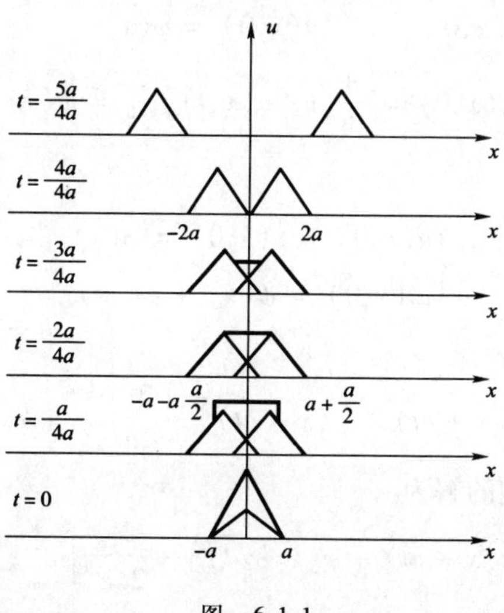

图　6.1.1

例 2　求解定解问题

$$\begin{cases}u_{tt}-a^2u_{xx}=0 \quad (-\infty<x<\infty)\\ u(x,0)=\cos x,\quad u_t(x,0)=\dfrac{1}{1+x^2}\end{cases}$$

解 此处 $\varphi(x)=\cos x$, $\psi(x)=\dfrac{1}{1+x^2}$, 由 D'Alembert 公式(6.1.11)有

$$u(x,t)=\frac{1}{2}\left[\cos(x+at)+\cos(x-at)\right]+\frac{1}{2a}\int_{x-at}^{x+at}\frac{1}{1+s^2}\mathrm{d}s$$

$$=\cos at\cos x+\frac{1}{2a}\left[\arctan(x+at)-\arctan(x-at)\right]$$

例 3 试求解有阻尼的波动方程的初值问题

$$\begin{cases}v_{tt}-a^2v_{xx}+2\varepsilon v_t+\varepsilon^2v=0 \quad (-\infty<x<\infty,t>0)\\ v(x,0)=\varphi(x),\quad v_t=\psi(x)\end{cases}$$

解 本问题的泛定方程与无界弦的自由振动方程相比,多出了阻尼项,故不能直接应用 D'Alembert 公式(6.1.11)。对于阻力的作用,常常可以表示为其解中带有一个随时间呈指数衰减的因子,即可令

$$v(x,t)=e^{-\beta t}u(x,t) \quad (其中\beta>0,是待定参数)$$

从而

$$v_t=e^{-\beta t}\left(\frac{\partial u}{\partial t}-\beta u\right),\quad v_{tt}=e^{-\beta t}(u_{tt}-2\beta u_t+\beta^2u),\quad v_{xx}=u_{xx}e^{-\beta t}$$

将以上关系代入到振动方程,得

$$u_{tt}-a^2u_{xx}+(\varepsilon-\beta)u_t+(\varepsilon^2-2\varepsilon\beta+\beta^2)u=0$$

可见只要取 $\beta=\varepsilon$, 则上述方程即化成标准的波动方程

$$u_{tt}-a^2u_{xx}=0$$

而初始条件变成

$$v(x,0)=e^{-\varepsilon\cdot 0}u(x,0)=\varphi(x)$$

$$v_t(x,0)=\frac{\mathrm{d}}{\mathrm{d}t}[e^{-\varepsilon t}u(x,t)]_{t=0}=\psi(x)$$

即

$$\begin{cases}u(x,0)=v(x,0)=\varphi(x)\\ u_t(x,0)=\psi(x)+\varepsilon\varphi(x)\end{cases}$$

由 D'Alembert 公式

$$u(x,t)=\frac{1}{2}[\varphi(x+at)+\varphi(x-at)]+\frac{1}{2a}\int_{x+at}^{x-at}[\psi(s)+\varepsilon\varphi(s)]\mathrm{d}s$$

回代原变量,即得原定解问题的解为

$$v(x,t)=\frac{1}{2e^{\varepsilon t}}[\varphi(x+at)+\varphi(x-at)]+\frac{1}{2ae^{\varepsilon t}}\int_{x+at}^{x-at}[\psi(s)+\varepsilon\varphi s]\mathrm{d}s$$

由以上的讨论我们看到,行波法的求解出发点,是基于波动现象的特点为背景的变量变换。它所采用的求解方法与常微分方程一样,先求通解,再用定解条件定特解,故其思路上易于

理解，且用之研究波动问题也很方便。但由于一般而言，偏微分方程的通解不易求，用定解条件定特解有时也十分困难，这就使得这种解法有相当大的局限性，我们一般只用它求解波动问题。

6.2 三维波动方程的 Poisson 公式

上一节我们已经讨论了一维波动方程的初始值问题，得到了 D'Alembert 公式。但是只研究一维波动方程还不能满足实际工程技术上的要求，例如在研究交变电磁场时就要讨论三维波动方程。本节我们就来讨论在三维无限空间中的波动问题，即求解下列定解问题

$$\begin{cases}\dfrac{\partial^2 u}{\partial t^2}=a^2\left(\dfrac{\partial^2 u}{\partial x^2}+\dfrac{\partial^2 u}{\partial y^2}+\dfrac{\partial^2 u}{\partial z^2}\right)(-\infty<x,y,z<+\infty,\ t>0) & (6.2.1)\\ u|_{t=0}=\varphi(x,y,z) & (6.2.2)\\ \left.\dfrac{\partial u}{\partial t}\right|_{t=0}=\varphi_1(x,y,z) & (6.2.3)\end{cases}$$

这个定解问题仍可用行波法来解，不过由于坐标变量有3个，不能直接利用6.1节中所得到的通解公式。下面先考虑一个特例。

6.2.1 三维波动方程的球对称解

如果将波函数 u 用空间球坐标 (r,θ,φ) 来表示，所谓球对称就是指 u 与 θ、φ 都无关。在球坐标系中，波动方程(6.2.1)为

$$\frac{\partial^2 u}{\partial t^2}=a^2\left[\frac{1}{r^2}\frac{\partial}{\partial r}\left(r^2\frac{\partial u}{\partial r}\right)+\frac{1}{r^2\sin\theta}\frac{\partial}{\partial\theta}\left(\sin\theta\frac{\partial u}{\partial\theta}\right)+\frac{1}{r^2\sin^2\theta}\frac{\partial^2 u}{\partial\varphi^2}\right]$$

当 u 不依赖于 θ、φ 时，这个方程可简化为

$$\frac{1}{r^2}\frac{\partial}{\partial r}\left(r^2\frac{\partial u}{\partial r}\right)=\frac{1}{a^2}\frac{\partial^2 u}{\partial t^2}$$

或写成

$$r\frac{\partial^2 u}{\partial r^2}+2\frac{\partial u}{\partial r}=\frac{r}{a^2}\frac{\partial^2 u}{\partial t^2}$$

但由于

$$r\frac{\partial^2 u}{\partial r^2}+2\frac{\partial u}{\partial r}=\frac{\partial^2(ru)}{\partial r^2}$$

所以得到方程

$$\frac{\partial^2(ru)}{\partial r^2}=\frac{1}{a^2}\frac{\partial^2(ru)}{\partial t^2}$$

这是关于 ru 的一维波动方程，其通解为

$$ru(r,t)=f_1(r+at)+f_2(r-at)$$

或

$$u(r,t)=\frac{f_1(r+at)+f_2(r-at)}{r}$$

这就是三维波动方程的关于原点为球对称的解，其中 f_1、f_2 是两个任意二次连续可微的函数，这两个函数可以用指定的初始条件来确定。

6.2.2 三维波动方程的 Possion 公式

现在我们来讨论一般的情况,即要求式(6.2.1)、式(6.2.2)、式(6.2.3)的解。从上面对球对称情况的讨论使我们产生这样一个想法:既然在球对称的情况下,函数 $ru(r,t)$ 满足一维波动方程,可以求出通解,那么在不是球对称的情况下能否设法把方程也化成可以求通解的形式呢?由于在非球对称时波函数 u 不能写成 r 与 t 的函数,而是 x、y、z、t 的函数,那么在非球对称情况下,ru 不可能满足一维波动方程。但是,如果我们不去考虑波函数 u 本身,而是考虑 u 在以 $M(x,y,z)$ 为球心、以 r 为半径的球面上的平均值,则这个平均值当 x、y、z 暂时固定之后就只与 r、t 有关。这就启发我们先引入一个函数 $\overline{u}(r,t)$,它是函数 $u(x,y,z,t)$ 在以点 $M(x,y,z)$ 为中心、以 r 为半径的球面 S_r^M 上的平均值,即

$$\overline{u}(r,t)=\frac{1}{4\pi r^2}\iint_{S_r^M}u(\xi,\eta,\zeta,t)\mathrm{d}S=\frac{1}{4\pi}\iint_{S_1^M}u(\xi,\eta,\zeta,t)\mathrm{d}\omega \tag{6.2.4}$$

其中 $\xi=x+r\sin\theta\cos\varphi$, $\eta=y+r\sin\theta\sin\varphi$, $\zeta=z+r\cos\theta$,是球面 S_r^M 上点的坐标,$\mathrm{d}S$ 是 S_r^M 上的面积元素。S_1^M 是以 M 为中心的单位球面,$\mathrm{d}\omega$ 是单位球面上的面积元素,在球面坐标系中 $\mathrm{d}\omega=\sin\theta\mathrm{d}\theta\mathrm{d}\varphi$,显然有 $\mathrm{d}S=r^2\mathrm{d}\omega$。

从式(6.2.4)及 $u(x,y,z,t)$ 的连续性可知,当 $r\to 0$ 时,$\lim\limits_{r\to 0}\overline{u}(r,t)=u(M,t)$,即

$$\overline{u}(0,t)=u(M,t)$$

此处 $u(M,t)$ 表示函数 u 在 M 点及时刻 t 的值。下面来推导 $\overline{u}(r,t)$ 所满足的微分方程。对方程(6.2.1)的两端在 S_r^M 所围成的球体 V_r^M 内积分(为了区别 V_r^M 内的流动点的坐标与球心 M 点的坐标(x,y,z),我们以(x',y',z')表示 V_r^M 内流动点的坐标),并应用 Gauss 公式可得

$$\begin{aligned}
&\iiint_{V_r^M}\frac{\partial^2 u(x',y',z',t)}{\partial t^2}\mathrm{d}V=a^2\iiint_{V_r^M}\left(\frac{\partial^2 u(x',y',z',t)}{\partial x'^2}+\frac{\partial^2 u(x',y',z',t)}{\partial y'^2}+\frac{\partial^2 u(x',y',z',t)}{\partial z'^2}\right)\mathrm{d}V\\
&=a^2\iiint_{V_r^M}\left[\frac{\partial}{\partial x'}\left(\frac{\partial u(x',y',z',t)}{\partial x'}\right)+\frac{\partial}{\partial y'}\left(\frac{\partial u(x',y',z',t)}{\partial y'}\right)+\frac{\partial}{\partial z'}\left(\frac{\partial u(x',y',z',t)}{\partial z'}\right)\right]\mathrm{d}V\\
&=a^2\iint_{S_r^M}\frac{\partial u(\xi,\eta,\zeta,t)}{\partial n}\mathrm{d}S=a^2\iint_{S_1^M}\frac{\partial u(\xi,\eta,\zeta,t)}{\partial n}r^2\mathrm{d}\omega\\
&=a^2r^2\iint_{S_1^M}\frac{\partial u(\xi,\eta,\zeta,t)}{\partial r}\mathrm{d}\omega=a^2r^2\frac{\partial}{\partial r}\iint_{S_1^M}u(\xi,\eta,\zeta,t)\mathrm{d}\omega\\
&=4\pi a^2r^2\frac{\partial\overline{u}(r,t)}{\partial r}
\end{aligned}\tag{6.2.5}$$

其中 $\boldsymbol{n}$ 是 S_r^M 的外法向矢量,$\frac{\partial u}{\partial n}$ 表示 n 方向上方向导数。

式(6.2.5)左端的积分也采用球面坐标表示并交换微分运算和积分运算的次序,得

$$\begin{aligned}
&\iiint_{V_r^M}\frac{\partial^2 u(x',y',z',t)}{\partial t^2}\mathrm{d}V=\frac{\partial^2}{\partial t^2}\iiint_{V_r^M}u(x',y',z',t)\mathrm{d}V\\
&=\frac{\partial^2}{\partial t^2}\iiint_{V_r^M}u(x',y',z',t)\rho^2\mathrm{d}\omega\mathrm{d}\rho
\end{aligned}$$

$$= \frac{\partial^2}{\partial t^2}\int_0^{2\pi}\int_0^{\pi}\int_0^{r} u(x+\rho\sin\theta\cos\varphi, y+\rho\sin\theta\sin\varphi, z+\rho\cos\theta, t)\rho^2\sin\theta \mathrm{d}\varphi\mathrm{d}\rho$$

$$= \frac{\partial^2}{\partial t^2}\iint_{S_1^M}\mathrm{d}\omega\int_0^{r} u(x+\rho\sin\theta\cos\varphi, y+\rho\sin\theta\sin\varphi, z+\rho\cos\theta, t)\rho^2\mathrm{d}\rho$$

代回式(6.2.5)中,得

$$\frac{\partial^2}{\partial t^2}\iint_{S_1^M}\mathrm{d}\omega\int_0^{r} u(x+\rho\sin\theta\cos\varphi, y+\rho\sin\theta\sin\varphi, z+\rho\cos\theta, t)\rho^2\mathrm{d}\rho$$

$$= 4\pi a^2 r^2\frac{\partial\overline{u}(r,t)}{\partial r}$$

上式两端对 r 微分一次,并利用变上限定积分对上限求导数的规则,得

$$\frac{\partial^2}{\partial t^2}\iint_{S_1^M} u(\xi,\eta,\zeta,t)r^2\mathrm{d}\omega = 4\pi a^2\frac{\partial}{\partial r}\left[r^2\frac{\partial\overline{u}(r,t)}{\partial r}\right]$$

或

$$\frac{\partial^2\overline{u}(r,t)}{\partial t^2} = \frac{a^2}{r^2}\frac{\partial}{\partial r}\left[r^2\frac{\partial\overline{u}(r,t)}{\partial r}\right]$$

又因为

$$\frac{1}{r^2}\frac{\partial}{\partial r}\left[r^2\frac{\partial\overline{u}(r,t)}{\partial r}\right] = \frac{1}{r}\frac{\partial^2\left[r\overline{u}(r,t)\right]}{\partial r^2}$$

故得

$$\frac{\partial^2[r\overline{u}(r,t)]}{\partial r^2} = a^2\frac{\partial^2(r\overline{u}(r,t))}{\partial r^2}$$

这是一个关于 $r\overline{u}(r,t)$ 的一维波动方程,它的通解为

$$r\overline{u}(r,t) = f_1(r+at) + f_2(x-at) \tag{6.2.6}$$

其中 f_1、f_2 是两个二次连续可微的任意函数。

下面的任务是用式(6.2.6)及式(6.2.2)、式(6.2.3)来确定原Cauchy问题的解 $u(M,t)$。由式(6.2.6)得到

$$f_1(r) + f_2(r) = r\overline{u}(r,t)\big|_{t=0}$$

$$af_1'(r) - af_2'(r) = \frac{\partial}{\partial t}(r\overline{u}(r,t))\big|_{t=0}$$

但

$$r\overline{u}(r,t)\big|_{t=0} = r\overline{\varphi_0}(r)$$

$$\frac{\partial}{\partial t}(r\overline{u}(r,t))\big|_{t=0} = r\overline{\varphi_1}(r)$$

其中 $\overline{\varphi_0}(r)$、$\overline{\varphi_1}(r)$ 分别是 $\varphi_0(x,y,z)$ 与 $\varphi_1(x,y,z)$ 在球面 S_r^M 上的平均值。所以有

$$f_1(r) + f_2(r) = r\overline{\varphi_0}(r) \tag{6.2.7}$$

$$f_1'(r) - f_2'(r) = \frac{r}{a}\overline{\varphi_1}(r) \tag{6.2.8}$$

由此可求解得

$$f_1(r) = \frac{1}{2}\left[r\,\overline{\varphi_0}(r) + \frac{1}{a}\int_0^a \rho\,\overline{\varphi_1}(\rho)\,\mathrm{d}\rho + C\right]$$

$$f_2(r) = \frac{1}{2}\left[r\,\overline{\varphi_0}(r) - \frac{1}{a}\int_0^a \rho\,\overline{\varphi_1}(\rho)\,\mathrm{d}\rho - C\right]$$

代回式(6.2.6),得

$$\overline{u}(r,t) = \frac{(r+at)\,\overline{\varphi_0}(r+at) + (r-at)\,\overline{\varphi_0}(r-at)}{2r} + \frac{1}{2ar}\int_{r-at}^{r+at} \rho\,\overline{\varphi_1}(\rho)\,\mathrm{d}\rho \quad (6.2.9)$$

此外,若将式(6.2.4)写成

$$\overline{u}(r,t) = \frac{1}{4\pi}\iint_{\alpha_1^2+\alpha_2^2+\alpha_3^2=1} u(x+r\alpha_1, y+r\alpha_2, z+r\alpha_3, t)\,\mathrm{d}\omega$$

其中 $r>0$, $\alpha_1=\sin\theta\cos\varphi$, $\alpha_2=\sin\theta\sin\varphi$, $\alpha_3=\cos\theta$,则可利用下式

$$\begin{aligned}\overline{u}(-r,t) &= \frac{1}{4\pi}\iint_{\alpha_1^2+\alpha_2^2+\alpha_3^2=1} u(x+r(-\alpha_1), y+r(-\alpha_2), z+r(-\alpha_3), t)\,\mathrm{d}\omega \\ &= \frac{1}{4\pi}\iint_{\alpha_1^2+\alpha_2^2+\alpha_3^2=1} u(x+r\beta_1, y+r\beta_2, z+r\beta_3, t)\,\mathrm{d}\omega\end{aligned}$$

将 $\overline{u}(r,t)$ 拓广到 $r<0$ 的范围内,并且比较上面两式可知

$$\overline{u}(-r,t) = \overline{u}(r,t)$$

即 $\overline{u}(r,t)$ 是 r 的偶函数。同理,$\overline{\varphi_0}(r)$ 与 $\overline{\varphi_1}(r)$ 也是偶函数。注意到这些事实后,我们可将式(6.2.9)写成

$$\overline{u}(r,t) = \frac{(r+at)\,\overline{\varphi_0}(r+at) - (at-r)\,\overline{\varphi_0}(at-r)}{2r} + \frac{1}{2ar}\int_{r-at}^{r+at} \rho\,\overline{\varphi_1}(\rho)\,\mathrm{d}\rho$$

令 $r\to 0$,并利用 L'Hospital(洛必塔)法则,得到

$$\overline{u}(0,t) = \overline{\varphi_0}(at) + at\,\overline{\varphi_0}'(at) + t\,\overline{\varphi_1}(at) = \frac{1}{a}\frac{\partial}{\partial t}[(at)\,\overline{\varphi_0}(at)] + t\,\overline{\varphi_1}(at)$$

$$= \frac{1}{4\pi a}\frac{\partial}{\partial t}\iint_{S_{at}^M} \frac{\varphi_0(x+\rho\sin\theta\cos\varphi, y+\rho\sin\theta\sin\varphi, z+\rho\cos\theta, t)}{at} \times (at)^2\sin\theta\,\mathrm{d}\varphi\,\mathrm{d}\theta$$

$$+ \frac{t}{4\pi}\iint_{S_{at}^M} \frac{\varphi_1(x+\rho\sin\theta\cos\varphi, y+\rho\sin\theta\sin\varphi, z+\rho\cos\theta, t)}{(at)^2} \times (at)^2\sin\theta\,\mathrm{d}\varphi\,\mathrm{d}\theta$$

或简记成

$$u(M,t) = \frac{1}{4\pi a}\frac{\partial}{\partial t}\iint_{S_{at}^M} \frac{\varphi_0}{at}\mathrm{d}S + \frac{1}{4\pi a}\iint_{S_{at}^M} \frac{\varphi_1}{at}\mathrm{d}S \quad (6.2.10)$$

式(6.2.10)称为三维波动方程的 Poisson 公式。不难验证,当 $\varphi_0(x,y,z)$ 是三次连续可微的函数,$\varphi_1(x,y,z)$ 是二次连续可微的函数时,由式(6.2.10)所确定的函数确实是原定解问题的解。

下面举一个例子,说明 Poisson 公式(6.2.10)的用法。

例 1 求解定解问题

$$\begin{cases} u_{tt} = a^2 \nabla^2 u & (-\infty < x,y,z < \infty,\ t > 0) \\ u|_{t=0} = x^3 + y^2 z, & u_t|_{t=0} = 0 \end{cases}$$

解　这里 $\varphi_0(x,y,z) = x^3 + y^2 z$,　$\varphi_1(x,y,z) = 0$,将这些给定的初始条件代入到 Poisson 公式(6.2.10),并计算其中的积分,就可以得到定解问题的解

$$\begin{aligned} u(x,y,z,t) &= \frac{1}{4\pi a}\frac{\partial}{\partial t}\iint_{S_{at}^M} \frac{\varphi_0(M')}{at}\mathrm{d}S \\ &= \frac{1}{4\pi a}\frac{\partial}{\partial t}\int_0^{2\pi}\int_0^{\pi}\frac{\varphi_0(\xi,\eta,\zeta)}{at}(at)^2\sin\theta\mathrm{d}\theta\mathrm{d}\varphi \\ &= \frac{1}{4\pi}\frac{\partial}{\partial t}\left\{t\int_0^{2\pi}\int_0^{\pi}[(x + at\sin\theta\cos\varphi)^3 + (y + at\sin\theta\sin\varphi)(z + at\cos\theta)]\sin\theta\mathrm{d}\theta\mathrm{d}\varphi\right\} \\ &= x^3 + 3a^2t^2x + y^2z + a^2t^2z \end{aligned}$$

上式中的积分和微分运算是由 Maple 完成的:

```
> u(theta,phi): = ((x + a* t* sin(theta)* cos(phi))^3 + (y + a* t* sin(theta)* sin(phi))^2* (z + a* t* cos(theta)))* sin(theta);
```

$$u(\theta,\phi) := ((x + at\sin(\theta)\cos(\phi))^3 + (y + at\sin(\theta)\sin(\phi)^2)(z + at\cos(\theta)))\sin(\theta)$$

```
> v(phi): = int(u(theta,phi),theta = 0..Pi);
```

$$v(\phi) := 2x^3 + 4xa^2t^2\cos(\phi)^2 + 2y^2 + \frac{2}{3}a^2t^2\sin(\phi)^2z + \frac{3}{8}a^3t^3\cos(\phi)^3\pi + \frac{2a^2t^2z}{3} + yat\sin(\phi)z\pi - \frac{2}{3}a^2t^2z\cos(\phi)^2 + \frac{3}{2}x^2at\cos(\phi)\pi$$

```
> w(t): = int(v(phi),phi = 0..2* Pi);
```

$$w(t) := 4xa^2t^2\pi + 4x^3\pi + 4y^2z\pi + \frac{4a^2t^2z\pi}{3}$$

```
> r: = (1/(4* Pi))* diff(w(t)* t,t);
```

$$r := \frac{\left(8xa^2t\pi + \frac{8a^2tz\pi}{3}\right)t + 4xa^2t^2\pi + 4x^3\pi + 4y^2z\pi + \frac{4a^2t^2z\pi}{3}}{4\pi}$$

```
> simplify(r);
```

$$3xa^2t^2 + a^2t^2z + x^3 + y^2z$$

6.2.3　Poisson 公式的物理意义

下面我们来说明解式(6.2.10) 的物理意义。

从式(6.2.10) 可以看出,为求出定解问题式(6.2.1)、(6.2.2)、(6.2.3) 的解在(x,y,z,t) 处的值,只需要以 $M(x,y,z)$ 为球心、以 at 为半径作出球面 S_{at}^M,然后将初始扰动 φ_0、φ_1 代入式(6.2.10) 进行积分。因为积分只在球面上进行,所以只有与 M 相距为 at 的点上的初始扰动能够影响 $u(x,y,z,t)$ 的值。或者,换一种说法,就是 $M_0(\xi,\eta,\zeta)$ 处的初始扰动,在时刻 t 只影响到以 M_0 为球心、以 at 为半径的球面 S_{at}^M 上各点,这是因为以 S_{at}^M 上任一点为球心,以 at 为半径所作的球面都必定经过 M_0 点。这就表明扰动是以速度 a 传播的。为了明确起见,设初始扰动只限于区域 Ω_0,任取一点 M,它与 Ω_0 的最小距离为 d,最大距离为 D(图 6.2.1),由 Poisson 公式

(6.2.10) 可知,当 $at < d$,即 $t < \frac{d}{a}$ 时,$u(x,y,z,t) = 0$,这表明扰动的"前锋"还未到达;当 $d < at < D$,即$\frac{d}{a} < t < \frac{D}{a}$时,$u(x,y,z,t) \neq 0$,这表明扰动已经到达;当 $at > D$,即 $t > \frac{D}{a}$ 时,$u(x,y,z,t) = 0$,这表明扰动的"阵尾"已经过去并恢复了原来的状态。因此,当初始扰动限制在空间某局部范围内时,扰动有清晰的"前锋"与"阵尾",这种现象在物理学中称为 Huygens 原理或无后效现象。由于在点 (ξ,η,ζ) 的初始扰动是向各方向传播的,在时间 t,它的影响是在以 (ξ,η,ζ) 为中心、以 at 为半径的一个球面上,因此解式(6.2.10) 称为球面波。

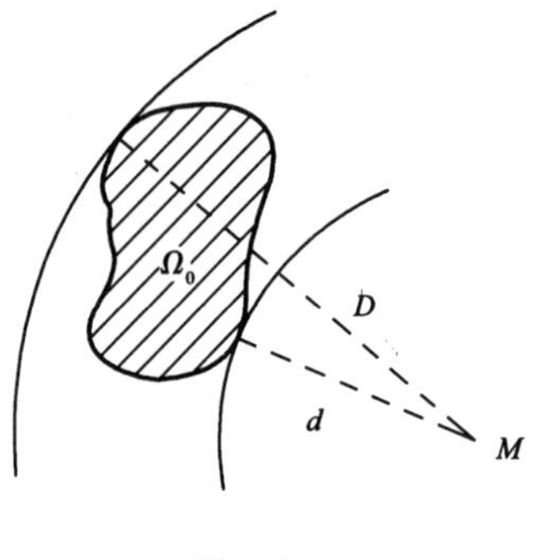

图 6.2.1

从式(6.2.10) 我们也可以得到二维波动方程初始值问题的解。事实上,如果 u 与 z 无关,则$\frac{\partial u}{\partial z} = 0$,这时三维波动方程的始值问题就变成二维波动方程的初始值问题:

$$\begin{cases} \dfrac{\partial^2 u}{\partial t^2} = a^2\left(\dfrac{\partial^2 u}{\partial x^2} + \dfrac{\partial^2 u}{\partial y^2}\right) \quad (-\infty < x,y < +\infty, t > 0) \\ u\big|_{t=0} = \varphi_0(x,y) \\ \dfrac{\partial u}{\partial t}\Big|_{t=0} = \varphi_1(x,y) \end{cases} \tag{6.2.11}$$

要想从 Poisson 公式(6.2.10) 得到式(6.2.11) 解的表达式,就应将式(6.2.10) 中两个沿球面 S_{at}^M 的积分转化成沿圆域 $C_{at}^M:(\xi - x)^2 + (\eta - y)^2 \leqslant (at)^2$ 内的积分。下面以$\frac{1}{4\pi a}\iint\limits_{S_{at}^M} \frac{\varphi_1}{r}\mathrm{d}S$ 为例说明这个转化方法。先将这个积分拆成两部分:

$$\frac{1}{4\pi a}\iint\limits_{S_{at}^M} \frac{\varphi_1}{r}\mathrm{d}S = \frac{1}{4\pi a}\iint\limits_{S_1^M} \frac{\varphi_1}{r}\mathrm{d}S + \frac{1}{4\pi a}\iint\limits_{S_2^M} \frac{\varphi_1}{r}\mathrm{d}S \tag{6.2.12}$$

其中 S_1、S_2 分别表示球面 S_{at}^M 的上半球面与下半球面。在上半球面 S_1 上外法向矢量的方向余弦为

$$\cos\gamma = \frac{\sqrt{a^2t^2 - (\xi - x)^2 + (\eta - y)^2}}{at}$$

在下半球面 S_2 上外法向矢量的方向余弦

$$\cos\gamma = -\frac{\sqrt{a^2t^2 - (\xi - x)^2 + (\eta - y)^2}}{at}$$

其中 γ 为法矢量与 z 轴正向的夹角。将式(6.2.10) 右端两个曲面积分化成重积分得

$$\frac{1}{4\pi a}\iint\limits_{S_{at}^M} \frac{\varphi_1}{r}\mathrm{d}S = \frac{1}{4\pi a}\iint\limits_{C_{at}^M} \frac{\varphi_1(\xi,\eta)}{at} \frac{at}{\sqrt{a^2t^2 - (\xi - x)^2 + (\eta - y)^2}}\mathrm{d}\xi\mathrm{d}\eta$$

$$-\frac{1}{4\pi a}\iint\limits_{C_{at}^{M}}\frac{\varphi_1(\xi,\eta)}{at}\left[-\frac{at}{\sqrt{a^2t^2-(\xi-x)^2+(\eta-y)^2}}\right]\mathrm{d}\xi\mathrm{d}\eta$$

$$=\frac{1}{2\pi a}\iint\limits_{C_{at}^{M}}\frac{\varphi_1(\xi,\eta)}{\sqrt{a^2t^2-(\xi-x)^2+(\eta-y)^2}}\mathrm{d}\xi\mathrm{d}\eta$$

同理有

$$\frac{1}{4\pi a}\iint\limits_{S_{at}^{M}}\frac{\varphi_0}{r}\mathrm{d}S=\frac{1}{2\pi a}\iint\limits_{C_{at}^{M}}\frac{\varphi_0(\xi,\eta)}{\sqrt{a^2t^2-(\xi-x)^2+(\eta-y)^2}}\mathrm{d}\xi\mathrm{d}\eta$$

将这两个等式代入式(6.2.10),即得式(6.2.11)的解

$$u(x,y,t)=\frac{1}{2\pi a}\left\{\frac{\partial}{\partial t}\iint\limits_{C_{at}^{M}}\frac{\varphi_0(\xi,\eta)}{\sqrt{a^2t^2-(\xi-x)^2+(\eta-y)^2}}\mathrm{d}\xi\mathrm{d}\eta+\iint\limits_{C_{at}^{M}}\frac{\varphi_1(\xi,\eta)}{\sqrt{a^2t^2-(\xi-x)^2+(\eta-y)^2}}\mathrm{d}\xi\mathrm{d}\eta\right\}\tag{6.2.13}$$

例 2　求解下列定解问题

$$\begin{cases}u_{tt}=a^2(u_{xx}+u_{yy}) & (-\infty<x,y<\infty,t>0)\\ u(x,y,0)=x^2(x+y) & (-\infty<x,y<\infty)\\ u_t(x,y,0)=0\end{cases}$$

解　由二维 Poisson 公式有

$$\begin{aligned}&u(x,y,t)\\&=\frac{1}{2\pi a}\frac{\partial}{\partial t}\int_0^{at}\int_0^{2\pi}\frac{\varphi(x+\rho\cos\theta,y+\rho\sin\theta)}{\sqrt{(at)^2-\rho^2}}\rho\mathrm{d}\theta\mathrm{d}\rho\\&=\frac{1}{2\pi a}\frac{\partial}{\partial t}\int_0^{at}\int_0^{2\pi}\frac{(x+\rho\cos\theta)^2(x+\rho\cos\theta+y+\rho\sin\theta)}{\sqrt{(at)^2-\rho^2}}\rho\mathrm{d}\theta\mathrm{d}\rho\end{aligned}$$

其中$\rho=\sqrt{(\xi-x)^2+(\eta-y)^2}$,$\theta$为极坐标变量。由初始条件有

$$\begin{aligned}\varphi(x+\rho\cos\theta,y+\rho\sin\theta)&=(x+\rho\cos\theta)^2(x+y+\rho\cos\theta+\rho\sin\theta)\\&=x^2(x+y)+2x(x+y)\rho\cos\theta+(x+y)\rho^2\cos^2\theta\\&\quad+x^2\rho(\sin\theta+\cos\theta)+2x\rho^2(\sin\theta+\cos\theta)\cos\theta\\&\quad+\rho^3\cos^2\theta(\sin\theta+\cos\theta)\end{aligned}$$

由三角函数的周期性、正交性、倍角公式等可得,$\cos\theta$、$\sin\theta$、$\cos\theta\sin\theta$、$\cos^3\theta$及$\cos^2\theta\sin\theta$在$[0,2\pi]$上积分均为零,而

$$\int_0^{2\pi} \cos^2\theta \mathrm{d}\theta = \pi$$

故有

$$\int_0^{at}\int_0^{2\pi} \frac{\varphi(x+\rho\cos\theta, y+\rho\sin\theta)}{\sqrt{(at)^2-\rho^2}}\rho \mathrm{d}\theta \mathrm{d}\rho$$

$$= 2\pi x^2(x+y)\int_0^{at} \frac{\rho d\rho}{\sqrt{(at)^2-\rho^2}} + \pi(3x+y)\int_0^{at} \frac{\rho^3 \mathrm{d}\rho}{\sqrt{(at)^2-\rho^2}}$$

$$= 2\pi x^2(x+y)at + \frac{2}{3}\pi(3x+y)a^3t^3$$

于是

$$u(x,y,t) = \frac{1}{2\pi a}\frac{\partial}{\partial t}\left[2\pi x^2(x+y)at + \frac{2}{3}\pi(3x+y)a^3t^3\right]$$

$$= x^2(x+y) + a^2t^2(3x+y)$$

可见上述中积分的计算并不简单,利用 Maple 可以方便地得出结果。

```
> u(rho,theta): = (x + rho* cos(theta))^2* (x + y + rho* cos(theta) + rho* sin(theta))* rho/(sqrt(a^2* t^2 - rho^2));
```

$$u(\rho,\theta): = \frac{(x+\rho\cos(\theta))^2(x+y+\rho\cos(\theta)+\rho\sin(\theta))\rho}{\sqrt{a^2t^2-\rho^2}}$$

```
> v(rho): = int(u(rho,theta),theta = 0..2* Pi);
```

$$v(\rho):\frac{\rho\pi(2x^3+\rho^2y+2x^2y+3x\rho^2)}{\sqrt{a^2t^2-\rho^2}}$$

```
> w(t): = int(v(rho),rho = 0..a* t);
```

$$w(t): = \frac{2a^2t^2(3x^3+3x^2y+a^2t^2y+3xa^2t^2)\pi}{3\sqrt{a^2t^2}}$$

```
> r: = simplify((1/(2* Pi* a))* diff(w(t),t));
```

$$r: = \frac{at(x^3+x^2y+a^2t^2y+3xa^2t^2)}{\sqrt{a^2t^2}}$$

从式(6.2.13)和例3可以看出,要计算解 u 在 (x,y,t) 处的值,只要以 $M(x,y)$ 为中心、以 at 为半径作圆域 C_{at}^M,然后将初始扰动代入式(6.2.13)进行积分即可。为清楚起见,设初始扰动仍限于区域 Ω_0,并且 d、D 分别表示点 $M(x,y)$ 与 Ω_0 的最小和最大距离(如图6.2.1所示),则当 $t<\frac{d}{a}$ 时,$u(x,y,t)=0$;当 $\frac{d}{a}<t<\frac{D}{a}$ 时,$u(x,y,t)\neq 0$;当 $t>\frac{D}{a}$ 时,由于圆域 C_{at}^M 包含了区域 Ω_0,所以 $u(x,y,t)$ 仍不为零,这种现象称为有后效。即在二维情形,局部范围内的初始扰动,具有长期的连续的后效特性,扰动有清晰的"前锋",而无"阵尾",这一点与球面波不同。

平面上以点 (ξ,η) 为中心的圆周的方程 $(x-\xi)^2+(y-\eta)^2=r^2$ 在空间坐标系内表示母线平行于 z 轴的直圆柱面,所以在过 (ξ,η) 点平行于 z 轴的无限长的直线上的初始扰动,在时间 t 后的影响是在以该直线为轴、at 为半径的圆柱面内,因此解(6.2.13)称为柱面波。

6.3　Fourier 积分变换法求解定解问题

第3章和第5章介绍的分离变量法主要用于求解各种有界区域问题。对于无界区域或半无界区域，采用求解数理方程的另一种常用方法 —— 积分变换法，比较方便。

所谓积分变换，就是把某函数类 A 中的函数 $f(x)$，经过某种可逆的积分运算

$$F(p) = \int_a^b k(x,p)f(x)\mathrm{d}x \tag{6.3.1}$$

变成另一函数类 B 中的函数 $F(p)$。$F(p)$ 称为 $f(x)$ 像函数，$f(x)$ 称为像原函数，而 $k(x,p)$ 是 p 和 x 的已知函数，称为积分变换的核。在这种变换下，原来的偏微分方程自变量的个数可以减少，直至变成常微分方程；原来的常微分方程，可以变成代数方程，从而使在函数类 B 中的运算简化，可以比较方便地找出方程在 B 中的一个解，再经过逆变换，便得到原来要在 A 中所求的方程的解。

积分变换的种类很多，如有 Fourier 变换、Laplace 变换、Hankel 变换及 Mellin 变换等。本书只介绍常用的 Fourier 变换和 Laplace 变换。这一节介绍 Fourier 变换以及求解数学物理问题的 Fourier 变换法，下一节重点介绍 Laplace 变换和 Laplace 变换法。

6.3.1　预备知识 ——Fourier 变换及其性质

1. Fourier 变换

函数 $f(x)$ 的 Fourier 变换记为

$$F[f(x)] = G(\omega) = \int_{-\infty}^{+\infty} f(x)e^{-i\omega x}\mathrm{d}x \tag{6.3.2}$$

$G(\omega)$ 称为 $f(x)$ 的像函数。Fourier 逆变换（或称 Fourier 反演）定义为

$$F^{-1}[G(\omega)] = f(x) = \frac{1}{2\pi}\int_{-\infty}^{+\infty} G(\omega)e^{i\omega x}\mathrm{d}\omega \tag{6.3.3}$$

$f(x)$ 称为 $G(\omega)$ 的像原函数。因此，当 $f(x)$ 满足 Fourier 积分定理条件时，有

$$f(x) = F^{-1}[F(f(x))]$$

这是 Fourier 变换和其逆变换之间的一个重要关系。

例 1　求指数衰减函数

$$f(t) = \begin{cases} 0 & (t < 0) \\ e^{-\beta t} & (t \geqslant 0 \quad \beta > 0) \end{cases}$$

的 Fourier 变换和 $f(t)$ 的积分表示。

解　由 Fourier 积分变换的公式，有

$$F(\omega) = \int_{-\infty}^{+\infty} f(t)e^{-i\omega t}\mathrm{d}t = \int_0^{\infty} e^{-\beta t}e^{-i\omega t}\mathrm{d}t = \frac{1}{\beta + i\omega} = \frac{\beta - i\omega}{\beta^2 + \omega^2}$$

由 Fourier 反变换公式，得 $f(t)$ 的积分表示为

$$f(t) = \frac{1}{2\pi}\int_{-\infty}^{+\infty} \frac{\beta - i\omega}{\beta^2 + \omega^2}e^{i\omega t}\mathrm{d}\omega = \frac{1}{2\pi}\int_0^{\infty} \frac{\beta - i\omega}{\beta^2 + \omega^2}[\cos(\omega t) + i\sin(\omega t)]\mathrm{d}\omega$$

由于 $f(t)$ 是实函数，故

$$f(t)=\frac{1}{2\pi}\int_{-\infty}^{+\infty}\frac{\beta\cos(\omega t)+\omega\sin(\omega t)}{\beta^2+\omega^2}\mathrm{d}\omega=\frac{1}{\pi}\int_0^{\infty}\frac{\beta\cos(\omega t)+\omega\sin(\omega t)}{\beta^2+\omega^2}\mathrm{d}\omega$$

这就是指数衰减函数$f(t)$的积分表达式。于是推得一个含参变量的广义积分的结果是

$$\int_0^{\infty}\frac{\beta\cos(\omega t)+\omega\sin(\omega t)}{\beta^2+\omega^2}\mathrm{d}\omega=\begin{cases}0 & (t<0)\\ \dfrac{\pi}{2} & (t=0)\\ \pi e^{-\beta t} & (t>0)\end{cases}$$

2. 三维 Fourier 变换

若记

$$\begin{cases}\boldsymbol{\omega}=\boldsymbol{e}_1\omega_1+\boldsymbol{e}_2\omega_2+\boldsymbol{e}_3\omega_3\\ \boldsymbol{r}=\boldsymbol{e}_1x+\boldsymbol{e}_2y+\boldsymbol{e}_3z\\ f(\boldsymbol{r})=f(x,y,z)\\ \mathrm{d}\boldsymbol{r}=\mathrm{d}x\mathrm{d}y\mathrm{d}z,\mathrm{d}\boldsymbol{\omega}=\mathrm{d}\omega_1\mathrm{d}\omega_2\mathrm{d}\omega_3\end{cases}\tag{6.3.4}$$

则三维 Fourier 变换及反演公式可记为

$$F[f(\boldsymbol{r})]=G(\boldsymbol{\omega})=\iiint_{-\infty}^{+\infty}f(\boldsymbol{r})\mathrm{e}^{-\mathrm{i}\boldsymbol{\omega}\cdot\boldsymbol{r}}\mathrm{d}\boldsymbol{r}\tag{6.3.5}$$

$G(\boldsymbol{\omega})$ 称为$f(\boldsymbol{r})$ 的像函数,其逆变换为

$$F^{-1}[G(\boldsymbol{\omega})]=f(\boldsymbol{r})=\frac{1}{(2\pi)^3}\iiint_{-\infty}^{+\infty}G(\boldsymbol{\omega})e^{i\boldsymbol{\omega}\cdot\boldsymbol{r}}\mathrm{d}\boldsymbol{\omega}\tag{6.3.6}$$

$f(\boldsymbol{r})$ 称为 $G(\boldsymbol{\omega})$ 的像原函数。

3. Fourier 变换的性质

下面我们列出 Fourier 变换的几个基本性质,但不给出证明,读者可参考其他文献。设$F[f(x)]=G(\omega)$,并且约定,当涉及到一个函数需要进行 Fourier 变换时,这个函数总是满足变换条件。

(1) 线性性质

若 α、β 为任意常数,则对任意函数f_1 和f_2,有

$$F(\alpha f_1+\beta f_2)=\alpha F(f_1)+\beta F(f_2)\tag{6.3.7}$$

(2) 延迟性质

设 ω_0 为任意常数,则

$$F[e^{i\omega_0x}f(x)]=G(\omega-\omega_0)\tag{6.3.8}$$

(3) 位移性质

设 x_0 为任意常数,则

$$F[f(x-x_0)]=e^{-i\omega x_0}F[f(x)]\tag{6.3.9}$$

(4) 相似性质

设 a 为不为零的常数,则

$$F[f(ax)]=\frac{1}{|a|}G\left(\frac{\omega}{a}\right)\tag{6.3.10}$$

(5) 微分性质

若当$|x|\to\infty$时,$f(x)\to 0, f^{(n-1)}(x)\to 0$(其中$n=1,2,\cdots$),则

$$
\begin{aligned}
&F[f'(x)] = i\omega F[f(x)]\\
&F[f''(x)] = (i\omega)^2 F[f(x)]\\
&\cdots\\
&F[f^{(n)}(x)] = (i\omega)^n F[f(x)]
\end{aligned}
\tag{6.3.11}
$$

(6) 积分性质

$$F\left[\int_{x_0}^{x} f(\xi)\mathrm{d}\xi\right] = \frac{1}{i\omega}F[f(x)] \tag{6.3.12}$$

(7) 卷积性质

已知函数$f_1(x)$和$f_2(x)$,则定义积分

$$\int_{-\infty}^{\infty} f_1(\xi)f_2(x-\xi)\mathrm{d}\xi$$

为函数$f_1(x)$和$f_2(x)$的卷积(记作$f_1(x)*f_2(x)$),即

$$f_1(x)*f_2(x) = \int_{-\infty}^{\infty} f_1(\xi)f_2(x-\xi)\mathrm{d}\xi \tag{6.3.13}$$

卷积定理

$$F[f_1(x)*f_2(x)] = F[f_1(x)]\cdot F[f_2(x)] \tag{6.3.14}$$

(8) 像函数的卷积定理

$$F[f_1(x)\cdot f_2(x)] = \frac{1}{2\pi}F[f_1(x)]*F[f_2(x)] \tag{6.3.15}$$

可以证明,三维函数$f(\vec{r})$的 Fourier 变换亦具有上述性质。

6.3.2 Fourier 变换法

下面我们用具体的实例来说明 Fourier 积分变换在求解定解问题中的应用。

例 2　求解弦振动方程的初值问题

$$
\begin{cases}
u_{tt} = a^2 u_{xx} & (-\infty < x < \infty,\ t>0) & (6.3.16)\\
u(x,0) = \varphi(x) & (-\infty < x < \infty) & (6.3.17)\\
u_t(x,0) = 0 & (-\infty < x < \infty) & (6.3.18)
\end{cases}
$$

解　视t为参数,对式(6.3.16)、(6.3.17)和式(6.3.18)的两端均进行 Fourier 变换,并记

$$F[u(x,t)] = \bar{u}(\omega,t);F[\varphi(x)] = \bar{\varphi}(\omega)$$

则有

$$
\begin{cases}
\dfrac{\mathrm{d}^2\bar{u}}{\mathrm{d}t^2} = -a^2\omega^2\bar{u}\\
\bar{u}(\omega,0) = \bar{\varphi}(\omega)\\
\bar{u}_t(\omega,0) = 0
\end{cases}
$$

这是带参数ω的常微分方程的初值问题,解之得

$$\bar{u}(\omega,t) = \bar{\varphi}(\omega)\cos a\omega t$$

于是由逆变换公式(6.3.2),得定解问题式(6.3.16)～(6.3.18)的解为

$$\begin{aligned}u(x,t)&=F^{-1}[\bar{u}(\omega,t)]=F^{-1}[\bar{\varphi}(\omega)\cos a\omega t]\\&=\frac{1}{2\pi}\int_{-\infty}^{\infty}\bar{\varphi}(\omega)\cos a\omega t e^{i\omega x}\mathrm{d}\omega\\&=\frac{1}{4\pi}\int_{-\infty}^{\infty}\bar{\varphi}(\omega)[e^{i\omega(x+at)}+e^{i\omega(x-at)}]\mathrm{d}\omega\\&=\frac{1}{2}[\varphi(x+at)+\varphi(x-at)]\end{aligned}$$

这与 D'Alembert 公式所得到的结果一致,最后一步应用了位移定理式(6.3.9)。

例 3 求无界杆的热传导问题

$$\begin{cases}u_t=a^2u_{xx}+f(x,t) & (-\infty<x<\infty,\ t>0) & (6.3.19)\\u(x,0)=\varphi(x) & (-\infty<x<\infty) & (6.3.20)\end{cases}$$

解 对式(6.3.19)和式(6.3.20)两端分别进行关于 x 的 Fourier 变换,并记

$$F[u(x,t)]=\bar{u}(\omega,t)$$

$$F[\varphi(x)]=\bar{\varphi}(\omega);F[f(x,t)]=\bar{f}(\omega,t)$$

则有

$$\begin{cases}\dfrac{\mathrm{d}^2\bar{u}}{\mathrm{d}t^2}=-a^2\omega^2\bar{u}+\bar{f}(\omega,t)\\\bar{u}(\omega,0)=\bar{\varphi}(\omega)\end{cases}$$

这是带参数 ω 的关于变量 t 的常微分方程的初值问题,解之得

$$\bar{u}(\omega,t)=\bar{\varphi}(\omega)e^{-a^2\omega^2t}+\int_0^t\bar{f}(\omega,\tau)e^{-a^2\omega^2(t-\tau)}\mathrm{d}\tau$$

于是,由逆变换公式(6.3.2)得式(6.3.19)和式(6.3.20)的解应为

$$\begin{aligned}u(x,t)&=F^{-1}[\bar{u}(\omega,t)]\\&=F^{-1}[\bar{\varphi}(\omega)e^{-a^2\omega^2t}]+F^{-1}\left[\int_0^t\bar{f}(\omega,\tau)e^{-a^2\omega^2(t-\tau)}\mathrm{d}\tau\right]\\&=F^{-1}\{F[\varphi(x)]\cdot F[F^{-1}(e^{-a^2\omega^2t})]\}\\&\quad+\int_0^tF^{-1}\{F[f(x,\tau)]\cdot F[F^{-1}(e^{-a^2\omega^2(t-\tau)})]\}\mathrm{d}\tau\end{aligned}$$

故由卷积定理(6.3.14)有

$$u(x,t)=\varphi(x)*F^{-1}(e^{-a^2\omega^2t})+\int_0^tf(x,\tau)*F^{-1}(e^{-a^2\omega^2(t-\tau)})\mathrm{d}\tau$$

而

$$\begin{aligned}F^{-1}(e^{-a^2\omega^2t})&=\frac{1}{2\pi}\int_{-\infty}^{\infty}e^{-a^2\omega^2t}e^{i\omega x}\mathrm{d}\omega=\frac{1}{2\pi}\int_{-\infty}^{\infty}e^{-a^2\omega^2t}(\cos\omega x+\sin\omega x)\mathrm{d}\omega\\&=\frac{1}{\pi}\int_0^{\infty}e^{-a^2\omega^2t}\cos\omega x\mathrm{d}\omega=\frac{1}{2a\sqrt{\pi t}}e^{-\frac{x^2}{4a^2t}}\end{aligned}\tag{6.3.21}$$

这里利用了积分公式

$$\int_0^{\infty}e^{-ax^2}\cos bx\mathrm{d}x=\frac{1}{2}e^{-\frac{b^2}{4a}}\sqrt{\frac{\pi}{a}}\ (a>0)\tag{6.3.22}$$

于是

$$u(x,t) = \varphi(x) * \frac{1}{2a\sqrt{\pi t}}e^{\frac{-x^2}{4a^2t}} + \int_0^t f(x,\tau) * \frac{1}{2a\sqrt{\pi(t-\tau)}}e^{\frac{-x^2}{4a^2(t-\tau)}}\mathrm{d}\tau$$

$$= \frac{1}{2a\sqrt{\pi t}}\int_{-\infty}^{\infty}\varphi(\xi)e^{-\frac{(x-\xi)^2}{4a^2t}}\mathrm{d}\xi + \frac{1}{2a\sqrt{\pi}}\int_0^t\int_{\infty}^{\infty}\frac{f(\xi,\tau)}{\sqrt{t-\tau}}e^{\frac{-(x-\xi)^2}{4a^2(t-\tau)}}\mathrm{d}\xi\mathrm{d}\tau \tag{6.3.23}$$

由此例看到,用 Fourier 变换解方程时不必像分离变量法那样区分齐次方程和非齐次方程,都是按同样的步骤求解。

例 4 已知某种微粒在 $t=0$ 时空间的浓度分布为 $\varphi(\boldsymbol{r})$,求解 $t>0$ 时浓度的变化。

解 其定解问题为

$$\begin{cases}u_t - a^2\nabla^2 u = 0\\ u|_{t=0} = \varphi(\boldsymbol{r})\end{cases} \tag{6.3.24}$$

将上述定解问题就空间变量$\boldsymbol{r}(x,y,z)$ 作三维 Fourier 变换,并记

$$F[u(\boldsymbol{r},t)] = \bar{u}(\boldsymbol{\omega});F[\varphi(\boldsymbol{r})] = \bar{\varphi}(\boldsymbol{\omega})$$

$$\omega = \sqrt{\omega_1^2+\omega_2^2+\omega_3^2} = |\omega|$$

则运用微分性质有

$$\begin{cases}\dfrac{\mathrm{d}\bar{u}}{\mathrm{d}t} + a^2\omega^2\bar{u} = 0\\ \bar{u}(\omega,0) = \bar{\varphi}(\omega)\end{cases}$$

解之得

$$\bar{u}(\omega,t) = \bar{\varphi}(\omega)e^{-a^2\omega^2t}$$

由三维函数的 Fourier 的逆变换公式(6.3.6),有

$$F^{-1}[e^{-a^2\omega^2t}] = \frac{1}{(2\pi)^3}\iiint_{-\infty}^{\infty}e^{-a^2\omega^2t}e^{i\boldsymbol{\omega}\cdot\boldsymbol{r}}\mathrm{d}\boldsymbol{\omega}$$

$$= \frac{1}{(2\pi)^3}\iiint_{-\infty}^{\infty}e^{-a^2(\omega_1^2+\omega_2^2+\omega_3^2)t}\cdot e^{i(\omega_1x+\omega_2y+\omega_3z)}\mathrm{d}\omega_1\mathrm{d}\omega_2\mathrm{d}\omega_3$$

$$= \frac{1}{8a^3(\pi t)^{3/2}}e^{-\frac{x^2+y^2+z^2}{4a^2t}}$$

此处重复用了式(6.3.21)的结果三次。故由逆变换公式和卷积定理有

$$u(\boldsymbol{r},t) = F^{-1}[\bar{u}(\omega,t)] = F^{-1}[\bar{\varphi}(\omega)e^{-a^2\omega^2t}]$$

$$= \frac{1}{8a^2(\pi t)^{3/2}}\iiint_{-\infty}^{\infty}\varphi(\boldsymbol{r}')e^{-\frac{|\boldsymbol{r}-\boldsymbol{r}'|^2}{4a^2t}}\mathrm{d}\boldsymbol{r}' \tag{6.3.25}$$

例 5 求解真空中静电势满足的方程

$$\nabla^2u(x,y,z) = -\frac{1}{\varepsilon_0}\rho(x,y,z) \tag{6.3.26}$$

解 上述方程,即

$$\nabla^2u(\boldsymbol{r}) = -\frac{1}{\varepsilon_0}\rho(\boldsymbol{r}) \tag{6.3.27}$$

为方便起见,令$f(\boldsymbol{r}) = \dfrac{1}{\varepsilon_0}\rho(\boldsymbol{r})$,并记$F[u(\boldsymbol{r})] = \bar{u}(\boldsymbol{\omega})$,$F[f(\boldsymbol{r})] = \bar{f}(\boldsymbol{\omega})$,对方程(6.3.27)进

行 Fourier 变换,得

$$\bar{u}(\boldsymbol{\omega}) = \frac{1}{\omega^2}\bar{f}(\boldsymbol{\omega})$$

利用变换公式

有
$$F\left[\frac{1}{r}\right] = \frac{4\pi}{\omega^2}$$

$$F[u(\boldsymbol{r})] = \frac{1}{4\pi}F\left[\frac{1}{|\boldsymbol{r}|}\right]\cdot F[f(\boldsymbol{r})]$$

故由卷积定理有

$$u(\boldsymbol{r}) = \frac{1}{4\pi}\iiint_{-\infty}^{\infty}\frac{f(\boldsymbol{r})}{|\boldsymbol{r}-\boldsymbol{r}'|}\mathrm{d}\boldsymbol{r}'$$

6.4 Laplace 变换法求解定解问题

6.4.1 Laplace 变换及其性质

1. Laplace 变换

函数$f(t)$ 的 Fourier 变换存在的充分必要条件是

$$\int_{-\infty}^{\infty}|f(t)|\mathrm{d}t < \infty$$

但在绝大多数物理和工程技术等问题中,以时间 t 为自变量的函数往往在 $t<0$ 处无意义或不需要考虑,因此不妨假定

$$f(t) = 0 \quad (t<0)$$

为适合 Fourier 积分变换的要求,将$f(t)$ 乘以 $e^{-\beta t}(\beta>0)$,则只要 β 足够大,$f(t)e^{-\beta t}$ 就绝对可积,对$f(t)e^{-\beta t}$ 作 Fourier 积分变换,有

$$f(t)e^{-\beta t} = \frac{1}{2\pi}\int_{-\infty}^{\infty}\mathrm{d}\omega\int_0^{\infty}f(\tau)e^{-\beta\tau}e^{-i\omega(t-\tau)}\mathrm{d}\tau$$

$$f(t) = \frac{1}{2\pi}\int_{-\infty}^{\infty}\mathrm{d}\omega\int_0^{\infty}f(\tau)e^{-(\beta+i\omega)\tau}e^{(\beta+i\omega)t}\mathrm{d}\tau$$

$$= \frac{1}{2\pi}\int_{-\infty}^{\infty}\left[\int_0^{\infty}f(\tau)e^{-(\beta+i\omega)\tau}\mathrm{d}\tau\right]e^{(\beta+i\omega)t}\mathrm{d}\omega$$

令 $\beta+i\omega=p$, 则 $i\mathrm{d}\omega=\mathrm{d}p$, 于是

$$f(t) = \frac{1}{2\pi i}\int_{\beta-i\infty}^{\beta+i\infty}\left[\int_0^{\infty}f(\tau)e^{-p\tau}\mathrm{d}\tau\right]e^{pt}\mathrm{d}p$$

记

$$L[f(t)] = F(p) = \int_0^{\infty}f(t)e^{-pt}\mathrm{d}t \tag{6.4.1}$$

为称$f(t)$ 的 Laplace 变换,即 $F(p)$ 为$f(t)$ 的像函数。则

$$L^{-1}[F(p)] = f(t) = \frac{1}{2\pi i}\int_{\beta-i\infty}^{\beta+i\infty}F(p)e^{pt}\mathrm{d}p \tag{6.4.2}$$

就是 $F(p)$ 的 Laplace 逆变换(或称反演)，称 $f(t)$ 为 $F(p)$ 的像原函数,其中 $p=\beta+i\omega$ 为复参数。显然

$$f(t)=L^{-1}\{L[f(t)]\} \tag{6.4.3}$$

例1　求正整数幂函数的 Laplace 变换。

解　由 Laplace 变换的定义

$$L(t)=\int_0^\infty te^{-pt}\mathrm{d}t=-\frac{t}{p}e^{-pt}\Big|_0^\infty+\frac{1}{p}\int_0^\infty e^{-pt}\mathrm{d}t=-\frac{1}{p^2}e^{-pt}\Big|_0^\infty=\frac{1}{p^2}\quad(\mathrm{Re}p>0)$$

一般地,有

$$L(t^n)=\frac{n!}{p^{n+1}}\quad(\mathrm{Re}p>0,\quad n\text{ 为正整数})$$

如果规定 $0!=1$,则上式在 $n=0$ 时也成立。

2. Laplace 变换的性质

同上节一样,我们列出 Laplace 变换的一些基本性质而不给出证明。

(1) 线性性质

$$L(\alpha f_1+\beta f_2)=\alpha L(f_1)+\beta L(f_2) \tag{6.4.4}$$

(2) 延迟性质

$$L[e^{p_0t}f(t)]=F(p-p_0)\quad(\mathrm{Re}(p-p_0)>\beta_0) \tag{6.4.5}$$

其中

$$F(p)=L[f(t)]$$

(3) 位移性质

设 $\tau>0$,则

$$L[f(t-\tau)]=e^{-p\tau}L[f(t)] \tag{6.4.6}$$

(4) 相似性质

设 $a>0,F(p)=L[f(t)]$,则

$$L[f(ax)]=\frac{1}{a}F\left(\frac{p}{a}\right) \tag{6.4.7}$$

(5) 微分性质

若当 $|x|\to\infty$ 时,$f(x)\to 0,f^{(n-1)}(x)\to 0$(其中 $n=1,2,\cdots$),则

$$L[f'(t)]=pL[f(t)]-f(0)$$

$$L[f''(t)]=p^2L[f(t)]-pf(0)-f'(0)$$

$$\cdots$$

$$L[f^{(n)}(t)]=p^nL[f(t)]-p^{n-1}f(0)-p^{n-2}f'(0)-\cdots-f^{(n-1)}(0) \tag{6.4.8}$$

(6) 积分性质

$$L\left[\int_0^t f(\tau)\mathrm{d}\tau\right]=\frac{1}{p}L[f(t)] \tag{6.4.9}$$

(7) 卷积定理

$$L[f_1(t)*f_2(t)]=L[f_1(t)]\cdot L[f_2(t)] \tag{6.4.10}$$

其中,定义

$$f_1(t) * f_2(t) = \int_0^t f_1(\tau) f_2(t-\tau)\mathrm{d}\tau \tag{6.4.11}$$

6.4.2 Laplace 变换法

下面通过具体例子来说明 Laplace 变换法求解定解问题的步骤。

例 2 在第 2 章用固有函数法求解两端固定的弦的强迫振动问题时,曾经遇到过求解二阶非齐次常微分方程的定解问题

$$\begin{cases} T''(t) + \left(\dfrac{n\pi a}{l}^2 T(t)\right) = f(t) \\ T(0) = 0, \quad T'(0) = 0 \end{cases}$$

现在用 Laplace 变换法求解这个定解问题。

解 对方程两边作 Laplace 变换,并记 $L[T(t)] = \tilde{T}(p)$, $L[f(t)] = \tilde{f}(p)$,则由 Laplace 变换的微分性质,有

$$p^2\tilde{T}(p) - pT(0) - T'(0) + \left(\frac{an\pi}{l}\right)^2\tilde{T}(p) = \tilde{f}(p)$$

代入初始条件,得

$$p^2\tilde{T}(p) + \left(\frac{an\pi}{l}\right)^2\tilde{T}(p) = \tilde{f}(p)$$

这是关于 $\tilde{T}(p)$ 的代数方程,解出 $\tilde{T}(p)$,有

$$\tilde{T}(p) = \tilde{f}(p)\frac{1}{p^2 + \left(\dfrac{an\pi}{l}\right)^2}$$

而

$$\frac{1}{p^2 + \left(\dfrac{an\pi}{l}\right)^2} = \frac{l}{n\pi a}\frac{\dfrac{an\pi}{l}}{p^2 + \left(\dfrac{an\pi}{l}\right)^2} = \frac{l}{n\pi a}L\left[\sin\frac{an\pi}{l}t\right]$$

对 $\tilde{T}(p)$ 取逆变换,应用卷积定理和上式的结果,得到

$$T(t) = L^{-1}[\tilde{T}(p)] = L^{-1}\left[\tilde{f}(p)\cdot\frac{1}{p^2 + \left(\dfrac{an\pi}{l}\right)^2}\right]$$

$$= \frac{l}{n\pi a}f(t) * \sin\frac{an\pi}{l}t = \frac{l}{n\pi a}\int_0^t f(\tau)\sin\frac{an\pi}{l}(t-\tau)\mathrm{d}\tau$$

这就是第 2 章已经用到过的结果。

例 3 求解半无界弦的振动问题

$$\begin{cases} u_{tt} = a^2 u_{xx} \quad (0 < x < \infty,\ t > 0) \\ u(0,t) = f(t), \quad \lim\limits_{x\to\infty} u(x,t) = 0 \quad (t \geqslant 0) \\ u(x,0) = 0, \quad u_t(x,0) = 0 \quad (0 \leqslant x < \infty) \end{cases}$$

解 对方程两边关于变量 t 作 Laplace 变换,并记

$$\hat{u}(x,p) = L[u(x,t)] = \int_0^\infty u(x,t)e^{-pt}\mathrm{d}t$$

则

$$p^2\hat{u}(x,p) - pu(x,0) - u_t(x,0) = a^2\frac{\mathrm{d}^2\hat{u}(x,p)}{\mathrm{d}x^2}$$

代入初始条件,得

$$\frac{\mathrm{d}^2\hat{u}}{\mathrm{d}x^2} - \frac{p^2}{a^2}\hat{u}(x,p) = 0 \tag{6.4.12}$$

再对边界条件关于变量 t 作 Laplace 变换,并记 $\hat{f}(p) = L[f(t)]$,则有

$$\begin{cases}\hat{u}(0,p) = \hat{f}(p)\\ \lim\limits_{x\to\infty}\hat{u}(x,p) = 0\end{cases} \tag{6.4.13}$$

常微分方程(6.4.12)的通解为

$$\hat{u}(x,p) = C_1(p)e^{-\frac{p}{a}x} + C_2(p)e^{\frac{p}{a}x}$$

代入边界条件式(6.4.13),得

$$C_2(p) = 0,\quad C_1(p) = \hat{f}(p)$$

故

$$\hat{u}(x,p) = e^{-p\frac{x}{a}}\cdot\hat{f}(p)$$

而由位移定理(6.4.6)有

$$e^{-p\frac{x}{a}}\hat{f}(p) = L\left[f\left(t - \frac{x}{a}\right)\right]$$

所以

$$u(x,t) = L^{-1}[\hat{u}(x,p)] = L^{-1}\left\{L\left[f\left(t - \frac{x}{a}\right)\right]\right\} = \begin{cases}0 & \left(t < \frac{x}{a}\right)\\ f\left(t - \frac{x}{a}\right) & \left(t \geqslant \frac{x}{a}\right)\end{cases}$$

例 4　求解长为 l 的均匀细杆的热传导问题

$$\begin{cases}u_t = a^2u_{xx} & (0 < x < l,\ t > 0)\\ u_x(0,t) = 0,\quad u(l,t) = u_1 & (t \geqslant 0)\\ u(x,0) = u_0 & (0 \leqslant x \leqslant l)\end{cases}$$

解　对方程和边界条件(关于变量 t)进行 Laplace 变换,记 $L[u(x,t)] = \hat{u}(x,p)$,并考虑到初始条件,则得

$$\frac{\mathrm{d}^2\hat{u}}{\mathrm{d}x^2} - \frac{p}{a^2}\hat{u} + \frac{u_0}{a^2} = 0 \tag{6.4.14}$$

$$\hat{u}_x(0,p) = 0$$

$$\hat{u}(l,p) = \int_0^\infty u_1e^{-pt}\mathrm{d}t = -\frac{u_0}{p}e^{-pt}\Big|_0^\infty = \frac{u_0}{p} \tag{6.4.15}$$

方程(6.4.14)的通解为

$$\hat{u}(x,p)=\frac{u_0}{p}+C_1(p)\sinh\frac{\sqrt{p}}{a}x+C_2(p)\cosh\frac{\sqrt{p}}{a}x$$

由边界条件(6.4.15)定出 $C_1(p)$、$C_2(p)$,便得

$$\hat{u}(x,p)=\frac{u_0}{p}+\frac{u_1-u_0}{p}\frac{\cosh\frac{\sqrt{p}}{a}x}{\cosh\frac{\sqrt{p}}{a}l}$$

由变换公式 $L(1)=\int_0^{\infty}1\cdot e^{-pt}\mathrm{d}t=-\frac{1}{p}e^{-pt}\Big|_0^{\infty}=\frac{1}{p}$,知

$$L^{-1}\left(\frac{1}{p}\right)=1$$

又

$$L^{-1}\left[\frac{\cosh\frac{\sqrt{p}}{a}x}{p\cosh\frac{\sqrt{p}}{a}l}\right]=1+\frac{4}{\pi}\sum_{k=1}^{\infty}\frac{(-1)^k}{2k-1}\cos\frac{(2k-1)\pi x}{2l}e^{-\frac{a^2\pi^2(2k-1)^2}{4l^2}t}$$

故

$$u(x,t)=L^{-1}[\hat{u}(x,p)]=u_1+\frac{4}{\pi}\sum_{k=1}^{\infty}\frac{(-1)^k}{2k-1}\cos\frac{(2k-1)\pi x}{2l}e^{-\frac{a^2\pi^2(2k-1)^2}{4l^2}t}$$

从上面的例题可以看出,用 Laplace 变换法求解定解问题时,无论方程与边界条件是齐次与否,都是采用相同的步骤。Laplace 变换同样可以用来求解无界区域内的问题。

例 5 在传输线的一端输入电压信号 $g(t)$,初始条件均为零,求解传输线上电压的变化。

解 这是个半无界问题,定解条件如下:

$$\begin{cases}RGu+(LG+RC)u_t+LCu_{tt}-u_{xx}=0 \quad (0<x<\infty,\ t>0)\\ u|_{x=0}=g(t)\ \text{且在}\ x>0\ \text{内}\ |u|<+\infty\\ u|_{t=0}=0,\quad u_t|_{t=0}=0\end{cases}$$

将方程和边界条件施以关于 t 的 Laplace 变换,并考虑初始条件,得到

$$[RG+(LG+RC)p+LCp^2]\hat{u}-\frac{\mathrm{d}^2\hat{u}}{\mathrm{d}x^2}=0 \tag{6.4.16}$$

$$\hat{u}|_{x=0}=\hat{g}(p) \tag{6.4.17}$$

方程(6.4.16)的通解为

$$\hat{u}(x,p)=\alpha e^{Ax}+\beta e^{-Ax} \tag{6.4.18}$$

其中

$$\begin{aligned}A&=\sqrt{LCp^2+(LG+RC)p+RG}\\&=\sqrt{\left(\sqrt{LC}p+\frac{LG+RC}{2\sqrt{LC}}\right)^2+RG-\frac{(LG+RC)^2}{4LC}}\end{aligned}$$

在实际问题中,一个很重要的情形是$(LG+RC)^2=4LGRC$,则

$$A=\sqrt{LCp}+\frac{LG+RC}{2\sqrt{LC}}=\sqrt{LCp}+\sqrt{RG}$$

其次,有自然条件$\lim\limits_{x\to\infty}u\neq\infty$,取$\alpha=0$,故

$$\hat{u}(x,p)=\beta e^{-Ax}=\beta e^{-(\sqrt{LCp}+\sqrt{RG})x}$$

再由边界条件(6.4.17),得

$$\hat{u}(x,p)=\hat{g}(p)e^{-(\sqrt{LCp}+\sqrt{RG})x}$$

通过反演求$u(x,t)$,则由延迟定理有

$$u(x,t)=L^{-1}[\hat{g}(p)e^{-\sqrt{LCp}x}]\cdot e^{-\sqrt{RG}x}=\begin{cases}g(t-\sqrt{LC}x)e^{-\sqrt{RG}x} & (t-\sqrt{LC}x<0)\\ 0 & (t-\sqrt{LC}x>0)\end{cases}$$

通过以上几节的分析可以看到,积分变换方法不仅能求解无界问题,而且也能够用来求解有界问题,应用是相当广泛的。求解的步骤也不复杂:

第一步,将方程和定解条件对指定变量进行积分变换;得到像空间的代数方程或常微分方程的边值问题或初值问题;

第二步,求解像空间的代数方程或常微分方程的初值或边值问题,得到像空间中的解;

第三步,对像空间中的解进行反演,得到原像空间中的解。

限制积分变换法应用是第三步,因为要求复杂被积函数的无穷积分,往往会遇到困难。一般来说,求积分变换的反演有下列一些方法:(1) 直接查表,常见函数的 Fourier 和 Laplace 等积分变换和反变换都有列表(见任何一本《数学手册》);(2) 利用积分变换的性质,如上面的例题那样求出像函数的反演;(3) 利用复变函数积分的性质和留数定理等知识,计算反演中的无穷积分;(4) 数值反演,利用数值积分方法计算反演中的无穷积分,有时也能得到精确度很高的结果。

Maple 在计算积分反演时也不会应用积分变换的性质,如 6.3.2 例 1 用 Maple 求解如下:

```
> restart;with(inttrans)
```

[addtable, fourier, fouriercos, fouriersin, hankel, hilbert, invfourier, invhilbert, invlaplace, invmellin, laplace, mellin, savetable]

```
>
ode: = fourier((diff(u(x,t),t $2) - a^2* diff(u(x,t),x $2)),x,omega);
```

$$ode:=\left(\frac{\partial^2}{\partial t^2}\text{fourier}(u(x,t),x,\omega)\right)+a^2\omega^2\text{fourier}(u(x,t),x,\omega)$$

```
> fourier(u(x,t),x,omega): = f(t);
```

$$\text{fourier}(u(x,t),x,\omega):=f(t)$$

```
> ode1: = simplify(ode);
```

$$ode1:=\left(\frac{d^2}{dt^2}f(t)\right)+a^2\omega^2f(t)$$

```
> fouier(phi(x),x,omega): = phi[1];
```

$$\text{fouier}(\varphi(x),x,\omega):=\varphi_1$$

```
> ics: = f(0) = phi[1],D(f)(0) = 0;
```

$$ics: = f(0) = \varphi_1, D(f)(0) = 0$$

```
> dsolve({ode1,ics});
```

$$f(t) = \phi_1\cos(\omega a t)$$

```
>
u(x,t): = invfourier((fourier(phi(x),x,omega))* cos(omega* a* t),omega,
x);
```

$$u(x,t):=\frac{1}{2}\text{invfourier}(\text{fourier}(\phi(x),x,\omega)e^{(watI)},\omega,x)$$

$$+\frac{1}{2}\text{invfourier}(\text{fourier}(\phi(x),\omega)e^{(-I\omega at)},\omega,x)$$

两个函数之积的 Fourier 变换便不能处理了。

习 题 6

1. 确定下列初值问题的解:

(1) $u_{tt}-a^2u_{xx}=0, u(x,0)=0, u_t(x,0)=1$;

(2) $u_{tt}-a^2u_{xx}=0, u(x,0)=\sin x, u_t(x,0)=x^2$;

(3) $u_{tt}-a^2u_{xx}=0, u(x,0)=x^3, u_t(x,0)=x$;

(4) $u_{tt}-a^2u_{xx}=0, u(x,0)=\cos x, u_t(x,0)=e^{-1}$。

2. 求解无界弦的自由振动,设初始位移为 $\varphi(x)$,初始速度为 $-a\varphi'(x)$。

3. 求方程 $\frac{\partial^2 u}{\partial x\partial y}=x^2y$

满足边界条件

$$u|_{y=0}=x^2, u|_{x=1}=\cos y$$

的解。

4. 证明定解问题

$$u_{xx}+2\cos x\cdot u_{xy}-\sin^2x\cdot u_{yy}-\sin x\cdot u_y=0 \quad (-\infty<x,y<\infty)$$

$$u|_{y=\sin x}=\varphi(x), \qquad u_y|_{y=\sin x}=\psi(x)$$

的解为

$$u(x,y)=\frac{\varphi(x-\sin x+y)+\varphi(x+\sin x-y)}{2}+\frac{1}{2}\int_{x+\sin x-y}^{x-\sin x+y}\psi(\xi)\mathrm{d}\xi$$

5. 证明球面问题

$$\begin{cases}u_{tt}=a^2(u_{xx}+u_{yy}+u_{zz})\\ u|_{t=0}=\varphi(r) \quad (-\infty<x,y,z<\infty, t>0)\\ u_t|_{t=0}=\psi(r) \quad (r^2=x^2+y^2+z^2)\end{cases}$$

的解是 $u(r,t)=\dfrac{(r-at)\varphi(r-at)+(r+at)\varphi(r+at)}{2r}+\dfrac{1}{2ar}\displaystyle\int_{r-at}^{r+at}a\varphi(\alpha)\mathrm{d}\alpha$

6. 利用 Poisson 公式求解下列定解问题

$$\begin{cases} u_{tt} = a^2(u_{xx} + u_{yy} + u_{zz}) \\ u\big|_{t=0} = 0 \quad (-\infty < x,y,z < \infty) \\ u_t\big|_{t=0} = x^2 + yz \quad (-\infty < x,y,z < \infty) \end{cases}$$

7. 证明 Fourier 变换的卷积定理

$$F^{-1}[F_1(w)F_2(w)] = f_1(t) * f_2(t)$$

其中

$$f_1(t) = F^{-1}[F_1(w)],\ f_2(t) = F^{-1}[F_2(w)]$$

$$f_1(t) * f_2(t) = \int_{\infty}^{\infty} f_1(\xi) f_1(t-\xi)\mathrm{d}\xi$$

8. 证明：

$$F^{-1}[e^{-a^2w^2t}] = \frac{1}{2a\sqrt{\pi t}} e^{-\frac{x2}{4a2t}}$$

9. 求上半平面内静电场的电位，即求解下列定解问题：

$$\begin{cases} \nabla^2 u = 0 \quad (y > 0) \\ u\big|_{y=0} = f(x) \\ \lim\limits_{x^2+y^2\to\infty} u = 0 \end{cases}$$

10. 用积分变换法解下列定解问题：

$$\begin{cases} \dfrac{\partial^2 u}{\partial t^2} = \dfrac{\partial^2 u}{\partial x^2} \quad (-\infty < x < \infty, t > 0) \\ u\big|_{t=0} = \varphi(x) \\ \dfrac{\partial u}{\partial x}\Big|_{x=0} = \psi(x) \end{cases}$$

11. 用积分变换法求解下列问题

$$\begin{cases} \dfrac{\partial^2 u}{\partial x \partial y} = 1 \quad (x > 0, y > 0) \\ u\big|_{x=0} = y + 1,\quad u\big|_{y=0} = 1 \end{cases}$$

12. 用积分变换法解下列定解问题：

$$\begin{cases} \dfrac{\partial u}{\partial t} = a^2 \dfrac{\partial^2 u}{\partial x^2} \quad (0 < x < l, t > 0) \\ u\big|_{t=0} = u_0,\quad \dfrac{\partial u}{\partial x}\Big|_{x=0} = 0 \\ u\big|_{x=1} = u_1 \end{cases}$$

13. 求解一维无限的热传导问题：

$$\begin{cases} u_t = a^2 u_{xx} & (0 < x < \infty, t > 0) \\ u(0,t) = u_0,\ \lim\limits_{x\to\infty} u(x,t) = 0 & (t \geqslant 0) \\ u(x,0) = 0 & (0 \leqslant x < \infty, t > 0) \end{cases}$$

14. 求解杆的纵振动问题:

$$\begin{cases} u_{tt} = a^2 u_{xx} & (0 < x < l, t > 0) \\ u(0,t) = 0, u_x(l,t) = A\sin\omega t & (t > 0) \\ u(x,0) = 0, u_t(x,0) = 0 & (0 < x < l) \end{cases}$$

第 7 章　Green 函数法

7.1　引　　言

Green 函数，又称点源函数或者影响函数，是数学物理中的一个重要概念。这概念之所以重要是由于以下原因：从物理上看，在某种情况下，一个数学物理方程表示的是一种特定的场和产生这种场的源之间的关系（例如热传导方程表示温度场和热源的关系，Poisson 方程表示静电场和电荷分布的关系等等），而 Green 函数则代表一个点源所产生的场，知道了一个点源的场，就可以用迭加的方法算出任意源的场（空间连续分布的“源”可以堪称是“无穷多”点源的迭加）。

例如，静电场的电势 u 满足 Poisson 方程

$$\nabla^2 u = -4\pi\rho \tag{7.1.1}$$

其中，ρ 是电荷密度，根据库仑定律，位于 M_0 点的一个正点电荷在无界空间中 M 点处产生的电势是

$$G(M,M_0) = \frac{1}{r_{MM_0}} \tag{7.1.2}$$

由此可求得任意电荷分布密度为 ρ 的“源”在 M 点所产生的电势为

$$u(M) = \int \frac{\rho(M_0)}{r_{MM_0}} \mathrm{d}M_0 = \int G(M,M_0)\rho(M_0)\mathrm{d}M_0 \tag{7.1.3}$$

其中 $\mathrm{d}M_0$ 为空间体积元 $\mathrm{d}x_0\mathrm{d}y_0\mathrm{d}z_0$ 的简写。

式(7.1.2)中的 $G(M,M_0)$ 称为方程(7.1.1)左边 Laplace 算符 ∇^2 在无界空间中的 Green 函数，用它可以求出方程(7.1.1)在无界空间的解式(7.1.3)。

在一般的数学物理问题中，要求的是满足一定边界条件和（或）初始条件的解，相应的 Green 函数也就比举例的 Green 函数要复杂一些，因为在这种情形下，一个点源所产生的场还受到边界条件和（或）初始条件的影响，而这些影响本身也是待定的。

例如，在一个接地的导体空腔内的 P' 点放一正的单位点电荷，如图 7.1.1 所示，则在 P 点的电势不仅是点电荷本身所产生的场，还要加上这个点电荷在导体内壁上感应电荷所产生的场，而感应电荷的分布是未知的，只知道两种场电势的迭加在边界上为零，这便是有界区域上 Green 函数的问题。

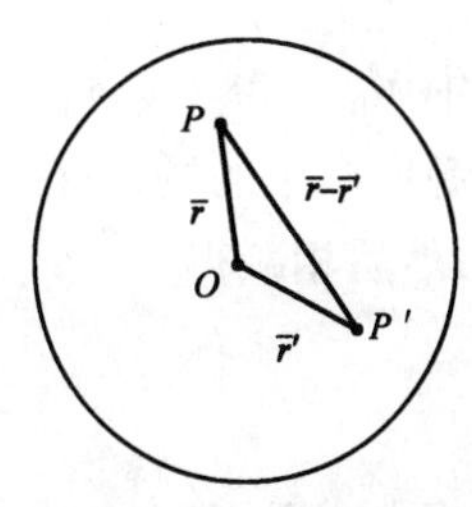

图　7.1.1

因此，一般地，Green 函数是一个点源在一定的边界条件和（或）初始条件下所产生的场，利用 Green 函数，可求出任意分布的源所产生的场。下面以 Poisson 方程的第一、二、三类边界条件为例进一步阐

明 Green 函数的概念,并讨论 Green 函数法 —— 解的积分表示。

7.2 Poisson 方程的边值问题

三维 Poisson 方程的边值问题,可以统一写成

$$\begin{cases} \nabla^2 u(M) = -h(M) \quad (M \in \Omega) & (7.2.1) \\ \left[\alpha \dfrac{\partial u}{\partial n} + \beta u\right]_S = g(M) & (7.2.2) \end{cases}$$

其中 α、β 是不同时为零的常数,S 是 Ω 的边界。

为了得到定解问题(7.2.1) ~ (7.2.2) 的解的积分表达式,我们首先引入 Green 公式。

7.2.1 Green 公式

设函数 $u(x,y,z)$ 和 $v(x,y,z)$ 在区域 Ω 直到边界 S 上具有连续的一阶导数,而在 Ω 中具有连续的二阶导数,则由 Gauss 公式有

$$\iint_S u \nabla v \cdot \mathrm{d}\boldsymbol{S} = \iiint_\Omega \nabla \cdot (u \nabla v)\mathrm{d}\Omega = \iiint_\Omega u \nabla^2 v \mathrm{d}\Omega + \iiint_\Omega \nabla u \cdot \nabla v \mathrm{d}\Omega \tag{7.2.3}$$

此式称为 Green 第一公式,同理有

$$\iint_S v \nabla u \cdot \mathrm{d}\boldsymbol{S} = \iiint_\Omega v \nabla^2 u \mathrm{d}\Omega + \iiint_\Omega \nabla v \cdot \nabla u \mathrm{d}\Omega$$

将此二式相减得

$$\iint_S (u \nabla v - v \nabla u) \cdot \mathrm{d}\boldsymbol{S} = \iiint_\Omega (u \nabla^2 v - v \nabla^2 u)\mathrm{d}\Omega \tag{7.2.4}$$

即

$$\iint_S \left(u \frac{\partial v}{\partial n} - v \frac{\partial u}{\partial n}\right)\mathrm{d}S = \iiint_\Omega (u \nabla^2 v - v \nabla^2 u)\mathrm{d}\Omega \tag{7.2.5}$$

此式称为 Green 第二公式,其中 $\boldsymbol{n}$ 为边界面 S 的外法向。

7.2.2 解的积分形式 ——Green 函数法

现在我们在有界区域 Ω 中讨论定解问题(7.2.1) ~ (7.2.2) 的解,引入函数 $G(M,M_0)$,使之满足

$$\nabla^2 G(M,M_0) = -\delta(M - M_0) \quad (M \in \Omega) \tag{7.2.6}$$

其中 $M_0 = M_0(x_0,y_0,z_0)$ 为区域 Ω 中的任意点,则由 δ 函数的定义知,$G(M,M_0)$ 为在 M_0 点的点源所产生的场,以函数 $G(M,M_0)$ 乘式(7.2.1) 的两边,同时以函数 $u(M)$ 乘式(7.2.6) 的两边,然后相减得

$$\begin{aligned} &G(M,M_0)\nabla^2 u(M) - u(M)\nabla^2 G(M,M_0) \\ &= u(M)\delta(M - M_0) - G(M,M_0)h(M) \end{aligned}$$

并将上式对 $M(x,y,z)$ 积分。注意到 $G(M,M_0)$ 以 $M(x,y,z)$ 为自变量时,以 $M_0(x_0,y_0,z_0)$ 为奇点,因此,为了将 Green 第二公式即公式(7.2.5) 应用于上式积分后的左端,积分区域应取 Ω 内

挖去以 M_0 为球心，以 $\varepsilon(\varepsilon << 1)$ 为半径的小球体 Ω_ε 后的区域 $\Omega - \Omega_\varepsilon$（图 7.2.1）。记小球体的界面为 S_ε，在区域 $\Omega - \Omega_\varepsilon$ 上应用式(7.2.5)，有

$$\iint_S \left(G\frac{\partial v}{\partial n} - u\frac{\partial G}{\partial n}\right)dS + \iint_{S_\varepsilon}\left(G\frac{\partial v}{\partial n} - u\frac{\partial G}{\partial n}\right)dS = \iiint_{\Omega-\Omega_\varepsilon}(G\nabla^2 u - u\nabla^2 G)d\Omega \tag{7.2.7}$$

其中 $\boldsymbol{n}$ 表示区域的外法线方向。

如果形式地令

$$\iint_{S_\varepsilon}\left(G\frac{\partial v}{\partial n} - u\frac{\partial G}{\partial n}\right)dS = -\iiint_{\Omega_\varepsilon}(G\nabla^2 u - u\nabla^2 G)d\Omega \tag{7.2.7'}$$

其中的负号是由于对 S_ε 来说 $\boldsymbol{n}$ 为内向法线，式(7.2.7) 与式(7.2.7′) 合并，便得到

$$-\iiint_\Omega (G\nabla^2 u - u\nabla^2 G)d\tau = \iint_S\left(G\frac{\partial v}{\partial n} - u\frac{\partial G}{\partial n}\right)dS$$

即消却了奇异性。

因此有

$$\iint_S\left(G\frac{\partial v}{\partial n} - u\frac{\partial G}{\partial n}\right)dS$$
$$= \iiint_\Omega [u(M)\delta(M - M_0) - G(M,M_0)h(M)]d\Omega$$

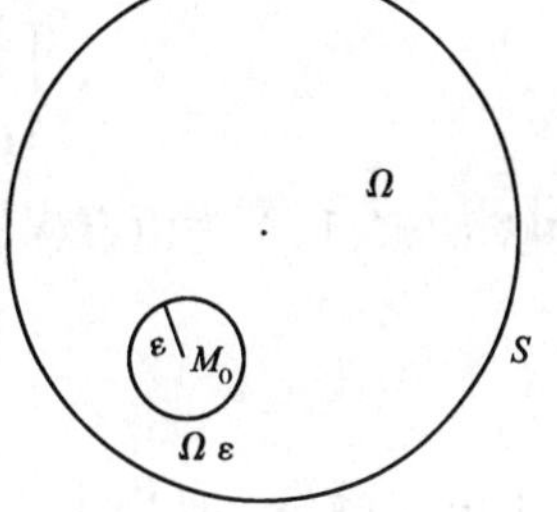

由 δ 函数的性质上式成为

$$u(M_0) = \iiint_\Omega G(M,M_0)h(M)d\Omega + \iint_S G(M,M_0)\frac{\partial u}{\partial \boldsymbol{n}}dS - \iint_S u(M)\frac{\partial}{\partial \boldsymbol{n}}G(M,M_0)dS \tag{7.2.8}$$

图 7.2.1

式(7.2.8) 在物理上很难解释清楚，如果在右边的第一项中，$G(M,M_0)$ 所代表的是 M_0 点的点源在 M 点产生的场，而 $h(M)$ 所代表的却是 M 点的源。在后面我们将会看到 Green 函数具有对称性

$$G(M,M_0) = G(M_0,M)$$

于是在式(7.2.8) 中用 $G(M_0,M)$ 代替 $G(M,M_0)$，并在公式中将 M 和 M_0 对换，而得到

$$u(M) = \iiint_\Omega G(M,M_0)h(M_0)d\Omega_0 + \iint_S G(M,M_0)\frac{\partial u}{\partial n_0}dS_0 - \iint_S u(M_0)\frac{\partial}{\partial n_0}G(M,M_0)dS_0 \tag{7.2.9}$$

式(7.2.9) 被称为基本积分公式或解的积分表达式。它的物理意义是十分清楚的：右边第一个积分代表在区域 Ω 中体分布源 $h(M_0)$ 在 M 点产生的场的总和，而第二、三两个积分则是边界上的源所产生的场。这两种影响都是由同一 Green 函数给出的。式(7.2.9) 给出了 Poisson 方程或 Laplace 方程($h = 0$时) 解的积分表达式（其中，$\frac{\partial}{\partial n_0}$ 表示对 M_0 求导，而 dS_0 和 $d\Omega_0$ 则分别表示对 M_0 取面积元和体积元），但它还不能直接用来求解 Poisson 方程或 Laplace 方程的边值问题，因为公式中的 $G(M,M_0)$ 是未知的，且在一般的边值问题中，$u|_S$ 和$u_n|_S$ 之值也不会分别给出，下面针对不同边界条件作具体讨论。

(1) 第一类边界条件。

即在式(7.2.2)中,$\alpha = 0$,则

$$u|_s = \frac{1}{\beta}g(M) = f(M) \tag{7.2.10}$$

若要求 $G(M,M_0)$ 满足第一类齐次边界条件

$$G(M,M_0)|_S = 0 \tag{7.2.11}$$

则式(7.2.9)中的面积分中,含 $\frac{\partial u}{\partial n_0}$ 的项消失,从而式(7.2.9)变为

$$u(M) = \iiint_\tau G(M,M_0)h(M_0)\mathrm{d}\tau_0 - \iint_\sigma f(M_0)\frac{\partial}{\partial n_0}G(M,M_0)\mathrm{d}\sigma_0 \tag{7.2.12}$$

由此可见,只要从式(7.2.6)和式(7.2.11)中解出 $G(M,M_0)$,则式(7.2.12)已全部由已知量表示,我们称方程(7.2.6)和边界条件(7.2.11)所构成的定解问题

$$\begin{cases} \nabla^2 G(M,M_0) = -\delta(M-M_0) \quad (M \in \Omega) \\ G(M,M_0)|_S = 0 \end{cases} \tag{7.2.13}$$

的解 $G(M,M_0)$ 为由方程(7.2.1)的边界条件(7.2.10)所构成的 Direchlet 问题

$$\begin{cases} \nabla^2 u(M) = -h(M) \quad (M \in \Omega) \\ u|_S = f(M) \end{cases} \tag{7.2.14}$$

的 Green 函数。简称 Direchlet-Green 函数;而称式(7.2.12)为 Direchlet 积分公式,它是 Direchlet 问题(7.2.14)的积分形式的解。

(2) 第三类边界条件。

即式(7.2.2)中 α、β 均不为零。若要求 $G(M,M_0)$ 满足第三类齐次边界条件,即

$$\left[\alpha\frac{\partial}{\partial n}G(M,M_0) + \beta G(M,M_0)\right]_S = 0 \tag{7.2.15}$$

则以 $G(M,M_0)$ 乘以式(7.2.2),以 $u(M)$ 乘以式(7.2.15),然后再将两式相减,得

$$\left[G(M,M_0)\frac{\partial u}{\partial n} - u(M)\frac{\partial}{\partial n}G(M,M_0)\right]_S = \frac{1}{\alpha}G(M,M_0)g(M)$$

代入式(7.2.9),有

$$u(M) = \iiint_\Omega G(M,M_0)h(M_0)\mathrm{d}\Omega_0 + \frac{1}{\alpha}\iint_S G(M,M_0)g(M_0)\mathrm{d}S_0 \tag{7.2.16}$$

可见,只要从式(7.2.6)和式(7.2.15)中解出 $G(M,M_0)$,则式(7.2.16)也已全部由已知量表示。我们称方程(7.2.6)和边界条件(7.2.15)所构成的定解问题

$$\begin{cases} \nabla^2 G(M,M_0) = -\delta(M-M_0) \quad (M \in \Omega) \\ \left[\alpha\frac{\partial}{\partial n}G(M,M_0) + \beta G(M,M_0)\right]_S = 0 \end{cases}$$

的解 $G(M,M_0)$,为由方程(7.2.1)和边界条件(7.2.2)所构成的定解问题的 Green 函数,式(7.2.16)即为由式(7.2.1)和式(7.2.2)所构成的定解问题的积分形式的解。

(3) 第二类边界条件

当为第二类边界条件时,定解问题为

$$\begin{cases} \nabla^2 u(M) = -h(M) \quad (M \in \Omega) \\ \left.\dfrac{\partial u}{\partial n}\right|_S = \dfrac{1}{\alpha} g(M) \end{cases} \tag{7.2.17}$$

相应的 Green 函数 $G(M,M_0)$ 应该满足

$$\begin{cases} \nabla^2 G(M,M_0) = -\delta(M-M_0) \\ \left.\dfrac{\partial G}{\partial n}\right|_S = 0 \end{cases} \tag{7.2.18}$$

由于$\iiint\limits_{\Omega} -\delta(M-M_0)\mathrm{d}\Omega = -1$,但

$$\iiint\limits_{\Omega} \nabla^2 G \mathrm{d}\Omega = \iiint\limits_{\Omega} \nabla \cdot (\nabla G)\mathrm{d}\Omega = \oint\limits_{S} \nabla G \cdot \mathrm{d}\boldsymbol{S} = \oint\limits_{S} \frac{\partial G}{\partial n}\mathrm{d}S = 0$$

因此,问题(7.2.18)的解不存在。为了解决这个矛盾,取待定常数 A,作下列定解问题

$$\begin{cases} \nabla^2 G(M,M_0) = -\delta(M-M_0) \\ \left.\dfrac{\partial G}{\partial n}\right|_S = A \end{cases}$$

由条件$\oint\limits_{S}[-\delta(M-M_0)]\mathrm{d}\sigma = \oint\limits_{S} A\mathrm{d}\sigma$ 得出

$$A = -\frac{1}{\sigma}$$

其中 σ 为曲面 S 的面积,称

$$\begin{cases} \nabla^2 G(M,M_0) = -\delta(M-M_0) \\ \left.\dfrac{\partial G}{\partial n}\right|_S = -\dfrac{1}{\sigma} \end{cases} \tag{7.2.19}$$

的解为第二类边界条件下,Laplace 算符的广义 Green 函数,将式(7.2.19)和式(7.2.17)中的边界条件代入式(7.2.9),得

$$u(M) = \iiint\limits_{\Omega} G(M,M_0)h(M_0)\mathrm{d}\Omega + \oint\limits_{S}\left[G(M,M_0)\frac{1}{\alpha}g(M) - u(M_0)\left(-\frac{1}{\sigma}\right)\right]\mathrm{d}S$$

由于 u 在边界上的分布客观存在,故$\iint\limits_{S} u(M_0)\dfrac{1}{\sigma}\mathrm{d}S$ 与 M 无关,为常数,故有

$$u(M) = C + \iiint\limits_{\Omega} G(M,M_0)h(M_0)\mathrm{d}\Omega + \oint\limits_{S}[G(M,M_0)f(M)]\mathrm{d}S \tag{7.2.20}$$

其中 C 为待定常数,$f(M) = \dfrac{1}{\alpha}g(M)$。

由上面的讨论看到,在各类非齐次边界条件下求解 Poisson 方程(7.2.1),可以先在相应的同类齐次边界条件下求解 Green 函数所满足的方程(7.2.6),然后通过积分公式(7.2.12)、(7.2.16)或式(7.2.20)得到解 $u(M)$。

Green 函数的定解问题,其方程(7.2.6)形式上比式(7.2.1)简单,而且边界条件又是齐次的,因此,相对地说,求 G 比求解 u 容易些。不仅如此,对方程(7.2.1)中不同的非齐次项 $h(M)$ 和边界条件(7.2.2)中不同的 $g(M)$,只要属于同一类型的边界条件,函数 $G(M,M_0)$ 都

是相同的。这就把解 Poisson 方程的边值问题化为在几种类型边界条件下求 Green 函数 $G(M,M_0)$ 的问题。

类似于上面的讨论过程,可以得到二维 Poisson 方程的各类边值问题的积分公式。如二维 Poisson 方程的 Dirichlet 问题

$$\begin{cases}\nabla^2 u = -h(M) \quad (M \in D)\\ u|_c = f(M)\end{cases} \tag{7.2.20'}$$

的积分形式的解,即二维空间的 Dirichlet 积分公式为

$$u(M) = \iint_D G(M,M_0)h(M_0)\mathrm{d}\sigma_0 - \int_C f(M_0)\frac{\partial}{\partial n_0}G(M,M_0)\mathrm{d}l_0 \tag{7.2.21}$$

其中,$G(M,M_0)$ 为二维 Poisson 方程的 Dirichlet-Green 函数,即定解问题

$$\begin{cases}\nabla^2 G(M,M_0) = -\delta(M-M_0) \quad (M \in D)\\ G(M,M_0)|_c = 0\end{cases} \tag{7.2.22}$$

的解;$M = M(x,y)$,$M_0 = M_0(x_0,y_0)$;C 为区域 D 的边界线;而 $\frac{\partial}{\partial n_0}$、$\mathrm{d}l_0$、$\mathrm{d}\sigma_0$ 分别表示对 C 的法线方向的导数、C 上的线元和 D 上的面积元。

7.2.3 Green 函数关于源点和场点是对称的

前面在导出积分公式时,用到 Green 函数的对称性

$$G(M,M_0) = G(M_0,M) \tag{7.2.23}$$

现在对最一般的 Helmhotz 方程,实际上是算符 $\nabla^2+\lambda$(Poisson 方程可看作 $\lambda=0$ 的特例),证明上述结论。设 $G(M,M_1)$ 和 $G(M,M_2)$ 均满足 Helmhotz 方程和某类齐次边界条件,即

$$\nabla^2 G(M,M_1) + \lambda G(M,M_1) = -\delta(M-M_1) \quad (M \in \Omega) \tag{7.2.24}$$

$$\left[\alpha\frac{\partial}{\partial n}G(M,M_1) + \beta G(M,M_1)\right]_S = 0 \tag{7.2.25}$$

及

$$\nabla^2 G(M,M_2) + \lambda G(M,M_2) = -\delta(M-M_2) \quad (M \in \Omega) \tag{7.2.26}$$

$$\left[\alpha\frac{\partial}{\partial n}G(M,M_2) + \beta G(M,M_2)\right]_S = 0 \tag{7.2.27}$$

用 $G(M,M_2)$ 乘以方程(7.2.24),并用 $G(M,M_1)$ 乘以方程(7.2.26),然后相减,并在 Ω 上积分得

$$\iiint_\Omega [G(M,M_2)\nabla^2 G(M,M_1) - G(M,M_1)\nabla^2 G(M,M_2)]\mathrm{d}\Omega$$
$$= -G(M_1,M_2) + G(M_2,M_1)$$

对上式左端应用 Green 第二公式得

$$G(M_2,M_1) - G(M_1,M_2)$$
$$= \iint_S \left[G(M,M_2)\frac{\partial}{\partial n}G(M,M_1) - G(M,M_1)\frac{\partial}{\partial n}G(M,M_2)\right]\mathrm{d}S$$

再由边界条件(7.2.25) 和(7.2.27),因为 α、β 不同时为零,所以有

$$\left[G(M,M_2)\frac{\partial}{\partial n}G(M,M_1)-G(M,M_1)\frac{\partial}{\partial n}G(M,M_2)\right]_S=0$$

代入上式右边，于是得

$$G(M_2,M_1)=G(M_1,M_2)$$

由于在物理上，Green 函数 $G(M,M_0)$ 表示位于点 M_0 的点源，在一定边界条件下在 M 点产生的场，故其对称性说明，在相同边界条件下，位于 M_0 的点源在 M 点产生的场等于同强度的点源位于 M 点在 M_0 点产生的场。这种性质在物理上称为倒易性。

7.3　Green 函数的一般求法

从上一节的讨论可以看出，求解边值问题实际上归结为求相应的 Green 函数，只要求出 Green 函数，将其代入相应的积分公式，就可得到问题的解。

一般来说，实际求 Green 函数，并非一件容易的事，但在某些情况下，却可以比较容易地求出。

7.3.1　无界区域的 Green 函数

无界区域的 Green 函数 G，又称为相应方程的基本解。G 满足含有 δ 函数的非齐次方程，具有奇异性，一般可以用有限形式表示出来，下面通过具体例子，说明求基本解的方法。

例 1　求三维 Poisson 方程的基本解。

解　Green 函数满足的方程为

$$\nabla^2 G=-\delta(x-x_0,y-y_0,z-z_0) \tag{7.3.1}$$

采用球坐标，并将坐标原点放在源点 $M_0(x_0,y_0,z_0)$ 上，有

$$r=\sqrt{(x-x_0)^2+(y-y_0)^2+(z-z_0)^2}$$

由于区域是无界的，点源所产生的场应与方向无关，而只是 r 的函数，于是式(7.3.1) 简化为

$$\frac{1}{r^2}\frac{\mathrm{d}}{\mathrm{d}r}\left(r^2\frac{\mathrm{d}G}{dr}\right)=-\delta(r)$$

当 $r\neq 0$ 时，方程化为齐次的，即

$$\frac{\mathrm{d}}{\mathrm{d}r}\left(r^2\frac{\mathrm{d}G}{\mathrm{d}r}\right)=0$$

积分两次求得其一般解为

$$G=-C_1\frac{1}{r}+C_2 \tag{7.3.2}$$

其中 C_1 和 C_2 为积分常数。不失一般性，取 $C_2=0$，得

$$G=-C_1\frac{1}{r} \tag{7.3.3}$$

下面考虑 $r=0$ 的情形. 为此，对方程(7.3.1) 在以原点为球心、ε 为半径的小球体 τ_ε 内作体积分

$$\iiint_{\tau_\varepsilon}\nabla^2 G\mathrm{d}V=-\iiint_{\tau_\varepsilon}\delta(x-x_0,y-y_0,z-z_0)\mathrm{d}V=-1$$

从而

$$\lim_{\varepsilon\to 0}\iiint_{\tau_\varepsilon}\nabla^2 G\mathrm{d}V = -1$$

而由 Gauss 公式

$$\iiint_V \nabla\cdot\nabla u\mathrm{d}V = \oiint_S \nabla u\cdot\mathrm{d}\boldsymbol{S}(S\text{ 为 }V\text{ 的边界面})$$

有

$$\iiint_{\tau_\varepsilon}\nabla^2 G\mathrm{d}V = \iint_{s_\varepsilon}\frac{\partial G}{\partial n}\mathrm{d}S$$

故

$$\lim_{\varepsilon\to 0}\iint_{s_\varepsilon}\frac{\partial G}{\partial n}\mathrm{d}S = \lim_{\varepsilon\to 0}\iint_{s_\varepsilon}\left.\frac{\partial G}{\partial r}\right|_{r=\varepsilon}\mathrm{d}S = -1$$

将式(7.3.3)的结果代入上式,得

$$\lim_{\varepsilon\to 0}\int_0^{2\pi}\int_0^{\pi}C_1\cdot\frac{1}{\varepsilon^2}\cdot\varepsilon^2\sin\theta\mathrm{d}\theta\mathrm{d}\varphi = -1$$

于是有

$$C_1 = -\frac{1}{4\pi}$$

代入式(7.3.3),得到

$$G(M,M_0) = \frac{1}{4\pi r} \tag{7.3.4}$$

例 2 求二维 Poisson 方程的基本解。

解 二维 Green 函数满足的方程为

$$\nabla^2 G = -\delta(x-x_0,y-y_0) \tag{7.3.5}$$

采用极坐标,并将坐标原点放在源点 $M_0(x_0,y_0)$ 上,则

$$r = \sqrt{(x-x_0)^2+(y-y_0)^2}$$

与三维问题一样,G 应只是 r 的函数,于是式(7.3.5)简化为

$$\frac{1}{r}\frac{\mathrm{d}}{\mathrm{d}r}\left(r\frac{\mathrm{d}G}{\mathrm{d}r}\right) = -\delta(r) \tag{7.3.6}$$

当 $r\neq 0$ 时,积分式(7.3.6),得

$$G = C_1\ln r$$

当 $r=0$ 时,在以原点为中心、ε 为半径的小圆内对方程(7.3.5)两边作面积分,注意到二维情况下的 Gauss 公式为

$$\iint_S\nabla\cdot\nabla u\mathrm{d}S = \oint_l \nabla u\cdot\mathrm{d}\boldsymbol{l}\quad(l\text{ 为 }S\text{ 的边界})$$

类似于对三维情况的讨论,得

$$C_1 = -\frac{1}{2\pi}$$

于是

$$G = \frac{1}{2\pi}\ln\frac{1}{r} \tag{7.3.7}$$

7.3.2 用本征函数展开法求边值问题的 Green 函数

利用本征函数族展开是求边值问题 Green 函数的一个重要而又普遍的方法。现以 Dirichlet 问题

$$\begin{cases}\nabla^2 G(M,M_0) + \lambda G(M,M_0) = -\delta(M-M_0) \quad (M\in\Omega)\\ G|_S = 0\end{cases} \tag{7.3.8}$$

为例来讨论此法,写下相应的本征值问题

$$\begin{cases}\nabla^2\psi + \lambda\psi = 0 \quad (M\in\Omega)\\ \psi|_S = 0\end{cases} \tag{7.3.9}$$

设本征值问题(7.3.9)的全部本征值和相应的归一化本征函数分别是 λ_n 和 $\psi_n(M)$,即

$$\begin{cases}\nabla^2\psi_n(M) + \lambda_n\psi_n(M) = 0 \quad (M\in\Omega)\\ \psi_n|_S = 0\end{cases} \tag{7.3.10}$$

而且

$$\iiint_\Omega \psi_n(M)\bar{\psi}_m(M)\,\mathrm{d}\Omega = \delta_{nm} \tag{7.3.11}$$

这里 $\bar{\psi}_m(M)$ 表示 $\psi_m(M)$ 的共轭复变函数。将函数 $G(M,M_0)$ 在区域 Ω 上展开为本征函数族 $\{\psi_n(M)\}$ 的广义 Fourier 级数

$$G(M,M_0) = \sum_{n=1}^{\infty} C_n\psi_n(M) \tag{7.3.12}$$

为定出系数 C_n,将式(7.3.12)代入问题(7.3.8)的方程中,并利用方程(7.3.10)得

$$\lambda\sum_{n=1}^{\infty} C_n\psi_n(M) - \sum_{n=1}^{\infty}\lambda_n C_n\psi_n(M) = -\delta(M-M_0)$$

设 $\lambda\neq\lambda_n$,以 $\bar{\psi}_m(M)$ 乘上式两端,然后在区域 Ω 上积分,并利用式(7.3.11)可得

$$C_m = \frac{1}{\lambda_m-\lambda}\bar{\psi}_m(M_0)$$

代入式(7.3.12),即得

$$G(M,M_0) = \sum_{n=1}^{\infty}\frac{1}{\lambda_n-\lambda}\bar{\psi}_n(M_0)\psi_n(M) \tag{7.3.13}$$

显然,它满足齐次边界条件 $G|_S = 0$。

如果 Green 函数 $G(M,M_0)$ 的齐次边界条件是第二类的或第三类的,这时可以类似地求得 G,只要本征函数也满足相应的齐次边界条件即可。

例3 求 Poisson 方程在矩形区域 $0<x<a, 0<y<b$ 内 Dirichlet 问题的 Green 函数。

解 本问题 Green 函数的定解问题为

$$\begin{cases}\nabla^2 G(M,M_0) = -\delta(x-x_0)\delta(y-y_0) & (7.3.14)\\ G|_{x=0} = G|_{x=a} = G|_{y=0} = G|_{y=b} = 0 & (7.3.15)\end{cases}$$

它是定解问题

$$\begin{cases}\nabla^2 G(M,M_0) + \lambda G(M,M_0) = -\delta(x-x_0)\delta(y-y_0) & (7.3.16)\\ G|_{x=0} = G|_{x=a} = G|_{y=0} = G|_{y=b} = 0 & (7.3.17)\end{cases}$$

当 $\lambda = 0$ 时的特例,而与定解问题(7.3.16) ~ (7.3.17) 相应的本征值问题为

$$\begin{cases}\nabla^2 \varphi(x,y) + \lambda\varphi(x,y) = 0\\ \varphi|_{x=0} = \varphi|_{x=a} = \varphi|_{y=0} = \varphi|_{y=b} = 0\end{cases}$$

它的本征值和归一化的本征函数分别是

$$\lambda_{mn} = \pi^2\left(\frac{m^2}{a^2} + \frac{n^2}{b^2}\right) = \mu_m^2 + \mu_n^2 \quad (m,n = 1,2,\cdots)$$

$$\varphi_{mn}(x,y) = \frac{2}{\sqrt{ab}}\sin\mu_m x\sin\mu_n y$$

其中

$$\mu_m = \frac{m\pi}{a}, \mu_n = \frac{n\pi}{b}$$

在式(7.3.13) 中 $\lambda = 0 \neq \lambda_{mn}$,故根据式(7.3.13),有

$$G(M,M_0) = \sum_{m,n=1}^{\infty}\frac{4}{ab}\frac{\sin\mu_m x_0\sin\mu_n y_0\sin\mu_m x\sin\mu_n y}{\mu_m^2 + \mu_n^2}$$

7.4 用电像法求某些特殊区域的 Dirichlet-Green 函数

这一节我们给出一种求解边值问题 Green 函数的简单易行的方法 —— 电像法。用电像法求解的基本思想是利用边值问题定解区域的对称性,在定解区域外放置合适的点源来代替边界的影响,使区域内的点源和区域外的点源之和同时满足边值问题 Green 函数要求满足的方程和边界条件。下面具体讨论之。

7.4.1 Poisson 方程的 Dirichlet-Green 函数及其物理意义

为了求三维 Poisson 方程的 Dirichlet-Green 函数,即求解定解问题

$$\begin{cases}\nabla^2 G = -\delta(x-x_0, y-y_0, z-z_0) \quad (M\in\Omega) & (7.4.1)\\ G|_S = 0 & (7.4.2)\end{cases}$$

令

$$G(M,M_0) = F(M,M_0) + g(M,M_0) \tag{7.4.3}$$

使

$$\nabla^2 F = -\delta(x-x_0, y-y_0, z-z_0) \quad (M\in\Omega) \tag{7.4.4}$$

则 g 应满足

$$\begin{cases}\nabla^2 g = 0 \quad (M\in\Omega)\\ g|_S = -F|_S\end{cases} \tag{7.4.5}$$

而非齐次方程(7.4.4) 的解,已由式(7.3.4) 给出,即

$$F = \frac{1}{4\pi r}$$

其中
$$r = \sqrt{(x-x_0)^2+(y-y_0)^2+(z-z_0)^2}$$
为源点 $M_0(x_0,y_0,z_0)$ 与 $M(x,y,z)$ 点之间的距离，S 为区域 Ω 的边界面。所以三维 Poisson 方程的 Dirichlet-Green 函数可以写成

$$G = \frac{1}{4\pi r} + g \tag{7.4.6}$$

其中

$$\begin{cases} \nabla^2 g = 0 \quad (M \in \Omega) \\ g|_S = -\left.\frac{1}{4\pi r}\right|_S \end{cases} \tag{7.4.7}$$

类似的，我们可以写出满足定解问题

$$\begin{cases} \nabla^2 G = -\delta(x-x_0, y-y_0) \quad (M \in D) \\ G|_C = 0 \end{cases} \tag{7.4.8}$$

的二维 Poisson 方程的 Dirichlet-Green 函数

$$G = \frac{1}{2\pi}\ln\frac{1}{r} + g \tag{7.4.9}$$

其中

$$\begin{cases} \nabla^2 g = 0 \quad (M \in D) \\ g|_C = -\left.\frac{1}{2\pi}\ln\frac{1}{r}\right|_C \end{cases} \tag{7.4.10}$$

而
$$r = \sqrt{(x-x_0)^2+(y-y_0)^2}$$
为源点 $M_0(x_0,y_0)$ 与 $M(x,y)$ 点之间的距离，C 为区域 D 的边界曲线。

由此可见，求 Poisson 方程的 Dirichlet-Green 函数 G 的问题，已转化为求 g 的齐次方程（即 Laplace 方程）的 Dirichlet 问题。

不难看出 Dirichlet-Green 函数 G 所具有的物理意义。如图 7.4.1 所示，设 Ω 为空间接地的导电壳，在其中 $M_0(x_0,y_0,z_0)$ 点放有正点电荷 ε_0，则由静电学知，满足式(7.4.6) 和定解问题(7.4.7) 的 G 正好是 Ω 内除了 M_0 点以外的任意一点 $M(x,y,z)$ 处的电势，它由两部分组成：一部分是正点电荷 ε_0 在 M 点所产生的电位 $\frac{1}{4\pi r}$；另一部分是边界面 S 上感应电荷在 M 点所产生的电势 g。所以求 G 的问题，也就转化成了求感应电荷所产生的电势 g 的问题。正因为 G 具有这样的物理意义，所以对于一些边界形状简单的 Poisson 方程的 Dirichlet-Green 函数 G，可用电像法来求。

7.4.2　用电像法求 Green 函数

下面我们将通过具体的例子，来了解如何用电像法求 Dirichlet-Green 函数。

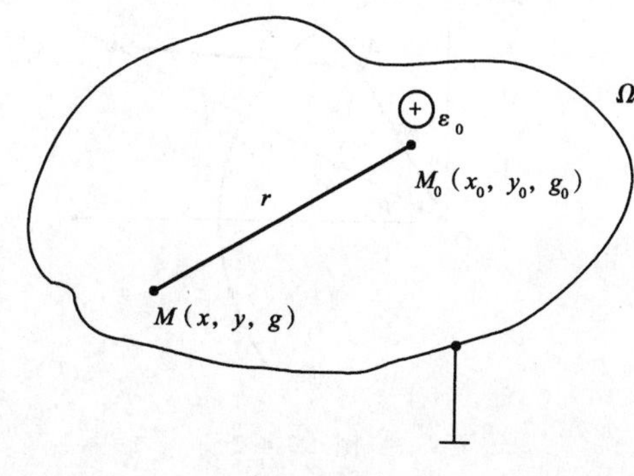

图　7.4.1

例 1　求解球内 Dirichlet 问题

$$\begin{cases} \nabla^2 u = 0 \quad (\rho < a) \\ u|_{\rho=a} = f(M) \end{cases} \tag{7.4.11}$$

解　此时方程的非齐次项 $h(M) = 0$，故由

积分公式(7.2.12)得定解问题(7.4.11)的解为

$$u(M) = -\iint_S f(M_0)\frac{\partial}{\partial n_0}G(M,M_0)\,\mathrm{d}S_0 \tag{7.4.12}$$

其中 S 为球面 $\rho = a$,G 为球边界问题的 Dirichlet-Green 函数,它满足定解问题

$$\begin{cases}\nabla^2 G = -\delta(x-x_0,y-y_0,z-z_0) \quad (\rho < a)\\ G|_{\rho=a} = 0\end{cases} \tag{7.4.13}$$

故求 u 的问题就转化为求边界为球面的三维 Poisson 方程的 Dirichlet-Green 函数 G 的问题。而由上面所述 G 的物理意义知,求 G 即要求在 M_0 点置有正电荷 ε_0 的接地导体球内任意一点 M 处的电势,亦即要求感应电荷所产生的电势 g,它满足

$$\begin{cases}\nabla^2 g = 0 \quad (\rho < a)\\ g|_{\rho=a} = -\left.\dfrac{1}{4\pi r}\right|_{\rho=a}\end{cases} \tag{7.4.14}$$

由物理学知识知,倘若在 M_0 点关于球面的对称点(又称像点)放置一负点电荷 $-q$,则由于 $-q$ 在球外,它对球内电势的贡献必然满足 Laplace 方程。因此,只要适当选择 q 的大小,使之对边界面上电势的贡献与 M_0 点的正电荷 ε_0 对边界面上电势的贡献等值,则 $-q$ 对球内任一点电势的贡献即与 g 等效。为此,如图 7.4.2 所示,我们延长 OM_0 到 M_1,记 $|\boldsymbol{OM}_0| = \rho_0$,$|\boldsymbol{OM}_1| = \rho_1$,使

$$\rho_0 \cdot \rho_1 = a^2,\text{或} \quad \frac{\rho_0}{a} = \frac{a}{\rho_1}$$

则称 M_1 为 M_0 关于球面 $\rho = a$ 的对称点,也称像点。再记 $|\boldsymbol{OM}_0| = \rho$;$|\boldsymbol{MM}_1| = r_1$, $|\boldsymbol{MM}_0| = r$,显然,当 M 点在球面 $\rho = a$ 上时(如图 7.4.3 所示),$\triangle OM_0M \sim \triangle OMM_1$,因此有

$$\frac{r}{r_1} = \frac{\rho_0}{a} = \frac{a}{\rho_1} \tag{7.4.15}$$

从而有

$$\frac{1}{r} = \frac{a/\rho_0}{r_1}$$

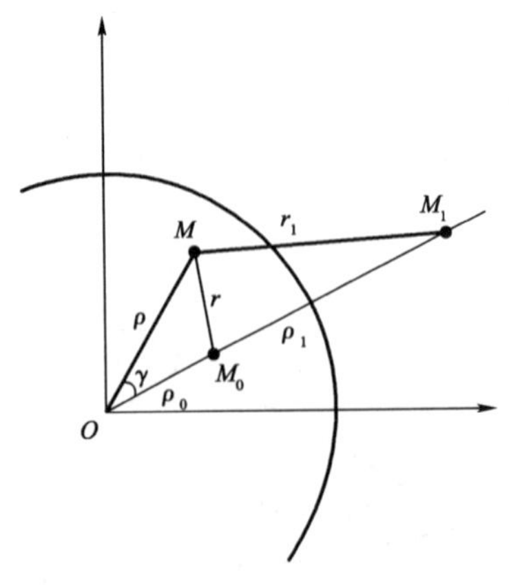

图 7.4.2

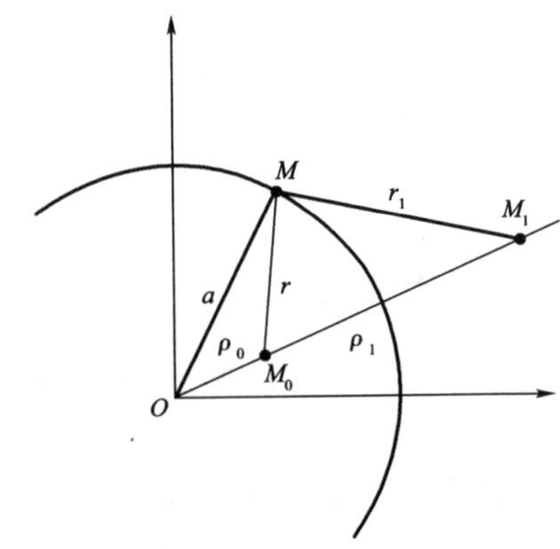

图 7.4.3

即
$$-\frac{1}{4\pi r}\bigg|_{\rho=a}=-\frac{a/\rho_0}{4\pi r_1}\bigg|_{\rho=a} \tag{7.4.16}$$
由式(7.4.16) 可以看出,当在球内一点 M_0 处放置正电荷 ε_0 时,只要在 M_0 关于球面的对称点 M_1 点放置一负电荷 $-\varepsilon_0 a/\rho_0$,则它在球内直到球上任意一点 $M(x,y,z)$ 处(除 M_0 外) 所产生的电势为 $-\dfrac{\varepsilon_0 a/\rho_0}{4\pi r_1}$,它对于球内的任意一点 M,均满足 Laplace 方程,即
$$\nabla^2\left(\frac{\varepsilon_0 a/\rho_0}{-4\pi r_1}\right)=0$$
且在边界面上亦满足式(7.4.14) 的边界条件。所以
$$g=\frac{\varepsilon_0 a/\rho_0}{-4\pi r_1}$$

我们称这个设想的负点电荷 $-\varepsilon_0 a/\rho_0$ 为球内 M_0 点所放置的正点电荷 ε_0 的电像;而称这种在像点放置一个虚构的点电荷来等效地代替导体面或介面上的感应电荷的方法为电像法。

将求得的 g 代入式(7.4.6),便得到球内问题的 Dirichlet-Green 函数为(不失一般性,取 $\varepsilon_0=1$)
$$G=\frac{1}{4\pi r}-\frac{a/\rho_0}{4\pi r_1} \tag{7.4.17}$$

为了计算积分式(7.4.12),引入球坐标变量。设
$$M_0=M_0(\rho_0,\varphi_0,\theta_0),M=M(\rho,\varphi,\theta)$$
则
$$r=\sqrt{\rho^2+\rho_0^2-2\rho\rho_0\cos\gamma} \tag{7.4.18}$$
$$r_1=\sqrt{\rho^2+\rho_1^2-2\rho_1\rho\cos\gamma}=\sqrt{\rho^2+\left(\frac{a^2}{\rho_0}\right)^2-2\frac{a^2}{\rho_0}\rho\cos\gamma} \tag{7.4.19}$$
其中 γ 为矢量$\boldsymbol{OM}_0$ 和$\boldsymbol{OM}$ 的夹角(见图 7.4.2),所以
$$\cos\gamma=\cos\theta_0\cos\theta+\sin\theta_0\sin\theta\cos(\varphi-\varphi_0)$$
将式(7.4.18) 和式(7.4.19) 代入式(7.4.17) 并对 $M_0(\rho_0,\varphi_0,\theta_0)$ 求导,则得
$$\frac{\partial G}{\partial n_0}\bigg|_\sigma=\frac{\partial G}{\partial \rho_0}\bigg|_{\rho_0=a}=\frac{1}{4\pi a}\frac{\rho^2-a^2}{(\rho^2+a^2-2\rho a\cos\gamma)^{3/2}}$$
代入式(7.4.12),得到球内 Dirichlet 问题(7.4.11) 的解为
$$u(\rho,\theta,\varphi)=\frac{a}{4\pi}\int_0^{2\pi}\int_0^{\pi}f(\theta_0,\varphi_0)\frac{a^2-\rho^2}{(a^2+\rho^2-2a\rho\cos\gamma)^{3/2}}\sin\theta_0\mathrm{d}\theta_0\mathrm{d}\varphi_0 \tag{7.4.20}$$
称作球边界 Poisson 积分公式。

例 2　求上半空间的 Dirichlet-Green 函数。

解　问题写成定解问题为
$$\begin{cases}\nabla^2 G=-\delta(x-x_0,y-y_0,z-z_0) & (z>0)\\ G|_{z=0}=0\end{cases} \tag{7.4.21}$$
由式(7.4.6) 和式(7.4.7),有
$$G=\frac{1}{4\pi r}+g \tag{7.4.22}$$
其中

$$\begin{cases}\nabla^2 g = 0 \quad (z > 0) \\ g\big|_{z=0} = -\dfrac{1}{4\pi r}\Big|_{z=0}\end{cases} \tag{7.4.23}$$

为了求 g,由电像法知,可在 $M_0(x_0,y_0,z_0)$ 关于边界面 $z=0$ 的像点 $M_1(x_0,y_0,-z_0)$ 处放置一负电荷 $-q$(如图7.4.4所示),使得它在上半空间中任意一点 $M(x,y,z)$ 处所产生的电势 $\dfrac{-q}{4\pi\varepsilon_0 r_1}$ 与 M_0 点的正点电荷 ε_0 在边界面 $z=0$ 上的感应电荷所产生的电势 g 等效。为此,只需

$$\begin{cases}\dfrac{-q}{4\pi\varepsilon_0 r_1}\Big|_{z=0} = \dfrac{-1}{4\pi r}\Big|_{z=0} \\ \nabla^2\left(\dfrac{-q}{4\pi\varepsilon_0 r_1}\right) = 0 \quad (z > 0)\end{cases} \tag{7.4.24}$$

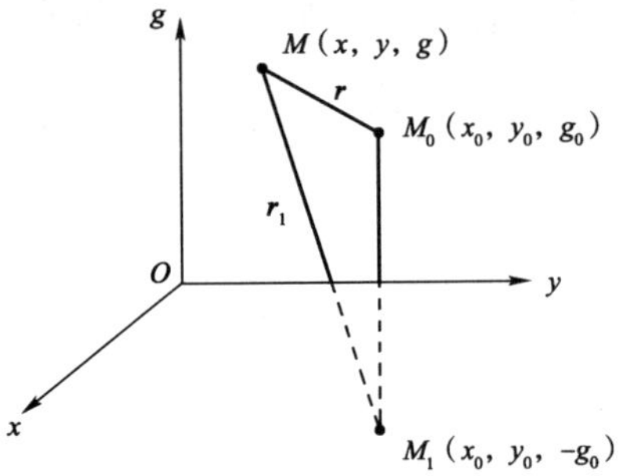

图 7.4.4

对比式(7.4.23)和式(7.4.24)知

$$g = \frac{-q}{4\pi\varepsilon_0 r_1}$$

注意到在边界面 $z=0$ 上 $r_1 = r$,故由定解问题(7.4.24)中的第一个式子,有

$$-q = -\varepsilon_0$$

于是

$$g = -\frac{1}{4\pi r_1} \tag{7.4.25}$$

这里取 $\varepsilon_0 = 1$,不失一般性。将式(7.4.25)代入式(7.4.22),得到上半空间的 Dirichlet-Green 函数为

$$G = \frac{1}{4\pi r} - \frac{1}{4\pi r_1} \quad (z > 0) \tag{7.4.26}$$

类似地,可以得到定解问题

$$\begin{cases}\nabla^2 G = -\delta(x-x_0, y-y_0) \quad (y > 0) \\ G\big|_{y=0} = 0\end{cases} \tag{7.4.27}$$

的解,即上半平面的 Dirichlet-Green 函数为

$$G = \frac{1}{2\pi}\ln\frac{r_1}{r} \tag{7.4.28}$$

习　题　7

1. 求解上半平面的 Dirichlet 问题

$$\begin{cases}u_{xx} + u_{yy} = 0 \quad (y > 0) \\ u\big|_{y=0} = f(x)\end{cases}$$

2. 求解上半空间的 Dirichlet 问题

$$\begin{cases}\nabla^2 u = 0 & (z > 0) \\ u\big|_{z=0} = f(x,y)\end{cases}$$

3.(1) 用电像法求出圆域 Poisson 方程的 Green 函数 $G(x,y;x_0,y_0)$，$M_0(x_0,y_0)$ 是圆内的一点，G 满足

$$\nabla^2 G = \delta(x - x_0)\delta(y - y_0)\,, \qquad G\big|_{\rho=a} = 0$$

(2) 在圆 $\rho = a$ 求 Laplace 方程第一边值(Dirichlet)问题：

$$\begin{cases}\nabla^2 u = 0 & (\rho \leqslant a) \\ u\big|_{\rho=a} = f(\varphi)\end{cases}$$

(3) 在圆形域 $\rho \leqslant a$ 上求解 $\nabla^2 u = 0$，使满足边界条件 $u\big|_{\rho=a} = A\cos\varphi$

4. 求区间 $0 \leqslant x < \infty$， $0 < y < \infty$ 的 Green 函数，并由此求解 Dirichlet 问题：

$$\begin{cases}u_{xx} + u_{yy} = 0 \\ u(0,y) = f(y) & (0 \leqslant y \leqslant \infty) \\ u(x,0) = 0 & (0 \leqslant y \leqslant \infty)\end{cases}$$

其中 f 为已知的连续函数，且 $f(0) = 0$。

5. 求解下列边值问题

$$\begin{cases}\nabla^2 u = 0, z > 0 & (-\infty < x < \infty, y > 0) \\ u(x,0) = \varphi(x)\end{cases}$$

* 第8章 积分方程和非线性微分方程简介

积分方程是数学物理方程的一个重要组成部分,在研究数学其他分支和各种物理问题中有着广泛的应用;而非线性数学物理问题的研究是当今数学物理和工程学科最热门的课题之一。为了跟上数学物理的最新进展,本章简单介绍积分方程和非线性微分方程的一些基本概念及最常见的解法,作为入门和引论,有兴趣的读者可以参考其他专门文献或专著。在第一节中我们先讨论积分方程的分类,然后讨论它们的一些解法,最后简单地介绍积分方程与微分方程的联系。在第2节中介绍非线性微分方程的一些基础知识。

8.1 积分方程的分类与解法

8.1.1 积分方程的概念与分类

在方程中,未知函数含于积分号下的,称为积分方程。以 $\varphi(x)$ 为未知函数的积分方程的一般形式如下

$$h(x)\varphi(x) - \lambda\int_a^b K(x,y)F[\varphi(y)]\mathrm{d}y = f(x) \quad (a \leqslant x \leqslant b) \tag{8.1.1}$$

在上式中 $h(x)$、$K(x,y)$ $(a \leqslant x,y \leqslant b)$ 和 $f(x)$ 是已知函数,$\varphi(x)$ 是未知函数,λ 是参数(经常起着本征值的作用),积分限 a 和 b 是常数。$K(x,y)$ 称为积分方程的核,简称积分核。$f(x)$ 称为自由项,如果 $f(x) \equiv 0$,则称为齐次积分方程。若 $F[\varphi(x)]$ 是 φ 的线性函数,即在 $F[\varphi(x)]$ 中只出现 φ 的一次式,则称为线性积分方程,它的一般形式是

$$h(x)\varphi(x) - \lambda\int_a^b K(x,y)\varphi(y)\mathrm{d}y = f(x) \quad (a \leqslant x \leqslant b) \tag{8.1.2}$$

如果 $F[\varphi(x)]$ 不是 φ 的一次式,则称为非线性积分方程。本章只限于讨论线性积分方程。

在(8.1.2)中,如果 $h(x) = 0$,则有

$$\int_a^b K(x,y)\varphi(y)\mathrm{d}y = f(x) \quad (a \leqslant x \leqslant b) \tag{8.1.3}$$

形如式(8.1.3)的方程称为第一类 Fredholm 积分方程。若 $h(x) = 1$,则有

$$\varphi(x) - \lambda\int_a^b K(x,y)\varphi(y)\mathrm{d}y = f(x) \quad (a \leqslant x \leqslant b) \tag{8.1.4}$$

称方程(8.1.4)为第二类 Fredholm 积分方程。在有些情况下,当 $y > x$ 时,$K(x,y) = 0$,这时方程(8.1.3)和方程(8.1.4)中积分的上限变为 x,即

$$\int_a^x K(x,y)\varphi(y)\mathrm{d}y = f(x) \tag{8.1.5}$$

和

$$\varphi(x) - \lambda\int_a^x K(x,y)\varphi(y)\mathrm{d}y = f(x) \tag{8.1.6}$$

方程(8.1.5)和方程(8.1.6)分别称为第一类和第二类 Volterra 方程。

按照积分核 $K(x,y)$ 的不同性质,积分方程又可以分为以下几种类型

(1)$K(x,y)$ 是平方可积的,即 $|K(x,y)|^2$ 在矩形区域 $a \leqslant x \leqslant b$; $a \leqslant y \leqslant b$ 上的积分收敛,即

$$\int_a^b \mathrm{d}x\int_a^b |K(x,y)|^2\mathrm{d}y < \infty \tag{8.1.7}$$

则称相应的积分方程为具有平方可积核的方程,简称平方可积核方程;特别,如果 $K(x,y)$ 在区域 $a \leqslant x \leqslant b$; $a \leqslant y \leqslant b$ 上是连续的,则称为连续核方程。

(2) 如果

$$K(x,y) = \sum_{i=1}^n a_i(x)b_i(y) \tag{8.1.8}$$

则称方程为退化核(或可分离核)方程。

(3) 如果

$$K(x,y) = \frac{B(x,y)}{|x-y|^\alpha} \tag{8.1.9}$$

其中函数 $B(x,y)$ 在区域 $a \leqslant x \leqslant b; a \leqslant y \leqslant b$ 上是有界的,而且常数 α 满足条件 $0 < \alpha < 1$,则称方程为弱奇性核方程。

(4) 如果在核 $K(x,y)$ 中交换两个自变量的位置并取复数共轭后的函数,记为 $K^+_-(x,y)$(核 $K^+_-(x,y)$ 称为核 $K(x,y)$ 的共轭核),满足条件

$$K^+_-(x,y) \equiv K^*(y,x) = K(x,y) \tag{8.1.10}$$

则方程称为对称核(或自共轭核)方程。特别,当 $K(x,y)$ 是实函数时,式(8.1.10)成为简单的实对称条件

$$K(y,x) = K(x,y) \tag{8.1.11}$$

积分方程中的未知函数也可以是多元函数,例如代替方程(8.1.2)可以有方程

$$h(r)\varphi(r) - \lambda\iiint_V K(r,r')\varphi(r')\mathrm{d}r' = f(r) \quad (r \in V)$$

其中 V 是三维空间的一个区域。对它的讨论与方程(8.1.2)类似。

本章限于讨论未知函数是一元函数的积分方程。

8.1.2　退化核方程的求解

对于具有退化核的 Fredholm 方程

$$\varphi(x) - \lambda\int_a^b K(x,y)\varphi(y)\mathrm{d}y = f(x) \quad (a \leqslant x \leqslant b) \tag{8.1.12}$$

我们总可以认为 $\{a_i(x)\}(i = 1,2,\cdots,n)$ 是线性独立的,同时,$\{b_i(x)\}(i = 1,2,\cdots,n)$ 也是线性独立的,而相应的积分方程可以写为

$$\varphi(x) - \lambda\sum_{i=1}^n a_i(x)\int_a^b b_i(y)\varphi(y)\mathrm{d}y = f(x) \tag{8.1.13}$$

这种方程的求解将归结为线性代数方程组的求解。事实上,记

$$c_i \equiv \int_a^b b_i(y)\varphi(y)\mathrm{d}y \quad (i = 1,2,\cdots,n) \tag{8.1.14}$$

则方程(8.1.13)成为

$$\varphi(x) = f(x) + \lambda \sum_{i=1}^{n} c_i a_i(x) \tag{8.1.15}$$

由此可见,求函数 $\varphi(x)$ 就归结为求 n 个常数 c_i。c_i 的求法如下:

用 $b_k(x)$ 乘式(8.1.15)的两边,并对 x 从 a 到 b 积分,得

$$\int_a^b \varphi(x)b_k(x)\mathrm{d}x = \int_a^b f(x)b_k(x)\mathrm{d}x + \lambda \sum_{i=1}^{n} c_i\int_a^b a_i(x)b_k(x)\mathrm{d}x \tag{8.1.16}$$

记

$$f_k \equiv \int_a^b b_k(y)f(y)\mathrm{d}y \quad (i = 1,2,\cdots,n) \tag{8.1.17}$$

$$a_{ki} \equiv \int_a^b b_k(y)a_i(y)\mathrm{d}y \quad (i,k = 1,2,\cdots,n) \tag{8.1.18}$$

则(8.1.16)成为

$$c_k = f_k + \lambda \sum_{i=1}^{n} a_{ki}c_i \quad (k = 1,2,\cdots n) \tag{8.1.19}$$

这是一个代数方程组,其系数行列式是

$$D(\lambda) \equiv \begin{vmatrix} 1-\lambda a_{11} & -\lambda a_{12} & \cdots & -\lambda a_{1n} \\ -\lambda a_{21} & 1-\lambda a_{22} & \cdots & -\lambda a_{2n} \\ \cdots & \cdots & \cdots & \cdots \\ -\lambda a_{n1} & -\lambda a_{n2} & \cdots & -\lambda a_{nn} \end{vmatrix} \tag{8.1.20}$$

它是 λ 的 n 次多项式。

如果 $D(\lambda) \neq 0$,即 λ 不是方程 $D(\lambda) = 0$ 的根,则 n 个常数 $c_k(k = 1,2,\cdots n)$ 由方程组(8.1.19)所唯一确定,于是原方程(8.1.13)有唯一解(8.1.15),如果 λ 满足 $D(\lambda) = 0$,则方程组(8.1.19)或者无解或者有无穷多组解,因而方程(8.1.13)无解或者有无穷多个解。方程 $D(\lambda) = 0$ 的根称为方程(8.1.19)的本征值,而这时相应的齐次方程具有非零解(因而有无穷多个非零解),这些解称为原方程(8.1.13)的本征函数。因此我们还可以将本征值定义为使相应的齐次方程存在的非零解的 λ 值。

例 1 求解方程

$$\varphi(x) - \lambda\int_0^1 (x+y)\varphi(y)\mathrm{d}y = f(x) \quad (0 \leqslant x \leqslant 1)$$

其中 $f(x)$ 是已知函数,而 $\lambda \neq -6 \pm 4\sqrt{3}$。

解 现在 $a_1 = x, b_1 = 1; a_2 = 1, b_2 = y$, 所以

$$a_{11} = \int_0^1 y\mathrm{d}y = \frac{1}{2}, \quad a_{12} = \int_0^1 \mathrm{d}y = 1$$

$$a_{21} = \int_0^1 y^2\mathrm{d}y = \frac{1}{3}, \quad a_{22} = \int_0^1 y\mathrm{d}y = \frac{1}{2}$$

$$f_1 = \int_0^1 f(y)\,\mathrm{d}y, \qquad f_2 = \int_0^1 yf(y)\,\mathrm{d}y$$

代入式(8.1.19)，得代数方程组

$$\begin{bmatrix} 1-\frac{1}{2}\lambda & -\lambda \\ -\frac{1}{3}\lambda & 1-\frac{1}{2}\lambda \end{bmatrix}\begin{bmatrix} C_1 \\ C_2 \end{bmatrix} = \begin{bmatrix} f_1 \\ f_2 \end{bmatrix}$$

由 $D(\lambda) = -\frac{1}{12}(\lambda^2+12\lambda-12) = 0$ 得到 $\lambda = -6 \pm 4\sqrt{3}$。这就是原积分方程的本征值，当 $\lambda \neq -6 \pm 4\sqrt{3}$ 时，由上述代数方程组解得

$$C_1 = -\frac{12\left[\left(1-\frac{1}{2}\lambda\right)f_1 + \lambda f_2\right]}{\lambda^2+12\lambda-12}, \quad C_2 = -\frac{12\left[\left(1-\frac{1}{2}\lambda\right)f_2 + \frac{1}{3}\lambda f_1\right]}{\lambda^2+12\lambda-12}$$

于是，由式(8.1.15)得到积分方程的解

$$\varphi(x) = f(x) - \frac{12\lambda\left\{\left[\left(1-\frac{1}{2}\lambda\right)x + \frac{1}{3}\lambda\right]f_1 + \left(\lambda x + 1 - \frac{1}{2}\lambda\right)f_2\right\}}{\lambda^2+12\lambda-12}$$

$$= f(x) - 12\lambda\int_0^1 \frac{x+y-\left(\frac{x+y}{2}-xy-\frac{1}{3}\right)\lambda}{\lambda^2+12\lambda-12}f(y)\,\mathrm{d}y$$

例 2　求解积分方程

$$\varphi(x) = f(x) + \lambda\int_0^{\pi} K(x,y)\varphi(y)\,\mathrm{d}y$$

其中 $K(x,y) = \cos(x+y) = \cos x\cos y - \sin x\sin y$，$f(x)$ 是定义在 $0 \leqslant x \leqslant \pi$ 上的已知连续函数。

解　$a_1(x) = b_1(x) = \cos x$，$a_2(x) = b_2(x) = \sin x$，故有

$$a_{11} = \int_0^{\pi}\cos^2 x\,\mathrm{d}x = \frac{\pi}{2}, \quad a_{12} = a_{21} = 0, \quad a_{22} = -\int_0^{\pi}\sin^2 x\,\mathrm{d}x = -\frac{\pi}{2}$$

于是有

$$\left(1-\frac{\pi}{2}\lambda\right)C_1 = f_1, \quad \left(1+\frac{\pi}{2}\lambda\right)C_2 = f_2$$

显然特征值为 $\lambda = \pm\frac{2}{\pi}$，可以验证相应的特征函数为

$$\varphi_1(x) = \sqrt{\frac{2}{\pi}}\cos x, \quad \varphi_2(x) = \sqrt{\frac{2}{\pi}}\sin x$$

当 $\lambda \neq \pm\frac{2}{\pi}$ 时，可以解出

$$C_1=\frac{f_1}{1-\frac{\pi}{2}\lambda},\quad C_2=\frac{f_2}{1+\frac{\pi}{2}\lambda}$$

于是积分方程的解是

$$\varphi(x)=f(x)+\lambda(c_1\cos x+c_2\sin x)$$

例3 解积分方程

$$\varphi(x)=x^2+\lambda\int_0^1(1+xy\varphi(y))\mathrm{d}y$$

解 $f(x)=x^2$, $K(x,y)=1+xy$, $a_1(x)=b_1(x)=1$, $a_2(x)=b_2(x)=x$。于是有

$$a_{11}=\int_0^1\mathrm{d}x=1,\quad a_{12}=a_{21}=\int_0^1 x\mathrm{d}x=\frac{1}{2},\quad a_{22}=\int_0^1 x^2\mathrm{d}x=\frac{1}{3}$$

$$f_1=\int_0^1 x^2\mathrm{d}x=\frac{1}{3},\quad f_2=\int_0^1 x^3\mathrm{d}x=\frac{1}{4}$$

因此

$$C_1-\lambda\left(c_1+\frac{1}{2}c_2\right)=\frac{1}{3},\quad C_2-\lambda\left(\frac{1}{2}C_1+\frac{1}{3}C_2\right)=\frac{1}{4}$$

这个方程组的系数行列式是

$$D(\lambda)=\begin{vmatrix}1-\lambda & -\frac{1}{2}\lambda\\ -\frac{1}{2}\lambda & 1-\frac{1}{3}\lambda\end{vmatrix}$$

当$D(\lambda)\neq 0$时,既可以得到

$$C_1=\frac{24+\lambda}{6(12-16\lambda+\lambda^2)},\quad C_2=\frac{3-\lambda}{12-16\lambda+\lambda^2}$$

原积分方程的解为

$$\varphi(x)=x^2+\lambda C_1+\lambda C_2x$$

从上面的讨论可知,如果积分方程的核是退化的,则一个积分方程的问题就化成了一个代数方程组的问题。如果退化核有N项,则方程就有N个本征值,当然它们有可能彼此相同。因为具有退化核的积分方程的解与相应的代数方程组的解密切相关,所以具有退化核的积分方程的性质可由相应的代数方程组的性质导出。Fredholm 将这些性质简化为一系列理论,这些理论被人们称为 Fredholm 定理。这里我们将这些定理不加证明地叙述如下:

定理1 如果λ不是本征值,则对于任何的非齐次项$f(x)$,积分方程(8.1.13)有唯一解;如果λ是本征值,则齐次方程

$$\varphi(x)-\lambda\int_a^b K(x,y)\varphi(y)\mathrm{d}y=0 \tag{8.1.21}$$

至少有一个非平凡解,即本征函数。而且与一个本征值相对应的,线性独立的本征函数只有一个。

定理2 如果λ不是积分方程(8.1.13)的本征值,那么λ也不是其转置方程

$$\varphi(x)-\lambda\int_a^b K(y,x)\varphi(y)\mathrm{d}y=f(x)$$

的一个本征值；如果 λ 是本征值，则 λ 也是转置方程的一个本征值。即齐次积分方程

$$\varphi(x) - \lambda\int_a^b K(y,x)\varphi(y)\mathrm{d}y = 0 \tag{8.1.22}$$

至少有一个非平凡解。

定理3　若 λ 是一个本征值，则非齐次积分方程(8.1.13)有解的充要条件是：$f(x)$ 与转置齐次方程(8.1.22)的一切解正交，即

$$\int_a^b \varphi(x)f(x)\mathrm{d}x = 0 \tag{8.1.23}$$

其中 $\varphi(x)$ 满足方程(8.1.22)。

事实上，定理 2 是这样一个事实的模拟：即一个矩阵和它的转置矩阵有相同的本征值。如果以 $\varphi(x)$ 乘以(8.1.13)式两边并对 x 积分，便得到条件式(8.1.23)。

应当指出，Fredholm 定理仅严格地适用于非奇异积分方程，奇异积分方程的理论是一个不同的问题。

具有退化核的 Volterra 方程常常能够通过求微分化成微分方程来求解。举例如下：

例 4　求解积分方程

$$u(x) - \int_0^x xyu(y)\mathrm{d}y = x$$

解　令 $g(x) = \int_0^x yu(y)\mathrm{d}y$，则原积分方程可以写成

$$u(x) = x + xg(x)$$

而

$$g'(x) = xu(x) = x[x + xg(x)]$$

解此微分方程得

$$g(x) = -1 + Ce^{\frac{x^3}{3}}$$

于是

$$u(x) = Cxe^{\frac{x^3}{3}}$$

其中 C 为积分常数，代入原方程可求得 $C = 1$。

8.1.3　积分方程的迭代解法

1. 第二类 Volterra 方程的迭代法

已知

$$\varphi(x) - \lambda\int_a^x K(x,y)\varphi(y)\mathrm{d}y = f(x) \quad (a \leqslant x \leqslant b) \tag{8.1.24}$$

其中 $K(x,y)$ 和 $f(x)$ 是定义域 $a \leqslant y \leqslant x \leqslant b$ 上的连续函数。

先把 $\varphi(x)$ 表示成参数 λ 的幂级数

$$\varphi(x) = \varphi_0(x) + \varphi_1(x)\lambda + \varphi_2(x)\lambda^2 + \cdots + \varphi_n(x)\lambda^n + \cdots \tag{8.1.25}$$

式中 $\varphi_i(x)$　$(i = 1,2,\cdots)$ 是待定参数。当式(8.1.25)在 $[a,b]$ 上已知收敛时，把(8.1.25)代入到(8.1.24)，进行逐项积分。比较等式两边 λ 各次幂的系数，便得到方程组

$$\begin{cases}\varphi_0(x) = f(x) \\ \varphi_1(x) = \int_a^x K(x,y)\varphi_0(y)\mathrm{d}y = K[\varphi_0(x)] \\ \varphi_2(x) = \int_a^x K(x,y)\varphi_1(y)\mathrm{d}y = K[\varphi_1(x)] \\ \qquad \cdots\cdots\cdots\cdots \\ \varphi_n(x) = \int_a^x K(x,y)\varphi_{n-1}(y)\mathrm{d}y = K[\varphi_{n-1}(x)] \\ \qquad \cdots\cdots\cdots\cdots \end{cases} \tag{8.1.26}$$

从以上各式可以逐次定出函数 $\varphi_i(x) \quad (i = 1,2,\cdots)$,从而得到方程(8.1.24)的解。

定理 4 设核 $K(x,y)$ 在区域 $a \leqslant y \leqslant x \leqslant b$ 上是连续的,$f(x)$ 在区间 $a \leqslant x \leqslant b$ 上也是连续的,则对任何的 λ 值方程(8.1.24)存在唯一的解(8.1.25),且解(8.1.25)在$[a,b]$上绝对且一致收敛。

证明 因为 $K(x,y)$ 和 $f(x)$ 都是闭区域上的连续函数,故它们均有界,设

$$|K(x,y)| \leqslant M_1, \quad |f(x)| \leqslant M \quad (M_1 \text{ 和 } M \text{ 均为常数})$$

因此有

$$|\varphi_1(x)| = \left|\int_a^x K(x,y)f(y)\mathrm{d}y\right| \leqslant \int_a^x |K(x,y)| \cdot |f(y)|\mathrm{d}y \leqslant M_1 M\int_a^x \mathrm{d}y = M_1 M(x-a)$$

$$|\varphi_1(x)| = \left|\int_a^x K(x,y)\varphi_1(y)\mathrm{d}y\right| \leqslant \int_a^x |K(x,y)| \cdot |\varphi_1(y)|\mathrm{d}y \leqslant \int_a^x M_1 M_1 M(y-a)\mathrm{d}y$$

$$= {M_1}^2 M\frac{(x-a)^2}{2!}$$

同理可得

$$|\varphi_n(x)| \leqslant \frac{{M_1}^n M}{n!}(x-a)^n$$

于是式(8.1.25)的通项 $\varphi_1(x)\lambda^n$ 满足下列不等式

$$|\lambda^n \varphi_n(x)| \leqslant |\lambda|^n \cdot \frac{M_1^n M}{n!}|x-a|^n = M \cdot \frac{|\lambda M_1(x-a)|^n}{n!} \leqslant M \cdot \frac{|\lambda M_1(b-a)|^n}{n!}(a \leqslant x \leqslant b)$$

由级数的达朗贝尔判别法,知正项级数

$$\sum_{n=1}^{\infty} M \cdot \frac{|\lambda M_1(b-a)|^n}{n!}$$

收敛,故式(8.1.25)中的级数在$[a,b]$上绝对且一致收敛。再由式(8.1.26)的形成过程知式(8.1.25)是式(8.1.24)的解。

再证式(8.1.24)的解是唯一的。设式(8.1.24)有解 $\varphi(x)$ 和 $\bar{\varphi}(x)$,则它们的差 $w(x) = \varphi(x) - \bar{\varphi}(x)$ 将满足齐次积分方程

$$w(x) = \lambda\int_a^x K(x,y)w(y)\mathrm{d}y \tag{8.1.27}$$

这里的 $w(x)$ 显然是连续的,因而有界,设$|w(x)| \leqslant N$,N 为常数,再设

$$\begin{cases} w_1(x) = \lambda K[w(x)] = \lambda\int_a^x K(x,y)w(y)\mathrm{d}y \\ \varphi_2(x) = \lambda K[w_1(x)] = \lambda\int_a^x K(x,y)w_1(y)\mathrm{d}y \\ \cdots \qquad \cdots \\ \varphi_n(x) = \lambda K[\varphi_{n-1}(x)] = \lambda\int_a^x K(x,y)\varphi_{n-1}(y)\mathrm{d}y \\ \cdots \qquad \cdots \end{cases} \tag{8.1.28}$$

仿前可证

$$|w_n(x)| \leqslant N\cdot\frac{|\lambda M_1(x-a)|^n}{n!} \leqslant N\cdot\frac{[|\lambda|M_1(b-a)]^n}{n!}$$

由于$|\lambda|M_1(b-a)$是定数,故

$$\lim_{n\to\infty}N\cdot\frac{[|\lambda|M_1(b-a)]^n}{n!}=0,\quad \lim_{n\to\infty}w_n(x)=0$$

另一方面,$w(x)$满足式(8.1.27),故由式(8.1.28)得

$$w_1(x) = \lambda\int_a^x K(x,y)w(y)\mathrm{d}y = w(x)$$

$$w_2(x) = \lambda\int_a^x K(x,y)w_1(y)\mathrm{d}y = \lambda\int_a^x K(x,y)w(y)\mathrm{d}y = w(x)$$

依次类推,可得

$$w_n(x) = w(x)$$

于是有

$$w(x) = w_1(x) = w_2(x) = \cdots = w_n(x) = \cdots$$

因此由$\lim_{n\to\infty}w_n(x)=0$,得

$$w(x) = w_1(x) = w_2(x) = \cdots = w_n(x) = \cdots \equiv 0$$

即

$$\varphi(x) \equiv \bar{\varphi}(x)$$

这就证明了解的唯一性。

例 5　解方程 $\varphi(x) = x + \int_0^x (y-x)\varphi(y)\mathrm{d}y$

解　这里 $K(x,y) = y - x$, $f(x) = x$, $\lambda = 1$, 由式(8.1.26),得

$$\begin{cases} \varphi_0(x) = f(x) = x \\ \varphi_1(x) = \int_0^x (y-x)y\mathrm{d}y = \frac{x^3}{3} - \frac{x^3}{2} = -\frac{x^3}{3!} \\ \varphi_2(x) = \int_0^x (y-x)\left(-\frac{y^3}{3!}\right)\mathrm{d}y = -\frac{1}{3!}\left(\frac{x^6}{5}-\frac{x^6}{4}\right) = \frac{x^6}{5!} \\ \cdots \qquad \cdots \\ \varphi_n(x) = \int_0^x (y-x)\varphi_{n-1}(y)\mathrm{d}y = (-1)^n\frac{x^{2n+1}}{(2n+1)!} \end{cases}$$

于是所求问题的解为

$$\varphi(x) = x - \frac{x^3}{3!} + \frac{x^5}{5!} - \cdots + (-1)^n \frac{x^{2n+1}}{(2n+1)!} + \cdots = \sin x$$

2. 第一类 Volterra 方程的迭代解法

在一定条件下,第一类 Volterra 方程

$$f(x) = \int_a^x K(x,y)\varphi(y)\,\mathrm{d}y \tag{8.1.29}$$

可以化成第二类方程求解。当 $x = a$ 时,$f(a) = 0$。

设 $f(x)$ 与 $K(x,y)$ 的导数或偏导数存在,将式(8.1.29)两端对 x 求导,得到

$$f'(x) = K(x,x)\varphi(x) + \int_a^x \frac{\partial}{\partial x}K(x,y)\varphi(y)\,\mathrm{d}y$$

当 $K(x,x) \neq 0$ 时,用 $K(x,x)$ 除上式两边,得到

$$\frac{f'(x)}{K(x,x)} = \varphi(x) + \int_a^x \frac{K_x(x,y)}{K(x,x)}\varphi(y)\,\mathrm{d}y$$

这就是第二类 Volterra 方程。

另外一种转化方法是用分部积分法化简积分 $\int_a^x K(x,y)\varphi(y)\,\mathrm{d}y$,

$$\int_a^x K(x,y)\varphi(y)\,\mathrm{d}y = [K(x,y)v(y)]_a^x - \int_a^x K_y(x,y)v(y)\,\mathrm{d}y$$

式中 $v(y) = \int_a^y \varphi(t)\,\mathrm{d}t$,显然 $v(a) = 0$。故有

$$\int_a^x K(x,y)\varphi(y)\,\mathrm{d}y = K(x,x)v(x) - \int_a^x K_y(x,y)v(y)\,\mathrm{d}y$$

于是方程(8.1.29)变为

$$f(x) = K(x,x)v(x) - \int_a^x K_y(x,y)v(y)\,\mathrm{d}y$$

当 $K(x,x) \neq 0$ 时,用 $K(x,x)$ 除上式两边,即得

$$\frac{f(x)}{K(x,x)} = v(x) - \int_a^x \frac{K_x(x,y)}{K(x,x)}v(y)\,\mathrm{d}y$$

这便是一个第二类 Volterra 方程。

当 $K(x,x) = 0$ 时,用两种方法所得到的方程虽然都仍为第一类 Volterra 方程,但这时可以(用两种方法)继续化简,总能把方程化为第二类 Volterra 方程求解。如果积分核 $K(x,y)$ 是 y 的多项式,则可以直接积分。

例 6 解方程

$$x^3 = \int_0^x \left[1 + 4(y - x) + \frac{3}{2}(y - x)^2\right]\varphi(y)\,\mathrm{d}y$$

解　将方程两边对 x 求导三次,依次得

$$\begin{cases} 3x^2 = \varphi(x) - \int_0^x [4 + 3(y - x)]\varphi(y)\mathrm{d}y \\ 6x = \varphi'(x) - 4\varphi(x) + 3\int_0^x \varphi(y)\mathrm{d}y \\ 6 = \varphi''(x) - 4\varphi'(x) + 3\varphi(x) \end{cases} \tag{8.1.30}$$

上式中最后一个方程是二阶常系数线性微分方程,它的解为

$$\varphi(x) = Ae^{3x} + Be^{x} + 2$$

为了确定常数 A 和 B,从式(8.1.30)的前两式可得 $\varphi(0) = 0,\varphi'(0) = 0$,于是有

$$A + B + 2 = 0, 3A + B = 0$$

解之得

$$A = 1, B = -3$$

所以,积分方程的解为

$$\varphi(x) = e^{3x} - 3e^{x} + 2$$

3. 第二类 Fredholm 方程的迭代解法

对于具有平方可积核的第二类 Fredholm 方程

$$\varphi(x) - \lambda\int_a^b K(x,y)\varphi(y)\mathrm{d}y = f(x) \quad (a \leqslant x \leqslant b) \tag{8.1.31}$$

的解法与 Volterra 方程(8.1.24)的解法类似,不同的是这时的 λ 要受到一定的限制。有如下定理:

定理 5　设

$$|K|^2 = \int_a^b \mathrm{d}x\int_a^b |K(x,y)|^2\mathrm{d}y < \infty$$

$$\|f\|^2 = \int_a^b |f(x)|^2\mathrm{d}x < \infty$$

且函数

$$k^2(x) \equiv \int_a^b |K(x,y)|^2\mathrm{d}y$$

在区间 $a \leqslant x \leqslant b$ 上是有界的,则只要 λ 满足条件

$$|\lambda| < \frac{1}{|N|} \tag{8.1.32}$$

其中 N 为某个常数。则方程(8.1.31)存在唯一解

$$\varphi(x) = f(x) + \sum_{n=1}^{\infty} \lambda^n \varphi_n(x) \tag{8.1.33}$$

其中

$$\begin{cases}\varphi_0(x) = f(x) \\ \varphi_1(x) = \int_a^b K(x,y)\varphi_0(y)\mathrm{d}y \\ \cdots \quad \cdots \\ \varphi_n(x) = \int_a^b K(x,y)\varphi_{n-1}(y)\mathrm{d}y \\ \cdots \quad \cdots \end{cases} \tag{8.1.34}$$

并且解(8.1.33)是绝对一致收敛的。

证明 由条件可设$|f(x)| \leqslant M_1$，$|K(x,y)| \leqslant M$。则有对$\varphi_n(x)$的逐次估计如下：

$$|\varphi_0(x)| = |f(x)| \leqslant M_1$$

$$|\varphi_1(x)| = \left|\int_a^b K(x,y)\varphi_0(y)\mathrm{d}y\right| \leqslant \int_a^b |K(x,y)|\cdot|\varphi_0(y)|\mathrm{d}y \leqslant \int_a^b MM_1\mathrm{d}y = MM_1(b-a)$$

$$|\varphi_2(x)| = \left|\int_a^b K(x,y)\varphi_1(y)\mathrm{d}y\right| \leqslant \int_a^b |K(x,y)|\cdot|\varphi_1(y)|\mathrm{d}y \leqslant \int_a^b MM_1M(b-a)\mathrm{d}y$$

$$= M^2M_1(b-a)^2$$

……

$$|\varphi_n(x)| = \left|\int_a^b K(x,y)\varphi_{n-1}(y)\mathrm{d}y\right| \leqslant \int_a^b |K(x,y)|\cdot|\varphi_{n-1}(y)|\mathrm{d}y \leqslant \int_a^b MM_1M^{n-1}(b-a)^{n-1}\mathrm{d}y$$

$$= M^nM_1(b-a)^n$$

……

故对(8.1.33)中的一般项有

$$|\varphi_n(x)\lambda^n| \leqslant M_1[\,|\lambda|M(b-a)\,]^n$$

当λ满足条件

$$|\lambda|M(b-a) < 1, \text{即} \ |\lambda| < \frac{1}{M(b-a)} \tag{8.1.35}$$

时，正项级数$\sum_{n=1}^{\infty} M_1[\,|\lambda|M(b-a)\,]^n$是收敛的。因此级数(8.1.33)在$[a,b]$上绝对且一致收敛。故它在$[a,b]$上定义一个连续函数。显然它是(8.1.31)的唯一解。当λ不满足(8.1.35)时，则不能用上述迭代法求解。

例7 解积分方程

$$\varphi(x) = \frac{5}{6}x + \frac{1}{2}\int_0^1 xy\varphi(y)\mathrm{d}y$$

解 这里$f(x) = \frac{5}{6}x$，$K(x,y) = xy$，$\lambda = \frac{1}{2}$，$0 \leqslant x,y \leqslant 1$，$|K(x,y)| \leqslant 1 = M$，$\frac{1}{M(b-a)} = \frac{1}{1(1-0)} = 1$，$\lambda = \frac{1}{2} < 1$，因此积分方程的解可以表示为

$$\varphi(x) = \varphi_0(x) + \frac{1}{2}\varphi_1(x) + \left(\frac{1}{2}\right)^2\varphi_2(x) + \cdots$$

式中

$$\varphi_0(x) = f(x) = \frac{5}{6}x$$

$$\varphi_1(x) = \int_0^1 xy\frac{5}{6}y\mathrm{d}y = \frac{5}{18}x = \frac{5}{6}\left(\frac{1}{3}\right)x$$

$$\varphi_2(x) = \int_0^1 xy\frac{5}{18}y\mathrm{d}y = \frac{5}{3\cdot 18}x = \frac{5}{6}\left(\frac{1}{3}\right)^2 x,\quad \cdots$$

$$\varphi_n(x) = \int_0^1 xy\varphi_{n-1}(y)\mathrm{d}y = \frac{5}{6}\left(\frac{1}{3}\right)^n x$$

因此,原积分方程的解为

$$\begin{aligned}\varphi(x) &= \frac{5}{6}x + \frac{1}{2}\cdot\frac{5}{6}\left(\frac{1}{3}\right)x + \left(\frac{1}{2}\right)^2\cdot\frac{5}{6}\left(\frac{1}{3}\right)^2 x + \cdots \\ &= \frac{5}{6}\left[1 + \frac{1}{6} + \left(\frac{1}{6}\right)^2 + \cdots\right]x = \frac{5}{6}\cdot\frac{1}{1-\frac{1}{6}}x = x\end{aligned}$$

4. 弱奇异核 Abel 方程的解法

具有弱奇异核的形如

$$\int_a^x \frac{\varphi(y)}{(x-y)^\alpha}\mathrm{d}y = f(x) \tag{8.1.36}$$

(其中 $K(x,y) = (x-y)^{-\alpha}$　$(0<\alpha<1)$ 是无界的)的积分方程称为 Abel 方程。关于 Abel 方程有如下引理和定理:

引理　如果 Abel 方程(8.1.36)有解,则它的解具有下列形式:

$$\varphi(x) = \frac{\sin\alpha\pi}{\pi}\frac{\mathrm{d}}{\mathrm{d}x}\int_0^x \frac{f(t)}{(x-t)^{1-\alpha}}\mathrm{d}t \tag{8.1.37}$$

并且解是唯一的。

证明　设方程(8.1.36)有解,把方程两边的 x 改为 t,并乘以$\frac{\mathrm{d}t}{(x-t)^{1-\alpha}}$,再在$[a,x]$上关于 t 积分,得到

$$\int_a^x \frac{\mathrm{d}t}{(x-t)^{1-\alpha}}\int_a^t \frac{\varphi(y)}{(t-y)^\alpha}\mathrm{d}y = \int_a^x \frac{f(t)}{(x-t)^{1-\alpha}}\mathrm{d}t \tag{8.1.38}$$

交换上式左边积分的顺序,便得

$$\int_a^x \frac{\mathrm{d}t}{(x-t)^{1-\alpha}}\int_a^t \frac{\varphi(y)}{(t-y)^\alpha}\mathrm{d}y = \int_a^x \varphi(y)\mathrm{d}y\int_y^x \frac{\mathrm{d}t}{(x-t)^{1-\alpha}(t-y)^\alpha} = F(x)$$

于是式(8.1.38)化成

$$F(x) = \int_a^x \frac{f(t)}{(x-t)^{1-\alpha}}\mathrm{d}t \tag{8.1.39}$$

对 $F(x)$ 中的积分$\int_y^x \frac{\mathrm{d}t}{(x-t)^{1-\alpha}(t-y)^\alpha}$作变换 $t = y + \xi(x-y)$,则得

$$\int_y^x \frac{\mathrm{d}t}{(x-t)^{1-\alpha}(t-y)\alpha} = \int_0^1 \frac{\mathrm{d}\xi}{\xi^\alpha(1-\xi)^{1-\alpha}} = \frac{\pi}{\sin\alpha\pi}$$

于是式(8.1.39)化成

$$\int_a^x \varphi(y)\frac{\pi}{\sin\alpha\pi}\mathrm{d}y = F(x) = \int_a^x \frac{f(t)}{(x-t)^{1-\alpha}}\mathrm{d}t \tag{8.1.40}$$

将上式两边对 x 求导,即得

$$\varphi(x) = \frac{\sin\alpha\pi}{\pi}F'(x) = \frac{\sin\alpha\pi}{\pi}\frac{\mathrm{d}}{\mathrm{d}x}\int_a^x \frac{f(t)}{(x-t)^{1-\alpha}}\mathrm{d}t$$

由此还同时证明了解的唯一性。

定理 6 Abel 方程(8.1.36)有解

$$\varphi(x) = \frac{\sin\alpha\pi}{\pi}\frac{\mathrm{d}}{\mathrm{d}x}\int_0^x \frac{f(t)}{(x-t)^{1-\alpha}}\mathrm{d}t \tag{8.1.41}$$

并且解是唯一的。

例 8 求解 Abel 方程

$$\int_0^x \frac{\varphi(y)\mathrm{d}y}{\sqrt{x-y}} = -\sqrt{2g}f(x)$$

其中 $f(x)$ 为已知函数。

解 由式(8.1.37),方程的解为

$$\varphi(x) = \frac{\sin\frac{\pi}{2}}{\pi}\frac{\mathrm{d}}{\mathrm{d}x}\int_0^x \frac{-\sqrt{2g}f(t)}{\sqrt{x-t}}\mathrm{d}t = -\frac{\sqrt{2g}}{\pi}\frac{\mathrm{d}}{\mathrm{d}x}\int_0^x \frac{f(t)}{\sqrt{x-t}}\mathrm{d}t$$

Abel 方程还可以写成如下形式:

$$f(x) = \int_0^x K(x-y)\varphi(y)\mathrm{d}y,\quad f(0) = 0 \tag{8.1.42}$$

其中
$$K(x-y) = A(x-y)^{-\alpha}\quad (0 < \alpha < 1) \tag{8.1.43}$$

当函数 $f(x)$ 的导数存在时,这种方程还可以用下述方法来求解。这种方法的要点是把待求函数 $\varphi(x)$ 写成如下形式

$$\varphi(x) = \int_0^x f'(t)h(x-t)\mathrm{d}t \tag{8.1.44}$$

如果能定出函数 $h(x-t)$,则待求函数 $\varphi(x)$ 也就确定了。为此将式(8.1.44)代入到式(8.1.42),得

$$f(x) = \int_0^x K(x-y)\left[\int_0^y f'(t)h(y-t)\mathrm{d}t\right]\mathrm{d}y$$

交换右边积分的顺序,得

$$f(x) = \int_0^x f'(t)\left[\int_t^x K(x-y)h(y-t)\mathrm{d}y\right]\mathrm{d}t$$

此式成立的充分必要条件是

$$\int_t^x K(x-y)h(y-t)\mathrm{d}y \equiv 1 \tag{8.1.45}$$

利用这个充要条件就可以确定函数 $h(y-t)$。为此,令 $\xi = y-t$,则式(8.1.45)可以写成

$$\int_0^{x-t} K(x-t-\xi)h(\xi)\mathrm{d}\xi \equiv 1$$

又令 $\xi = a\eta$，则得

$$a\int_0^1 K(a - a\eta)h(a\eta)\mathrm{d}\eta \equiv 1$$

但是 $K(a - a\eta) = A(a - a\eta)^{-\alpha} = Aa^{-\alpha}(1 - \eta)^{-\alpha}$，因此有

$$Aa^{1-\alpha}\int_0^1 (1 - \eta)^{-\alpha}h(a\eta)\mathrm{d}\eta \equiv 1$$

由于以上恒等式中的 a 是任意的，故此恒等式的左边必与 a 无关，因此，$h(a\eta)$ 必具有形式

$$h(a\eta) = c(a\eta)^{\alpha-1} = ca^{\alpha-1}\eta^{\alpha-1}$$

c 为任意常数。于是恒等式化为

$$Ac\int_0^1 (1 - \eta)^{-\alpha}\eta^{\alpha-1}\mathrm{d}\eta \equiv 1$$

把 $\int_0^1 \eta^{\alpha-1}(1 - \eta)^{-\alpha}\mathrm{d}\eta = \frac{\pi}{\sin\alpha\pi}$ 代入即得

$$\frac{Ac\pi}{\sin\alpha\pi} = 1, \quad c = \frac{\sin\alpha\pi}{A\pi}, \quad h(t) = \frac{\sin\alpha\pi}{A\pi}t^{\alpha-1}$$

从而得到方程的解为

$$\varphi(x) = \frac{\sin\alpha\pi}{A\pi}\int_0^x f'(t)(x - t)^{\alpha-1}\mathrm{d}t$$

8.1.4　对称核的 Fredholm 方程

当 Fredholm 方程的核是实函数且满足条件 $K(x,y) = K(y,x)$ 时，称为对称核积分方程，它在数学物理中有着广泛的应用。下面我们来讨论它的一些性质。

性质 1　对称核的 Fredholm 方程对应于不同特征值的特征函数 $\varphi_i(x)$ 和 $\varphi_j(x)$ 是彼此正交的，即满足

$$\int_a^b \varphi_i(x)\varphi_j(x)\mathrm{d}x = 0 \quad (i \neq j) \tag{8.1.46}$$

证明　设 λ_i 和 λ_j 是方程的两个不同的特征值，$\varphi_i(x)$ 和 $\varphi_j(x)$ 为相应的特征函数，因此有

$$\frac{1}{\lambda_i}\varphi_i(x) = \int_a^b K(x,y)\varphi_i(y)\mathrm{d}y$$

$$\frac{1}{\lambda_j}\varphi_j(x) = \int_a^b K(x,y)\varphi_j(y)\mathrm{d}y$$

用 $\varphi_j(x)$ 和 $\varphi_i(x)$ 分别乘上式第一式和第二式，并对 x 在 $[a,b]$ 上积分，然后相减，得到

$$\left(\frac{1}{\lambda_i} - \frac{1}{\lambda_j}\right)\int_a^b \varphi_i(x)\varphi_j(x)\mathrm{d}x$$

$$= \int_a^b \left[\int_a^b K(x,y)\varphi_i(y)\mathrm{d}y\right]\varphi_j(x)\mathrm{d}x - \int_a^b \left[\int_a^b K(x,y)\varphi_j(y)\mathrm{d}y\right]\varphi_i(x)\mathrm{d}x$$

交换上式右边第一个积分的顺序，并利用条件 $K(x,y) = K(y,x)$，可知上式右端的积分值为零，即

$$\left(\frac{1}{\lambda_i} - \frac{1}{\lambda_j}\right)\int_a^b \varphi_i(x)\varphi_j(x)\mathrm{d}x = 0$$

由于$\frac{1}{\lambda_i} \neq \frac{1}{\lambda_j}$,故有

$$\int_a^b \varphi_i(x)\varphi_j(x)\mathrm{d}x = 0$$

利用特征函数的正交性,可以证明以下性质。

性质2 对称核方程的所有特征值均为实数。

证明 用反证法。设特征值 λ_0 为复数,其相应的一个特征函数为 $\varphi_0(x)$,于是有

$$\varphi_0(x) = \lambda_0\int_a^b K(x,y)\varphi_0(y)\mathrm{d}y$$

将上式取复共轭,得到

$$\overline{\varphi_0(x)} = \overline{\lambda_0}\int_a^b K(x,y)\ \overline{\varphi_0(y)}\mathrm{d}y$$

可见$\overline{\lambda_0}(\neq \lambda_0)$ 也是一个特征值,其相应的特征函数是$\overline{\varphi_0(x)}$,由不同特征值所对应的特征函数的正交性,得到

$$\int_a^b \varphi_0(x)\ \overline{\varphi_0(x)}\mathrm{d}x = 0,\quad \int_a^b |\varphi_0(x)|^2\mathrm{d}x = 0$$

于是 $\varphi_0(x) \equiv 0$. 这是不可能的,故 λ_0 不是复数而是实数。

性质3 当对称核不恒等于零时,方程至少有一个特征值。

性质4 设 λ_k 为对称核 Fredholm 方程的特征值,则有

$$\sum_{k=1}^{\infty}\frac{1}{\lambda_k^{\ 2}} \leqslant \int_a^b\int_a^b K^2(x,y)\mathrm{d}y\mathrm{d}x \tag{8.1.47}$$

证明 由于对于方程的每一个特征值都有有限个线性无关的特征函数与之对应,因此像构造欧氏空间标准化正交基底那样,我们可以把这有限个线性无关的特征函数标准正交化。另外,在对称核的情况下,对应于不同特征值的特征函数又是正交的,所以在对称核的情况下,可以认为一切特征函数都是两两正交且是标准化的。把方程的所有特征值按下列顺序排列起来

$$|\lambda_1| \leqslant |\lambda_2| \leqslant \cdots \leqslant |\lambda_n| \leqslant \cdots \tag{8.1.48}$$

并且任何特征值在此序列中出现的次数等于它的秩数,即等于它相应的线性无关的特征函数的个数,于是与式(8.1.48)相应的特征函数也排成序列

$$\varphi_1(x),\ \varphi_2(x),\ \cdots,\ \varphi_m(x),\cdots \tag{8.1.49}$$

由于 $\varphi_k(x)$ 是对应于特征值 λ_k 的一个特征函数,所以

$$\varphi_k(x) = \lambda_k\int_a^b K(x,y)\varphi_k(y)\mathrm{d}y,\text{即}\int_a^b K(x,y)\varphi_k(y)\mathrm{d}y = \frac{\varphi_k(x)}{\lambda_k} \tag{8.1.50}$$

因此$\frac{\varphi_k(x)}{\lambda_k}$ $(k = 1,2,\cdots)$ 是函数 $K(x,y)$ 按 $\varphi_k(y)$ $(k = 1,2,\cdots)$ 展开的 Fourier 系数,即有

$$K(x,y) \to \sum_{k=1}^{\infty}\frac{\varphi_k(x)}{\lambda_k}\varphi_k(y) \tag{8.1.51}$$

其中函数 $\varphi_i(x)$ 和 $\varphi_j(x)$ 满足

$$\int_a^b \varphi_i(x)\varphi_j(x)\mathrm{d}x = \begin{cases}0 & (i \neq j)\\ 1 & (i = j)\end{cases}$$

于是由式(8.1.50)和式(8.1.51),有

$$0 \leqslant \int_a^b \left[K(x,y) - \sum_{k=1}^n \frac{\varphi_k(x)}{\lambda_k}\varphi_k(y)\right]^2 dy$$

$$= \int_a^b K^2(x,y)dy - 2\sum_{k=1}^n \int_a^b \frac{\varphi_k(x)}{\lambda_k}K(x,y)\varphi_k(y)dy + \int_a^b \left[\sum_{k=1}^n \frac{\varphi_k(x)}{\lambda_k}\varphi_k(y)\right]^2 dy$$

$$= \int_a^b K^2(x,y)dy - 2\sum_{k=1}^n \left[\frac{\varphi_k(x)}{\lambda_k}\right]^2 + \sum_{k=1}^n \left[\frac{\varphi_k(x)}{\lambda_k}\right]^2$$

$$= \int_a^b K^2(x,y)dy - \sum_{k=1}^n \left[\frac{\varphi_k(x)}{\lambda_k}\right]^2$$

即

$$\sum_{k=1}^n \left[\frac{\varphi_k(x)}{\lambda_k}\right]^2 \leqslant \int_a^b K^2(x,y)dy$$

将上式再对 x 积分得

$$\sum_{k=1}^n \int_a^b \left[\frac{\varphi_k(x)}{\lambda_k}\right]^2 dx \leqslant \int_a^b \int_a^b K^2(x,y)dydx$$

即

$$\sum_{k=1}^n \frac{1}{{\lambda_k}^2} \leqslant \int_a^b \int_a^b K^2(x,y)dydx$$

求极限,即得式(8.1.47)。

如果级数(8.1.51)在区域 $a \leqslant x,y \leqslant b$ 上一致收敛,则有

定理 7　若对称核 $K(x,y)$ 在区域 $a \leqslant x,y \leqslant b$ 上连续,且级数(8.1.48)在该区域上一致收敛,则有

$$K(x,y) = \sum_{k=1}^\infty \frac{\varphi_k(x)}{\lambda_k}\varphi_k(y) \tag{8.1.52}$$

如果方程

$$\varphi(x) - \lambda\int_a^b K(x,y)\varphi(y)dy = f(x)$$

只有有限个特征值,则级数(8.1.52)就只有有限个项,因此有

$$K(x,y) = \sum_{k=1}^n \frac{\varphi_k(x)}{\lambda_k}\varphi_k(y)$$

这说明此时的对称核是退化的。于是有

定理 8　在对称核连续的条件下,特征值个数的有限性是核退化的充分必要条件。

8.1.5　微分方程与积分方程的联系

1. 二阶线性常微分方程与 Volterra 方程的联系

设函数 $a(x)$、$b(x)$、$c(x)$ 无奇性,且 $a(x) \neq 0(a \leqslant x \leqslant b)$,$x_0 \in [a,b]$,则常微分方程的初值问题

$$\begin{cases} a(x)\dfrac{\mathrm{d}^2u(x)}{\mathrm{d}x^2}+b(x)\dfrac{\mathrm{d}u(x)}{\mathrm{d}x}+c(x)u(x)=f(x) \\ u(x_0)=C_1;\quad u'(x_0)=C_2 \end{cases} \tag{8.1.53}$$

与如下的 Volterra 方程等价:

$$\varphi(x)+\int_{x_0}^{x}K(x,y)\varphi(y)\mathrm{d}y=F(x) \tag{8.1.54}$$

其中

$$K(x,y)\equiv\frac{b(x)}{a(x)}+\frac{c(x)}{a(x)}(x-y)$$

$$F(x)\equiv\frac{1}{a(x)}\{f(x)-C_2b(x)-c(x)[C_1+C_2(x-x_0)]\}$$

$$u(x_0)=C_1;\quad u'(x_0)=C_2$$

其理由如下:

容易验证,如果 $u(x)$ 是问题(8.1.50) 的解,则

$$\varphi(x)=\frac{\mathrm{d}^2u(x)}{\mathrm{d}x^2} \tag{8.1.55}$$

必定是方程(8.1.55) 的解。反之,如果 $\varphi(x)$ 是方程(8.1.54) 的解,将式(8.1.55) 在区间 $[x_0, x]$ 上积分两次,得到

$$u(x)=C_1+C_2(x-x_0)+\int_{x_0}^{x}\left[\int_{x_0}^{x}\varphi(y)\mathrm{d}y\right]\mathrm{d}s$$

交换二次积分的积分次序,有

$$\begin{aligned} u(x)&=C_1+C_2(x-x_0)+\int_{x_0}^{x}\left[\int_{y}^{x}\varphi(y)\mathrm{d}s\right]\mathrm{d}y \\ &=C_1+C_2(x-x_0)+\int_{x_0}^{x}(x-y)\varphi(y)\mathrm{d}y \end{aligned} \tag{8.1.56}$$

容易验证,式(8.1.56) 确是问题(8.1.53) 的解。

如果函数 $a(x)$、$b(x)$、$c(x)$ 和 $f(x)$ 还都是连续的,则 $K(x,y)$ 和 $F(x)$ 也是连续的,于是由问题(8.1.53) 与方程(8.1.54) 的等价性以及8.1.1第2部分的定理可见,问题(8.1.53) 存在唯一的解 $u(x)$,而且 $u(x)$ 和 $\dfrac{\mathrm{d}u(x)}{\mathrm{d}x}$ 都是连续的。

至此我们证明了问题(8.1.53) 与方程(8.1.54) 的等价性。请读者注意,单一的积分方程等价于微分方程附加边界条件,这是积分方程的一个优点。与之联系的第二个优点就是积分方程更便于用逐次迭代法近似求解。

2. 微分方程的本征值问题与对称核积分方程的联系

这一部分是从另一角度考虑本征值问题,现以如下的本征值问题为例进行讨论:

$$\begin{cases} \dfrac{\mathrm{d}}{\mathrm{d}x}[k(x)y'(x)]-\gamma(x)y(x)+\lambda\rho(x)y(x)=0 \quad (a\leqslant x\leqslant b) \\ \alpha y'(a)+\beta y(a)=0,\ \lambda y'(b)+\mu y(b)=0 \end{cases} \tag{8.1.57}$$

为此先考虑定解问题

$$\begin{cases} \dfrac{\mathrm{d}}{\mathrm{d}x}[k(x)y'(x)]-\gamma(x)y(x)=-\delta(x-s) \quad (a\leqslant x\leqslant b) \\ \alpha y'(a)+\beta y(a)=0,\ \lambda y'(b)+\mu y(b)=0 \end{cases} \tag{8.1.58}$$

其中 s 满足 $a < s < b$。这一问题的解就是 Green 函数 $G(x,s)$。如果知道了 $G(x,s)$，那么一般的非齐次方程

$$\frac{\mathrm{d}}{\mathrm{d}x}[k(x)y'(x)] - \gamma(x)y(x) = -f(x) \quad (a \leqslant x \leqslant b) \tag{8.1.59}$$

在齐次边界条件(8.1.57)下的解是

$$y(s) = \int_a^b G(x,s)f(s)\mathrm{d}s \tag{8.1.60}$$

回到本征值问题(8.1.57)。该方程(8.1.57)相当于在方程(8.1.59)中取 $f(x) = \lambda\rho(x)y(x)$，将之代入式(8.1.60)，即得积分方程

$$y(s) = \lambda\int_a^b G(x,s)\rho(s)y(s)\mathrm{d}s \tag{8.1.61}$$

再引入

$$\varphi(x) \equiv \sqrt{\rho(x)}y(x)$$

及

$$K(x,s) \equiv \sqrt{\rho(x)\rho(s)}G(x,s) \tag{8.1.62}$$

显然，$K(x,s) = K(s,x)$，则方程(8.1.61)成为对称核积分方程

$$\varphi(x) - \lambda\int_a^b K(x,s)\varphi(s)\mathrm{d}s = 0 \tag{8.1.63}$$

综上所述，微分方程的本征值问题等价于齐次积分方程的求解问题，这积分方程的核就是 Green 函数；而此积分方程又可化为齐次的对称核积分方程。

例 9　求与积分方程

$$\varphi(x) = \lambda\int_0^1 K(x,y)\varphi(y)\mathrm{d}y = 0 \quad (0 \leqslant x \leqslant 1) \tag{8.1.64}$$

其中

$$K(x,y) = \begin{cases} \dfrac{x(2-y)}{2} & (x \leqslant y) \\ \dfrac{y(2-x)}{2} & (y \leqslant x) \end{cases} \tag{8.1.65}$$

等价的微分方程本征值问题。

解　将式(8.1.65)代入方程(8.1.64)，有

$$\varphi(x) = \lambda\int_0^x \frac{y(2-x)}{2}\varphi(y)\mathrm{d}y + \lambda\int_x^1 \frac{x(2-y)}{2}\varphi(y)\mathrm{d}y \tag{8.1.66}$$

求导一次，得到

$$\varphi'(x) = -\frac{\lambda}{2}\int_0^x y\varphi(y)\mathrm{d}y + \frac{\lambda}{2}\int_x^1 (2-y)\varphi(y)\mathrm{d}y \tag{8.1.67}$$

再求导一次，得到

$$\varphi''(x) = -\lambda\varphi(x)$$

即

$$\varphi''(x) + \lambda\varphi(x) = 0 \quad (0 \leqslant x \leqslant 1) \tag{8.1.68}$$

由式(8.1.66)得到

$$\varphi(0) = 0 \tag{8.1.69}$$

由式(8.1.66)和式(8.1.67)得到

$$\varphi'(1) + \varphi(1) = 0 \tag{8.1.70}$$

式(8.1.68) ~ 式(8.1.70) 即为所求的本征值问题. 不难计算,它的最小本征值是 $\lambda_1 = 4.115$。

8.2 非线性微分方程及其某些解法

所谓非线性微分方程一般是指含有未知函数和(或) 未知函数导数的高次项的微分方程。非线性微分方程的研究是一个非常广阔的领域,作为引论,本节先介绍非线性微分方程的几种简单解法,然后概略地讨论有关孤立波的问题,孤立波理论是当前非线性科学的重要分支之一。

非线性微分方程和线性微分方程在本质上有着很大的差异。例如,对于线性微分方程而言的解的唯一性、单值性、有界性等性质,对于某些非线性微分方程均可能不复存在。正因为如此,对非线性微分方程来说不存在一般理论和求解方法,对每一个方程都必须单独处理。下面仅就某些特殊的解法作简单介绍。作为引论,希望起到启发读者兴趣的作用。这些解法的指导思想是寻找、选择某一种适当的变换,使方程化成线性方程或易于求解的方程。这些特例的结果,对于求得物理及工程科学中的一些具体问题是十分有用的。由于非线性问题本身的复杂性,求解解析解并不容易,所以发展出许多求解近似解的方法,本章最后简略地介绍求解非线性定解问题解析近似解的摄动方法。

8.2.1 求解非线性微分方程的函数变换方法

1. Kirchhoff(基尔霍夫) 变换

讨论方程

$$\nabla \cdot (G(u)\nabla u) = 0 \tag{8.2.1}$$

其中 $\nabla = \boldsymbol{i}\frac{\partial}{\partial x} + \boldsymbol{j}\frac{\partial}{\partial y} + \boldsymbol{k}\frac{\partial}{\partial z}$ 称为 Hamilton 算符。

为了使方程(8.2.1) 线性化,选择试探函数

$$W = W(u) \tag{8.2.2}$$

使

$$\nabla W = G(u)\nabla u \tag{8.2.3}$$

而由(8.2.2),有

$$\nabla W = \frac{\mathrm{d}W}{\mathrm{d}u}\nabla u$$

将此式与(8.2.3) 比较,可知 W 应该满足

$$\frac{\mathrm{d}W}{\mathrm{d}u} = G(u) \tag{8.2.4}$$

将此式积分,得

$$W = \int_{u_0}^{u} G(\xi)\mathrm{d}\xi, \quad (u_0 \text{ 为一常数}) \tag{8.2.5}$$

这样非线性方程(8.2.1) 就化成了熟知的 Laplace 方程,

$$\nabla^2 W = 0$$

这是个线性方程。即实现了非线性方程的线性化。变换(8.2.5) 称为 Kirchhoff 变换，显然，如果方程(8.2.1) 带有边界条件，还必须对边界条件作相应的变换。

2. Cole-Hopf(科勒 — 霍普夫) 变换

Burgers 方程

$$u_t + uu_x = ku_{xx} \tag{8.2.6}$$

在物理学的许多方面有着重要的应用。如果没有左边第二项，它就是一个线性扩散方程，现在我们可以通过变换将 Burgers 方程(8.2.6) 化成线性方程来求解。

将方程(8.2.6) 写成

$$\frac{\partial u}{\partial t} = \frac{\partial}{\partial x}\left(ku_x - \frac{u^2}{2}\right) \tag{8.2.7}$$

于是由全微分存在的充分必要条件，有

$$\mathrm{d}\varphi = u\mathrm{d}x + \left(ku_x - \frac{u^2}{2}\right)\mathrm{d}t \tag{8.2.8}$$

显然 $\varphi(x,y)$ 满足下列关系

$$\varphi_x = u$$

$$\varphi_t = ku_x - \frac{u^2}{2} \tag{8.2.9}$$

由式(8.2.8) 和式(8.2.9) 得到

$$\varphi_t + \frac{1}{2}\varphi_x^2 = k\varphi_{xx} \tag{8.2.10}$$

由此可知，求解 Burgers 方程(8.2.6) 的问题就转化成了解方程(8.2.10) 的问题。现在来寻求方程(8.2.10) 与易于求解的线性扩散方程

$$v_t = kv_{xx} \tag{8.2.11}$$

之间的关系。令

$$v = g(\varphi) \tag{8.2.12}$$

代入到式(8.2.11)，有

$$\varphi_t - k\frac{g''(\varphi)}{g'(\varphi)}\varphi_x^2 = k\varphi_{xx} \tag{8.2.13}$$

将此式与式(8.2.10) 比较，知 $g(\varphi)$ 应该满足下列方程

$$-k\frac{g''(\varphi)}{g'(\varphi)} = \frac{1}{2}$$

解此方程，得

$$g(\varphi) = C_1 e^{-\frac{1}{2k}\varphi} + C_2$$

不失一般性，取 $C_1 = 1$，$C_2 = 0$，并将 $g(\varphi)$ 代入到式(8.2.12)，得

$$v = g(\varphi) = e^{-\frac{1}{2k}\varphi} \tag{8.2.14}$$

即

$$\varphi = -2k\ln v$$

代入到式(8.2.8) 得到

$$u(x,t) = -2k\frac{\partial \ln v}{\partial x} \tag{8.2.15}$$

变换式(8.2.15)称为 Cole-Hopf 变换。在处理非线性问题时,常常会用到这个变换。从上面的讨论可以看出,选取 Cole-Hopf 变换后,求解非线性偏微分方程(8.2.6)的问题就化成了求解线性方程(8.2.11)的问题。

对于高维方程及方程组

$$\frac{\partial u_i}{\partial t}+\sum_{j=1}^{3}u_j\frac{\partial u_i}{\partial x_j}=k\nabla^2 u_i\quad(i=1,2,3)\tag{8.2.16}$$

类似地可以做变换

$$u(x,t)=-2k\nabla\ln v\tag{8.2.17}$$

将求解方程(8.2.16)的问题化成求解方程

$$v_t=k\nabla^2 v\tag{8.2.18}$$

的问题。

3. 相似变换

对于形如

$$\frac{\partial u}{\partial t}=\frac{\partial}{\partial x}\left[G(u)\frac{\partial u}{\partial x}\right]\tag{8.2.19}$$

方程的求解,试图使之变成关于某一新自变量,比如说 ξ 的常微分方程,为此,令

$$u=u(\xi)\tag{8.2.20}$$

$$\xi=x^\alpha t^\beta\tag{8.2.21}$$

其中 α 和 β 为待定常数,此时

$$\frac{\partial u}{\partial t}=\beta x^\alpha t^{\beta-1}\frac{\mathrm{d}u}{\mathrm{d}\xi}$$

$$\frac{\partial u}{\partial x}=\alpha x^{\alpha-1}t^\beta\frac{\mathrm{d}u}{\mathrm{d}\xi}$$

$$\frac{\partial}{\partial x}\left[G(u)\frac{\partial u}{\partial x}\right]=\alpha(\alpha-1)x^{\alpha-2}t^\beta G(u)\frac{\mathrm{d}u}{d\xi}+\alpha^2x^{2(\alpha-1)}t^{2\beta}\frac{\mathrm{d}}{\mathrm{d}\xi}\left[G(u)\frac{\partial u}{\partial x}\right]$$

代入方程(8.2.19)有

$$\beta\frac{x^2}{t}\xi\frac{\mathrm{d}u}{\mathrm{d}\xi}=\alpha(\alpha-1)\xi G(u)\frac{\mathrm{d}u}{\mathrm{d}\xi}+\alpha^2\xi^2\frac{\mathrm{d}}{\mathrm{d}\xi}\left[G(u)\frac{\mathrm{d}u}{\mathrm{d}\xi}\right]\tag{8.2.22}$$

为了使方程(8.2.22)变成只含变量 ξ(不显含 x 和 t)的常微分方程,只需令

$$\frac{x^2}{t}=g(\xi)\tag{8.2.23}$$

其中 $g(\xi)$ 为 ξ 的任意函数,适当选取 $g(\xi)$ 的形式,可使方程(8.2.22)变为形式简洁易于求解的常微分方程,比如,取

$$g(\xi)=\xi^2$$

即

$$\xi=\frac{x}{\sqrt{t}}\tag{8.2.24}$$

也就是在变换(8.2.21)中取 $\alpha=1$, $\beta=-\dfrac{1}{2}$,于是方程(8.2.22)亦即方程(8.2.19)变为

$$\frac{\mathrm{d}}{\mathrm{d}\xi}\left[G(u)\frac{\mathrm{d}u}{\mathrm{d}\xi}\right]+\frac{\xi}{2}\frac{\mathrm{d}u}{\mathrm{d}\xi}=0\tag{8.2.25}$$

这是一个易于求解的常微分方程，由变换(8.2.20)和式(8.2.21)所构成的解称为相似解，其中变换(8.2.21)称为相似变换，而变换(8.2.24)称为Boltzmann（玻耳兹曼）变换。

4. 行波解

方程

$$\frac{\partial u}{\partial t} = \frac{\partial}{\partial x}\left(u^n \frac{\partial u}{\partial x}\right) \tag{8.2.26}$$

是方程(8.2.19)当 $G(u) = u^n$ 的特例，故可以通过引入相似变换而求其相似解，令

$$u = u(\xi), \quad \xi = x + at \tag{8.2.27}$$

其中 a 为常数，则

$$\frac{\partial u}{\partial t} = a\frac{\mathrm{d}u}{\mathrm{d}\xi}, \quad \frac{\partial u}{\partial x} = \frac{\mathrm{d}u}{\mathrm{d}\xi}$$

代入到式(8.2.26)，得到关于未知函数 $u(\xi)$ 的常微分方程

$$a\frac{\mathrm{d}u}{\mathrm{d}\xi} = \frac{\mathrm{d}}{\mathrm{d}\xi}\left(g^n \frac{\mathrm{d}u}{\mathrm{d}\xi}\right)$$

通过积分两次得

$$u = u(\xi) = \left|n[a(x + at) + c]\right|^{\frac{1}{n}} \tag{8.2.28}$$

其中，C 为积分常数，变换(8.1.27)称为行波变换。

相似解和行波变换对许多方程都是可以尝试的，例如对Sine-Gordon方程。

$$\varphi_{xx} - \varphi_{tt} = \sin\varphi$$

也可以用行波变换(8.2.27)式尝试求其解。

8.2.2　非线性偏微分方程的孤立波解

在这小一节中，我们来讨论一种奇特的现象——孤立波，它是非线性偏微分方程的一类有意义的解，由于得到物理和工程上的广泛应用，对孤立波及其理论和应用的研究成为当前非线性科学的热点问题之一，这里我们对其基本概念作以简单介绍。

1834年，苏格兰科学家Scott Russell（司各特·罗素）偶然观察到了一种奇妙的水波，他后来在"论波动"一文中这样描述说："我正在观察一条船的运动，这条船由两匹马拉着，沿着狭窄的河道迅速前进着。突然，船停了下来，河道内被船体带动的水团并不停止，它们集聚在船头周围激烈地扰动着，然后水浪呈现一个滚圆而平滑、轮廓分明的巨大孤立波峰，它以巨大的速度向前滚动，急速地离开了船头，在行进中它们的形状和速度并没有明显的改变。我骑在马上紧跟着观察，它以每小时八、九英里的速度滚滚向前，并保持长约3英尺，高约1～1.5英尺的原始形状，渐渐地，它的高度降低了。当我跟踪1～2英里后，它终于消失在逶迤的河道中。"这就是Scott Russell观察到的"孤立波"。他进而认为这是流体运动的一个解。这一现象，直到1895年，也就是60年后，才由荷兰数学家Korteweg(柯特维格)和他的学生de Vires(德·佛雷斯)从理论上给出解释。他们研究了水波的运动，在长波近似和小振幅的假设下，建立了单向波运动的浅水波运动方程

$$\eta_t + \frac{3}{2}\delta\eta\eta_x + \frac{1}{6}\varepsilon\eta_{xxx} = 0 \tag{8.2.29}$$

其中 η 是表示水面高度的量,δ 和 ε 是某种物理常数。

Korteweg 和 de Vires 对孤立波进行了完整的分析,并从方程(8.2.29) 求出了与 Scott Russell 描述一致的、具有脉冲状的孤立波解。从而在理论上证明了孤立波的存在。方程(8.2.29) 就是著名的 KdV 方程,它是一个非线性偏微分方程。

但是有些科学家认为非线性方程不满足迭加原理,这种波不可能稳定,碰撞后两个孤立波的形状将破坏殆尽,研究它们没有什么实际意义。因此相关的研究工作又沉寂下来了。

直到20世纪50年代后,陆续的研究工作证明这种孤立波的稳定性,并且在激光、等离子体物力、凝聚态物理、光纤通信、生物物理等许多实际物理问题中导出了具有孤立波解的非线性发展方程,孤立波的本质才逐渐为人们所普遍接受。较为完整的数学和物理的孤立波理论才逐渐形成。

由于一些孤立波在碰撞以后,能保持波形和速度不变,就像粒子的弹性碰撞一样,因此又把具有这种性质的孤立波叫做孤立子。

下面我们来求解 KdV 方程这个著名的非线性发展方程,并且从理论上解释奇特的孤立波现象。

一般类型的 KdV 方程可以写成

$$u_t + W(u)_x = \alpha u_{xx} + \beta u_{xxx} \tag{8.2.30}$$

例如当其中的函数 W 取为

$$W(u) = (u + \gamma u^2); \quad \alpha = 0, \beta = -\rho$$

时,方程(8.2.30) 就化为

$$u_t + u_x + 2\gamma u u_x + \rho u_{xxx} = 0$$

它就是式(8.2.29) 型的 KdV 方程。

在此取与它稍有不同的形式

$$W(u) = \frac{u^2}{2}; \quad \alpha = 0, \beta = -\mu$$

则方程(8.2.30) 便化成

$$u_t + u u_x + \mu u_{xxx} = 0 \tag{8.2.31}$$

的形式,其中 μ 可正可负。若 $\mu < 0$,只需令 $u \to -u, x \to -x, t \to t$,上式就可以化为

$$u_t + u u_x - \mu u_{xxx} = 0 \tag{8.2.32}$$

它仍然是方程(8.2.30) 的类型。应此,恒可设 $\mu > 0$。为解此方程,在引进参数 a 时,做变量与函数变换

$$\xi = x - at, \quad u(x,t) = u(\xi) \tag{8.2.33}$$

其中 a 为常数。将以上各式代入到方程(8.2.31) 中,就将方程(8.2.31) 化为

$$-a u_\xi + u u_\xi + \mu u_{\xi\xi\xi} = 0$$

即

$$(u - a) u_\xi + \mu u_{\xi\xi\xi} = 0 \tag{8.2.34}$$

这是一个常微分方程,它可以直接积分。首先将其分离变量,即写成

$$(a - u)\mathrm{d}u = \mu \mathrm{d}u_{\xi\xi} = 0$$

积分一次,得到

$$au - \frac{u^2}{2} = \mu u_{\xi\xi} + A = \mu u_\xi \frac{\mathrm{d}u_\xi}{\mathrm{d}u} + A$$

两边同乘 du 后,再积分一次,有

$$\frac{1}{2}au^2 - \frac{1}{6}u^3 = \frac{1}{2}\mu\left(\frac{\mathrm{d}u}{\mathrm{d}\xi}\right)^2 + Au + B$$

即

$$3\mu\left(\frac{\mathrm{d}u}{\mathrm{d}\xi}\right)^2 = -u^3 + 3au^2 + 6Au + 6B \tag{8.2.35}$$

其中 A、B 为积分常数。

将方程(8.2.35)的右端记作

$$f(u) = -u^3 + 3au^2 + 6Au + 6B \tag{8.2.36}$$

可见在函数 $f(u) = 0$ 有 3 个实根 C_1、C_2、C_3 的情况下,$f(u)$ 总可以写成

$$f(u) = -(u - C_1)(u - C_2)(u - C_3) \tag{8.2.37}$$

的形式。将此式的右端展开,有

$$f(u) = -u^3 + (C_1 + C_2 + C_3)u^2 - (C_1C_2 + C_1C_3 + C_2C_3)u + C_1C_2C_3 \tag{8.2.38}$$

将它和式(8.2.36)比较,则得方程的根与系数之间的关系如下:

$$a = (C_1 + C_2 + C_3)/3 \tag{8.2.39}$$

$$A = -(C_1C_2 + C_1C_3 + C_2C_3)/6 \tag{8.2.40}$$

$$B = C_1C_2C_3/6 \tag{8.2.41}$$

再由式(8.2.35),得

$$\frac{\mathrm{d}u}{\mathrm{d}\xi} = \pm\left[\frac{1}{3\mu}(-u^3 + 3au^2 + 6Au + 6B)\right]^{\frac{1}{2}}$$

分离变量并且两边积分后,可得

$$\int\frac{\mathrm{d}u}{-u^3 + 3au^2 + 6Au} = \frac{1}{(3\mu)^{1/2}}\int\mathrm{d}\xi \tag{8.2.42}$$

上式右端是椭圆积分。因此 u 之解可以表示为 Jacobi 椭圆函数

$$u(x,t) = C_2 + (C_3 - C_2)cn^2\left[\left(\frac{C_3 - C_1}{12\mu}\right)^{1/2}(x - at), k\right] \tag{8.2.43}$$

其中 $k^2 = \dfrac{C_3 - C_2}{C_3 - C_1}$。式(8.2.43)表示一种以速度 a 沿 x 轴正向行进的波。函数 $cn(x)$ 实周期是 $2k$。

以下分不同情况讨论之。

(1) 当 $k = 0$, $cn(\xi,0) = \cos\xi$, $u(x,t)$ 之解为振动解

$$u = C + b\cos\left[2\left(\frac{C_3 - C_1}{12\mu}\right)^{\frac{1}{2}}(x - at)\right] \tag{8.2.44}$$

其中 $C = (C_2 + C_3)/2$, $b = (C_3 - C_2)/2$。

(2) 当 $k = 1$, $cn(\xi,1) = \mathrm{sech}\xi$, 这时 $k = 1$, $C_2 \to C_1$,就得到 KdV 方程的孤立波解

$$u = C_1 + (C_3 - C_1)\mathrm{sech}^2\left[\left(\frac{C_3 - C_1}{12\mu}\right)^{\frac{1}{2}}(x - at)\right] \tag{8.2.45}$$

如果假定 $C_1 = u_\infty$,代表在无穷远处的均匀态,$C_3 - C_1 = E$ 代表孤立波的振幅,则有

$$u = u_\infty + 3a\operatorname{sech}^2\left[\left(\frac{E}{12\mu}\right)^{\frac{1}{2}}(x - at)\right] \tag{8.2.46}$$

为了看清楚解的性质,在不改变解的基本性质的前提下,可以将上述解做简化处理。令 $u_\infty = 0$, $\mu = 1$, 则式(8.2.46) 就化为

$$u(x,t) = 3a\operatorname{sech}^2\left[\frac{a}{2}^{\frac{1}{2}}(x - at)\right]$$

这是一种波形以速度 a 的传播过程。为看清波形,取初始时刻 $t = 0$, 波形为

$$u(x,0) = \varphi(x) = 3a\operatorname{sech}^2\left[\frac{a}{2}^{\frac{1}{2}}x\right]$$

其图形如图 8.2.1 所示。

8.2.3　解析近似解与正则摄动法

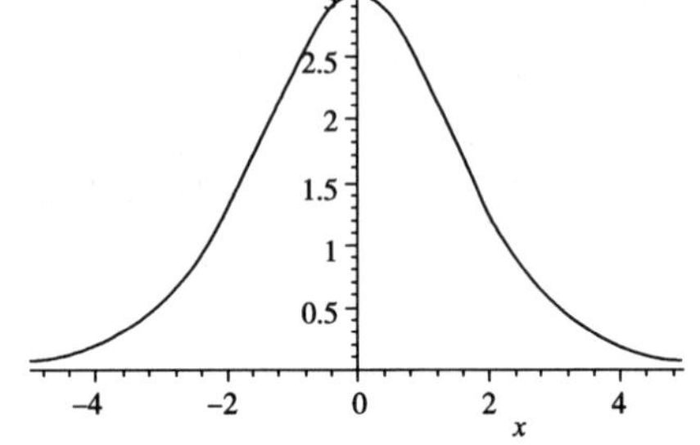

图 8.2.1　初始时刻的孤立波型

由于大多数非线性偏微分方程无法求得其解析解(即精确解),在许多情况下不得不借助于解析近似法来求近似解析解(或称解的近似解析表达式)。下面介绍求解非线性偏微分方程近似解析解的正则摄动法。

1. 摄动法

摄动法的解题思路是:如果非线性方程的非线性项是高阶小量,作为初步近似,可以将其略去。从而非线性问题变化成了线性问题;求解该线性问题,并将所得的解作为非线性问题的零级近似;再把原非线性定解问题的解表示成为它的零级近似解与一个带有小参数的解(称为摄动解)之和,代入到原定解问题,略去更高阶小量,得到关于摄动解的线性定解问题,求解这个定解问题并将得到的解作为原定解问题的高一级近似 —— 一级近似;依此步骤进行下去,就得到各级近似解。这种求近似解析解的方法称为摄动法或小参数方法。而将以上带有小参数的定解问题称为摄动问题。

摄动问题用数学公式表示就是

$$P_\varepsilon:\begin{cases}L_\varepsilon u = f(x,\varepsilon) & (x \in \sigma)\\ B_{j\varepsilon} = \varphi_j(x,\varepsilon) & (x \in \Gamma,\ j = 1,2,\cdots k)\end{cases} \tag{8.2.47}$$

其中 $0 < \varepsilon \leqslant 1$, L_ε 和 $B_{j\varepsilon}$ 分别为区域 σ 上和 σ 的边界或部分边界 Γ 上的非线性微分算子。下标 ε 表示算子与 ε 有关。由摄动法的思想可以看出,用该方法研究问题,首先需要构造一个解的小参数展开式,使数列$\{g_n(\varepsilon)\}$满足

$$\lim_{n\to\infty} g_n(\varepsilon) = 0,\quad \lim_{\varepsilon\to 0}\frac{g_{n+1}(\varepsilon)}{g_n(\varepsilon)} = 0$$

并且

$$u(x,\varepsilon) = u_0(x) + \sum_{n=1}^{N} g_n(\varepsilon)u_n(x) + R_N(x,\varepsilon) \tag{8.2.48}$$

其中 u_0 为零级近似,R_N 为余项。其次是讨论余项的值。如果

$$R_N(x,\varepsilon) = o(g_{N+1}(\varepsilon)) \tag{8.2.49}$$

则在摄动理论称

$$u_0(x) + \sum_{n=1}^{\infty} g_n(\varepsilon)u_n(x) \tag{8.2.50}$$

为问题(8.2.47)的一致有效近似解。

2. 正则摄动法

下面就一个具体的例子来介绍正则摄动方法的解题步骤。

例 1　在单位圆内求解定解问题

$$\begin{cases} \nabla^2 u + \varepsilon \dfrac{\partial u}{\partial \rho}\dfrac{\partial u}{\partial \varphi} = 0 \quad (\rho < 1, 0 < \varepsilon \leqslant 1) \\ u(\rho,\varphi)\big|_{\rho=1} = \cos\varphi \end{cases} \tag{8.2.51}$$

解　这是一个含有小参数的非线性定解问题。当 $\varepsilon = 0$ 时,问题(8.2.51)变成线性问题

$$\begin{cases} \nabla^2 u = 0, \quad (\rho < 1) \\ u(1,\varphi) = \cos\varphi \end{cases} \tag{8.2.52}$$

由分离变量法立即可以求得其解,视为零级近似,即

$$u_0 = \rho\cos\varphi \tag{8.2.53}$$

由此设

$$u = u_0 + \varepsilon u_1 = \rho\cos\varphi + \varepsilon u_1 \tag{8.2.54}$$

将式(8.2.54)代入到式(8.2.51),略去 $o(\varepsilon^2)$ 项后,得

$$\begin{cases} \nabla^2 u_1 = \dfrac{1}{2}\rho\sin 2\varphi \\ u_1(1,\varphi) = 0 \end{cases} \tag{8.2.55}$$

这是一个线性 Poisson 方程的 Dirichlet 问题,可以通过下述方法求得其解。根据方程(8.2.55)右端函数的形式,设其试探解为

$$u_1(\rho,\varphi) = f(\rho)\sin 2\varphi$$

代入到方程(8.2.55)中,得

$$\begin{cases} \rho^2 f''(\rho) + \rho f'(\rho) - 4f(\rho) = \dfrac{1}{2}\rho^3 \\ f(1) = 0, f(0)\text{ 有界} \end{cases} \tag{8.2.56}$$

又根据方程(8.2.56)中右端项的形式,设其特解的形式为

$$f_C = C\rho^k$$

代入到方程(8.2.56)中,可以求得

$$f_C = \frac{1}{10}\rho^3$$

因此方程(8.2.56)的通解为

$$f = C_1\rho^2 + C_2\rho^{-2} + \frac{1}{10}\rho^3$$

再代入到方程(8.2.56)中的边界条件,得

$$f=-\frac{1}{10}\rho^2+\frac{1}{10}\rho^3$$

因此

$$u_0+\varepsilon u_1=\rho\cos\varphi+\frac{\varepsilon}{10}(\rho^3-\rho^2)\sin2\varphi$$

这就是定解问题(8.2.51)的一级近似。

一般地,可以令

$$u=u^{(0)}(\rho,\varphi)+\varepsilon u^{(1)}(\rho,\varphi)+\varepsilon^2u^{(2)}(\rho,\varphi)+\cdots$$

代入到方程(8.2.51),比较 ε 的同次幂系数,可得

$$\begin{cases}\nabla^2u^{(0)}=0\\ u^{(0)}(1,\varphi)=\cos\varphi\end{cases}$$

$$\begin{cases}\nabla^2u^{(1)}=-\dfrac{\partial u^{(0)}}{\partial\rho}\dfrac{\partial u^{(0)}}{\partial\varphi}\\ u^{(1)}(1,\varphi)=0\end{cases}$$

$$\begin{cases}\nabla^2u^{(2)}=-\dfrac{\partial u^{(0)}}{\partial\rho}\dfrac{\partial u^{(1)}}{\partial\varphi}-\dfrac{\partial u^{(1)}}{\partial\rho}\dfrac{\partial u^{(0)}}{\partial\varphi}\\ u^{(2)}(1,\varphi)=0\end{cases}$$

这是一系列 Poisson 方程的 Dirichlet 问题,依次求解每一个 Poisson 方程的 Dirichlet 问题

$$\begin{cases}\nabla^2u^{(k)}=f(u^{(0)},u^{(1)},\cdots,u^{(k-1)}\quad k=1,2,\cdots)\\ u^{(k)}(1,\varphi)=0\end{cases}$$

就可以得到定解问题(8.3.5)的各级近似解。

习　题　8

(一)积分方程部分

1. 求解方程

$$\varphi(x)-\lambda\int_0^1(x+y)\varphi(y)\mathrm{d}y=f(x)\quad(0\leqslant x\leqslant1)$$

其中 $f(x)$ 是已知函数,而 $\lambda\neq-6\pm4\sqrt{3}$。

2. 求解积分方程

$$\varphi(x)-\lambda\left[\pi x\int_0^1(\sin\pi y)\varphi(y)\mathrm{d}y+2\pi x^2\int_0^1(\sin2\pi y)\varphi(y)\mathrm{d}y\right]=f(x)$$

3. 求解积分方程

$$\varphi(x)=f(x)-\lambda\int_0^1e^{x+y}\varphi(y)\mathrm{d}y$$

4. 用迭代法求解积分方程

$$\varphi(x)=f(x)+\lambda\int_0^{\pi}\sin(x+y)\varphi(y)\mathrm{d}y\quad x\in[0,\pi]$$

并将结果同方程的精确解进行比较。

提示:可以取 $f(x)=1$。

5. 求解 Abel 方程

$$\int_a^x \frac{\varphi(y)}{(x-y)^\alpha}\mathrm{d}y = f(x) \quad (x \geqslant a)$$

其中参数 α 满足 $0 < \alpha < 1$。

提示：利用积分公式 $\int_\xi^\eta \frac{\mathrm{d}x}{(\eta - x)^{1-\alpha}(x-\xi)^\alpha} = \frac{\pi}{\sin\pi\alpha} \quad (0 < \alpha < 1)$。

6. (1) 求以

$$K(x,y) = \frac{1}{\sqrt{\pi}} e^{\frac{x^2+y^2}{2}} \int_{-\infty}^x e^{-\xi^2}\mathrm{d}\xi \cdot \int_y^\infty e^{-\xi^2}\mathrm{d}\xi \quad (\text{当 } x \leqslant y \text{ 时})$$

为对称核的积分方程 $\varphi(x) = \lambda\int_{-\infty}^{\infty} K(x,y)\varphi(y)\mathrm{d}y$ 的本征值和本征函数。

(2) 求以

$$K(x,y) = e^{\frac{x+y}{2}} \int_y^\infty \frac{e^{-\xi}}{\xi}\mathrm{d}\xi \quad (\text{当 } 0 \leqslant x \leqslant y \text{ 时})$$

为对称核的积分方程 $\varphi(x) = \lambda\int_{-\infty}^{\infty} K(x,y)\varphi(y)\mathrm{d}y$ 的本征值和本征函数。

（二）非线性微分方程部分

1. 求解边值问题

$$\begin{cases} \nabla(\sin u \nabla u) = 0, & (y > 0, \ -\infty < x < \infty) \\ u|_{y=0} = x \end{cases}$$

2. 求方程 $u_t = u_{xx} + u_{yy}$ 的相似解。

3. 求下述方程的广义行波解 $u = f(\xi)$：

(1) $u_y u_{xy} - u_x u_{yy} = 0 \quad (\xi = y + \varphi(x))$

(2) $u_t + \frac{1}{2}(u_x^2 + u_y^2) = \lambda(u_{xx} + u_{yy}) \quad (\xi = t + g(x) + h(y))$

其中 $\varphi(x)$、$g(x)$ 和 $h(y)$ 为待定函数。

4. 求 Burgers 方程的初值问题

$$\begin{cases} u_t + uu_x + \lambda u_{xx} & (-\infty < x < +\infty, t > 0) \\ u(x,0) = f(x) \end{cases}$$

5. 粒子物理中所谓的 φ^4 方程为

$$\varphi_{xx} - \varphi_{tt} = \lambda\varphi^3 - m^2\varphi \quad (\lambda > 0)$$

试求出它的一个行波解

$$\varphi = \pm \tanh\left[\frac{1}{\sqrt{2}}\frac{1}{\sqrt{1-v^2}}(x - vt) + \delta\right]$$

6. 非线性光学中的 Maxwell-Bloch 方程组为

$$\begin{cases} E_{xx} - E_{tt} = -aP \\ P_{tt} + \mu^2 P = (EN)_t \\ N_t = -EP \end{cases}$$

试在边界条件："$|x| \to \infty$, $E, P \to 0$; $N = -1$" 下，求出其孤立波解

$$E = a\text{sech}\frac{1}{2}(at - \omega x + \delta)$$

其中
$$\omega^2 = a^2 + \frac{2a^2}{\frac{a^2}{4} + \mu^2}$$

7. 气体平面定常无旋运动方程为

$$(a^2 - u^2)W_{xx} - 2uvW_{xy} + (a^2 - v^2)W_{yy} = 0$$

其中,$u = W_x$, $v = W_y$, $a^2 = a_1^2 + \frac{k-1}{2}(b_1^2 - W_x^2 - W_y^2)$, a_1、k 和 b_1 为常数,$0 < b_1 < a_1$,边界条件为

$$\begin{cases} W_y\big|_{y=\varepsilon\sin x} = \varepsilon\cos x \cdot W_x\big|_{y=\varepsilon\sin x} \\ \lim\limits_{y\to\infty} W = b_1 x \end{cases}$$

试用正则摄动法求解该问题的一级近似解。

8. 用正则摄动法求解定解问题

$$\begin{cases} \nabla^2 u = 0, \quad \rho < R + \varepsilon\cos\varphi \\ u\big|_{\rho=R+\varepsilon\cos\varphi} = \sin\varphi(\varphi < \varepsilon \leqslant R) \end{cases}$$

即令

$$u(\rho,\varphi) = u^{(0)} + \varepsilon u^{(1)} + \varepsilon^2 u^{(2)} + \cdots$$

求 $u^{(0)}, u^{(1)}, \cdots, u^{(2)}$。

部分习题答案及习题解答

习　题　1

1. $$\begin{cases}\dfrac{\partial^2 u}{\partial t^2} = a^2 \dfrac{\partial^2 u}{\partial x^2}\\ u\big|_{t=0} = \dfrac{e}{l}x,\quad \dfrac{\partial u}{\partial t}\Big|_{t=0} = 0\\ u\big|_{x=0} = 0,\quad \dfrac{\partial u}{\partial x}\Big|_{x=l} = 0\end{cases}$$

2. $$\begin{cases}\dfrac{\partial^2 u}{\partial t^2} = a^2 \dfrac{\partial^2 u}{\partial x^2}\\ u\big|_{t=0} = 0,\quad \dfrac{\partial u}{\partial t}\Big|_{t=0} = u_t\big|_{t=0} = \begin{cases}0 & |x-c| > \delta\\ \dfrac{k}{2\delta\rho} & |x-c| < \delta\end{cases}\quad (\delta \to 0)\\ u\big|_{x=0} = 0,\quad u\big|_{x=l} = 0\end{cases}$$

3. $$\begin{cases}\dfrac{\partial u}{\partial t} = a^2 \dfrac{\partial^2 u}{\partial x^2}\\ u\big|_{t=0} = \dfrac{x(l-x)}{2}\\ u\big|_{x=0} = 0,\quad k\dfrac{\partial u}{\partial x}\Big|_{x=l} = q\end{cases}$$

4. 解:设圆柱体周围温度为 T,这个圆柱体的表面是熏黑的,故吸收系数为 1,它可以全部吸收垂直照射阳光的热流的法向部分,即 $M\sin\varphi$(如习图 1.1)。同时又自然冷却,散热的热流强度为 $H(u-T)$, 因此,

$$-K\frac{\partial u}{\partial n}\Big|_{\rho=R} + M\sin\varphi = H(u-T)\Big|_{\rho=R}$$

即

$$-K\frac{\partial u}{\partial r}\Big|_{\rho=R} + M\sin\varphi = H(u-T)\Big|_{\rho=R}$$

亦即

$$\left[K\frac{\partial u}{\partial r} + H(u-T)\right]_{\rho=R} = \begin{cases}M\sin\varphi & (0 < \varphi < \pi)\\ 0 & (\pi < \varphi < 2\pi)\end{cases}$$

如果取圆柱周围环境的温度为温标的零点,则有式中 $T = 0$。

7. (1) $u_{\xi\xi}+u_{\eta\eta}+u_{\eta}=0$

(2) 因为 $a_{12}^2-a_{11}a_{22}=-y$,所以当 $y<0$, $a_{12}^2-a_{11}a_{22}=-y>0$,该方程为双曲型,标准型为$(\xi-\eta)u_{\xi\eta}+\dfrac{1}{2}(u_{\xi}-u_{\eta})=0$;

当 $y>0$ 时, $a_{12}^2-a_{11}a_{22}=-y<0$,方程为椭圆型的,标准型为 $u_{\alpha\alpha}+u_{\beta\beta}-\dfrac{1}{\beta}u_{\beta}=0$。

(3) 由 $a_{12}^2-a_{11}a_{22}=-x$,当 $x<0$ 时,$a_{12}^2-a_{11}a_{22}=-x>0$,方程为双曲型的,原方程可以化成标准型为

$$u_{\xi\eta}-\frac{1}{6(\xi-\eta)}(u_{\xi}-u_{\eta})=0$$

当 $x>0$ 时,$a_{12}^2-a_{11}a_{22}=-x<0$,方程为椭圆型的,标准型为

$$u_{\xi\xi}+u_{\eta\eta}-\frac{1}{3\eta}u_{\eta}=0$$

(4) 因为 $a_{12}^2-a_{11}a_{22}=-x^2y^2<0$,所以该方程是椭圆型的,其标准型为

$$u_{\xi\xi}+u_{\eta\eta}+\frac{1}{2\xi}u_{\xi}+\frac{1}{2\eta}u_{\eta}=0$$

习　题　2

1. $u(x,t)=\sum\limits_{n=1}^{\infty}\dfrac{4l^3}{n^4\pi^4a}[1-(-1)^n]\sin\dfrac{n\pi a}{l}t\sin\dfrac{n\pi}{l}x$

2. $u(x,t)=\dfrac{2I}{\pi a\rho}\sum\limits_{n=1}^{\infty}\sin\dfrac{n\pi x_0}{n_0}\sin\dfrac{n\pi at}{l}\sin\dfrac{n\pi x}{l}$

3. $u(x,t)=\dfrac{8lF_0}{\pi^2YS}\sum\limits_{n=0}^{\infty}\dfrac{(-1)^n}{(2n+1)^2}\cos\dfrac{2n+1}{2l}\pi at\sin\dfrac{2n+1}{2l}\pi x$

4. $V(x,t)=\dfrac{4v_0}{\pi}\sum\limits_{n=0}^{\infty}\dfrac{1}{2n+1}\cos\dfrac{2n+1}{2l}a\pi t\cdot\sin\dfrac{2n+1}{2l}\pi x$

5. $u(x,t)=\sum\limits_{n=1}^{\infty}\left(\dfrac{2hl^2}{n^2\pi^2c(l-c)}\sin\dfrac{n\pi c}{l}\cos\dfrac{n\pi a}{l}t\right)\sin\dfrac{n\pi}{l}x$

$$=\frac{2hl^2}{\pi^2c(l-c)}\sum_{n=1}^{\infty}\left(\frac{1}{n^2}\sin\frac{n\pi c}{l}\cos\frac{n\pi a}{l}t\right)\sin\frac{n\pi}{l}x$$

6. $u(x,t)=\dfrac{4l^2}{\pi^3}\sum\limits_{n=1}^{\infty}\dfrac{[1-(-1)^n]}{n^3}e^{-\frac{n2\pi2a2}{l2}t}\sin\dfrac{n\pi}{l}x$

7. $u(x,t)=\dfrac{l}{2}+\sum\limits_{n=1}^{\infty}\dfrac{2l}{n^2\pi^2}[(-1)^n-1]e^{-\frac{n2\pi2}{l2}a^2t}\cos\dfrac{n\pi x}{l}$

8. (1) $u(\rho,\varphi)=\dfrac{A}{a}\rho\sin\varphi$

(2) $u(\rho,\varphi)=A+\dfrac{B}{a}\rho\sin\varphi$

9. $u(x,t) = \frac{2Al^2}{a^2\pi^3}\sum_{n=1}^{\infty}\frac{[(-1)^n - 1]}{n^3}\left(1 - e^{-\frac{a^2n^2\pi^2}{l^2}t}\right)\sin\frac{n\pi}{l}x$

10. $u(x,t) = v(x,t) + w(x,t) = \frac{2}{\pi}\sum_{n=1}^{\infty}\frac{(-1)^n(5-kl) - 10}{n}e^{-\frac{a^2n^2\pi^2}{l^2}t}\sin\frac{n\pi x}{l} + 10 - \frac{5}{l}x$

11. 解题步骤如下：

设 $u(x,t) = v(x,t) + w(x)$ 代入方程级边界条件，得到

$$\begin{cases} v_t - a^2 v_{xx} = a^2 w''(x) + f(x) \\ v(0,t) = A - w(0), v(l,t) = B - w(l) \end{cases}$$

故为使 $v(x,t)$ 的方程和边界条件均为齐次，应选 $w(x)$ 使之满足

$$\begin{cases} a^2 w''(x) = -f(x) \\ w(0) = A, w(l) = B \end{cases}$$

将第一式对 x 积分两次得

$$w(x) = \int_0^x \mathrm{d}\beta \int_0^\beta -\frac{1}{a^2}f(\alpha)\mathrm{d}\alpha + C_1 x + C_2$$

代入边界条件中，得

$$\begin{cases} w(0) = C_2 = A \\ W(l) = \int_0^l \mathrm{d}\beta \int_0^\beta -\frac{1}{a^2}f(\alpha)\mathrm{d}\alpha + C_1 l + C_2 = B \end{cases}$$

由此得

$$C_2 = A, C_1 = \frac{1}{l}(B - A) + \frac{1}{a^2 l}\int_0^l \mathrm{d}\beta \int_0^\beta f(\alpha)\mathrm{d}\alpha$$

故有

$$w(x) = A + \frac{1}{l}(B - A) + \frac{1}{a^2 l}\int_0^l \mathrm{d}\beta \int_0^\beta f(\alpha)\mathrm{d}\alpha - \frac{1}{a^2}\int_0^x \mathrm{d}\beta \int_0^\beta f(\alpha)\mathrm{d}\alpha$$

此时，求解定解问题可化为

$$\begin{cases} \frac{\partial v}{\partial t} - a^2 \frac{\partial^2 v}{\partial x^2} = 0 \\ v\Big|_{x=0} = v\Big|_{x=l} = v \\ v\Big|_{t=0} = g(x) - w(x) \end{cases}$$

用分离变量法求解上述定解问题，得

$$v(x,t) = \sum_{n=1}^{\infty} B_n e^{-\frac{a^2n^2\pi^2}{l^2}t}\sin\frac{n\pi x}{l}$$

其中
$$B_n = \frac{2}{l}\int_0^l [g(x) - w(x)]\sin\frac{n\pi x}{l}\mathrm{d}x$$

故原定解问题的解为

$$u(x,t) = A + \frac{1}{l}(B - A) + \frac{1}{a^2 l}\int_0^l \mathrm{d}\beta \int_0^\beta f(\alpha)\mathrm{d}\alpha - \frac{1}{a^2}\int_0^x \mathrm{d}\beta \int_0^\beta f(\alpha)\mathrm{d}\alpha + \sum_{n=1}^{\infty} B_n e^{-\frac{a^2n^2\pi^2}{l^2}t}\sin\frac{n\pi x}{l}$$

式中
$$B_n = \frac{2}{l}\int_0^l [g(x) - w(x)]\sin\frac{n\pi x}{l}\mathrm{d}x$$

12. $u(x,y) = \frac{Ab}{2a}x + \frac{2Ab}{\pi^2}\sum_{n=1}^{\infty}\frac{\cos n\pi - 1}{n^2 \mathrm{sh}\frac{n\pi a}{b}}\mathrm{sh}\frac{n\pi x}{b}\cos\frac{n\pi y}{b}$

13. $u(x,t) = N_0 - \sum_{k=1}^{\infty}\frac{4N_0}{(2k-1)\pi}e^{-\frac{(2k-1)^2\pi^2a^2t}{l^2}}\sin\frac{(2k-1)\pi x}{l}$

14. $u(x,y) = \frac{u_0}{a}x + \frac{2u_0}{\pi}\sum_{n=1}^{\infty}\frac{(-1)^n}{n}e^{-\frac{n\pi y}{a}}\sin\frac{n\pi x}{a}$

15. $u(\rho,\theta) = \frac{4}{\pi}\sum_{n=1}^{\infty}\left(\frac{\rho}{R}\right)^{\frac{(2n-1)\pi}{\alpha}}\sin\frac{(2n-1)\pi}{\alpha}\theta$

习　题　3

1. $y = C_1x + C_2\left\{1 + \sum_{n=1}^{\infty}\frac{[(2n-3)!!]^2}{(2n)!}x^{2n}\right\}$

2. $y(x) = a_0\sum_{k=0}^{\infty}(-1)^k\frac{x^{2k}}{(2k)!} + a_1\sum_{k=0}^{\infty}(-1)^k\frac{x^{2k+1}}{(2k+1)!}$

3. 方程的通解为
$$y(x) = C_0y_0(x) + C_1y_1(x)$$
其中
$$y_0(x) = 1 + \frac{x^3}{3!} + \frac{1\cdot 4}{6!}x^6 + \frac{1\cdot 4\cdots(3k-2)x^{3k}}{(3k)!} + \cdots$$
$$y_1(x) = x + \frac{2x^4}{4!} + \frac{2\cdot 5}{7!}x^7 + \frac{2\cdot 5\cdots(3k-1)x^{3k+1}}{(3k+1)!} + \cdots$$
C_0 和 C_1 为任意常数。

4. $y(x) = C_1x + C_2x\ln x$,其中 C_1、C_2 为任意常数。

5. (1) $\frac{\mathrm{d}}{\mathrm{d}x}\left[\frac{1}{\sin x}\frac{\mathrm{d}y}{\mathrm{d}x}\right] + (\lambda\sin x)y = 0$；(2) $\frac{\mathrm{d}}{\mathrm{d}x}\left[xe^{-x}\frac{\mathrm{d}y}{\mathrm{d}x}\right] + \lambda e^{-x}y = 0$

6. 求解下列本征值问题的本征值和本征函数

(1) 本征值为 $\lambda_n = \beta^2 = \left[\frac{\left(n+\frac{1}{2}\right)\pi}{l}\right]^2 \quad (n = 0,1,2\cdots)$

本征函数为 $Z_n(x) = \sin\frac{\left(n+\frac{1}{2}\right)\pi}{l}x$

(2) 本征值为 $\lambda_n = \beta^2 = \left[\frac{\left(n+\frac{1}{2}\right)\pi}{l}\right]^2 \quad (n = 0,1,2,\cdots)$

$$本征函数为\ Z_n(x) = \cos\frac{\left(n+\frac{1}{2}\right)\pi}{l}x$$

(3) 本征值由方程 $\tan\sqrt{\lambda}L = H\sqrt{\lambda}$ 的根确定,本征函数为

$$X_n(x) = A_n\left(\cos\sqrt{\lambda}x - \frac{\sin\sqrt{\lambda}x}{H\sqrt{\lambda}}\right)$$

(4) 解:由 $\frac{d^2R}{dr^2} + \frac{1}{r}\frac{dR}{dr} + \frac{\lambda}{r^2}R = 0$, 两边同乘 r^2,得 $r^2\frac{d^2R}{dr^2} + r\frac{dR}{dr} + \lambda R = 0$,

这是 Euler 方程,作代换 $r = e^t$,即 $t = \ln r$,当 $r = a$ 则 $t = \ln a$,当 $r = b$ 则 $t = \ln b$,得到

$$\frac{d^2R}{dt^2} + \lambda R = 0$$

其通解为 $$R = A\cos\beta t + B\sin\beta t$$

其中 $\beta = \sqrt{\lambda}$。

代回原变量,并由边界条件,有

$$\begin{cases} A\cos(\beta\ln a) + B\sin(\beta\ln a) = 0 \\ A\cos(\beta\ln b) + B\sin(\beta\ln b) = 0 \end{cases}$$

由于 A、B 不全为零,故有

$$\begin{vmatrix} \cos\beta\ln a & \sin\beta\ln a \\ \cos\beta\ln b & \sin\beta\ln b \end{vmatrix} = \sin\beta(\ln b - \ln a) = 0$$

因此 $\beta = \frac{7n\pi}{\ln b - \ln a}$, 于是 $\lambda = \left(\frac{n\pi}{\ln b - \ln a}\right)^2$ 为所求的本征值,本征函数为

$$\begin{aligned} R_n &= -B\tan(\beta\ln a)\cos\beta t + B\sin\beta t \\ &= -B\frac{1}{\cos(\beta\ln a)}[-\sin(\beta\ln a)\cos\beta t + \cos(\beta\ln a)\sin\beta t] \\ &= B\sin(\beta t - \beta\ln a) = B\sin\left[\frac{n\pi(\ln r - \ln a)}{\ln b - \ln a}\right] \end{aligned}$$

7. $x^4y''(x) + 2x^3y'(x) - a^2y(x) = 0$。

8. 方程的通解为 $y(x) = a_0y_0(x) + a_1y_1(x)$

其中

$$y_0(x) = 1 + \frac{(1-\lambda)}{2!}x^2 + \frac{(1-\lambda)(5-\lambda)}{4!}x^4 + \cdots + \frac{(1-\lambda)(5-\lambda)\cdots(4k-3-\lambda)}{(2k)!}x^{2k}$$

$$y_1(x) = x + \frac{(3-\lambda)}{3!}x^3 + \frac{(3-\lambda)(7-\lambda)}{5!}x^5 + \cdots + \frac{(3-\lambda)(7-\lambda)\cdots(4k-1-\lambda)}{(2k+1)!}x^{2k+1}$$

收敛半径均是无限大。从级数解知道:当 $\lambda = 4k-3(k=1,2,\cdots)$ 时,$y_0(x)$ 退化为多项式。当 $\lambda = 4k-1(k=1,2,\cdots)$ 时,$y_1(x)$ 退化为多项式。

9. 解:因为 $p(x) = \frac{\gamma}{x} - 1, q(x) = -\frac{\alpha}{x}$, 所以指标方程和指标数分别为

$$\rho(\rho-1) + \gamma\rho = 0, \rho_1 = 0, \rho_2 = 1-\gamma$$

因为 $1-\gamma\neq0$ 及整数,所以可设两个线性无关的解为

$$y_1(x)=\sum_{n=0}^{\infty}c_nx^n,\qquad y_2(x)=x^{1-\gamma}\sum_{n=0}^{\infty}d_nx^n$$

将第一个解代入方程,可得

$$\sum_{n=2}^{\infty}c_nn(n-1)x^{n-1}+(\gamma-x)\sum_{n=1}^{\infty}c_nnx^{n-1}-\alpha\sum_{n=0}^{\infty}c_nx^n=0$$

即

$$\sum_{n=1}^{\infty}c_nn(n+\gamma-1)x^{n-1}-\sum_{n=0}^{\infty}c_n(n+\alpha)x^n=0$$

比较 x 的同次幂系数:

$$x^0:\quad c_1\cdot1\cdot\gamma-c_0\alpha=0,\qquad c_1=\frac{\alpha}{1\cdot\gamma}c_0,$$

$$x^1:\quad c_2\cdot2\cdot(1+\gamma)-c_1(1+\alpha)=0,\qquad c_2=\frac{1+\alpha}{2\cdot(1+\gamma)}c_1=\frac{1+\alpha}{2\cdot(1+\gamma)}\frac{\alpha}{1\cdot\gamma}c_0,$$

$\vdots$

当 $n\geqslant1$ 时,x^{n-1} 的系数为

$$c_nn(n+\gamma-1)-c_{n-1}(n-1+\alpha)=0$$

于是得到递推关系为

$$c_n=\frac{n-1+\alpha}{n(n-1+\gamma)}c_{n-1}=\frac{n-1+\alpha}{n(n-1+\gamma)}\frac{n-2+\alpha}{(n-1)(n-2+\gamma)}\cdots\frac{1+\alpha}{2(1+\gamma)}\frac{\alpha}{1\cdot\gamma}c_0$$

$$=\frac{\Gamma(n+\alpha)\Gamma(\gamma)}{n!\Gamma(n+\gamma)\Gamma(\alpha)}c_0$$

若取 $c_0=1$,则得到方程的第一解为

$$y_1(x)=\sum_{n=0}^{\infty}\frac{\Gamma(n+\alpha)\Gamma(\gamma)}{n!\Gamma(n+\gamma)\Gamma(\alpha)}x^n=\sum_{n=0}^{\infty}\frac{(\alpha)_n}{n!(\gamma)_n}x^n=F(\alpha,\gamma,x)$$

其中

$$(\alpha)_n=\frac{\Gamma(n+\alpha)}{\Gamma(\alpha)},\qquad(\gamma)_n=\frac{\Gamma(n+\gamma)}{\Gamma(\gamma)}$$

函数 $F(\alpha,\gamma,x)$ 称为合流超几何级数或者合流超几何函数。

将第二个解代入原方程,可得

$$\sum_{n=2}^{\infty}d_n(n+1-\gamma)(n-\gamma)x^{n-\gamma}+(\gamma-x)\sum_{n=1}^{\infty}d_n(n+1-\gamma)x^{n-\gamma}-\alpha\sum_{n=0}^{\infty}d_nx^{n+1-\gamma}=0$$

即

$$\sum_{n=0}^{\infty}d_nn(n+1-\gamma)x^n-\sum_{n=0}^{\infty}d_n(n+1+\alpha-\gamma)x^{n+1}=0$$

比较 x 的同次幂系数:

x^0:　　$d_0 \cdot 0 = 0$,　　　　　　　　　d_0 任意

x^1:　　$d_1 \cdot 1 \cdot (2-\gamma) - d_0(1+\alpha-\gamma) = 0$,　　$d_1 = \dfrac{1+\alpha-\gamma}{1\cdot(2-\gamma)}d_0$

⋮

当 $n \geqslant 1$,x^n 的系数为

$$d_n n(n+1-\gamma) - d_{n-1}(n+\alpha-\gamma) = 0$$

于是得到递推关系为

$$d_n = \frac{n+\alpha-\gamma}{n(n+1-\gamma)}d_{n-1} = \frac{n+\alpha-\gamma}{n(n+1-\gamma)}\frac{n-1+\alpha-\gamma}{(n-1)(n-\gamma)}\cdots\frac{1+\alpha-\gamma}{1\cdot(2-\gamma)}d_0$$
$$= \frac{\Gamma(n+1+\alpha-\gamma)\Gamma(2-\gamma)}{n!\Gamma(n+2-\gamma)\Gamma(1+\alpha-\gamma)}\ d_0$$

若取 $d_0 = 1$,则得到方程的第二解为

$$y_2(x) = x^{1-\gamma}\sum_{n=0}^{\infty}\frac{\Gamma(n+1+\alpha-\gamma)\Gamma(2-\gamma)}{n!\Gamma(n+2-\gamma)\Gamma(1+\alpha-\gamma)}x^n = x^{1-\gamma}\sum_{n=0}^{\infty}\frac{(\alpha+1-\gamma)_n}{n!(2-\gamma)_n}x^n$$
$$= x^{1-\gamma}F(\alpha+1-\gamma,2-\gamma,x)$$

于是合流超几何方程的通解可以写成

$$y(x) = c_1F(\alpha,\gamma,x) + c_2x^{1-\gamma}F(\alpha+1-\gamma,2-\gamma,x)$$

其中 c_1、c_2 为任意常数。

注意 若 α 等于负整数,例如 $\alpha = -m$(m 为正整数),则第一个解退化为多项式,这是因为当 $n = m+1$ 时

$$(-m)_n = (-m)(-m+1)(-m+2)\cdots(-m+n-1) = 0$$

这时第一个解变成

$$y_1(x) = \sum_{n=0}^{m}\frac{(-1)^n m!}{n!(m-n)!(\gamma)_n}x^n$$

同理,当 $\alpha+1-\gamma = -m$(m 为正整数)时,第二个解的级数部分将退化成为一个多项式:

$$y_2(x) = x^{1-\gamma}\sum_{n=0}^{m}\frac{(-1)^n m!}{n!(m-n)!(2-\gamma)_n}x^n$$

习　题　4

1. 由公式 $J_n(x) = \sum\limits_{m=0}^{\infty}(-1)^m\dfrac{x^{n+2m}}{2^{n+2m}m!\Gamma(n+m+1)}(n \geqslant 0)$,可得到:

$J_0(x)$ 的前 5 项 $-\dfrac{1}{4}\dfrac{x^2}{\Gamma(2)} + \dfrac{1}{32}\dfrac{x^4}{\Gamma(3)} - \dfrac{1}{384}\dfrac{x^6}{\Gamma(4)} + \dfrac{1}{6144}\dfrac{x^8}{\Gamma(5)} - \dfrac{1}{122880}\dfrac{x^{10}}{\Gamma(6)}$

$J_1(x)$ 的前 5 项 $-\dfrac{1}{8}\dfrac{x^3}{\Gamma(3)} + \dfrac{1}{64}\dfrac{x^5}{\Gamma(4)} - \dfrac{1}{768}\dfrac{x^7}{\Gamma(5)} + \dfrac{1}{12288}\dfrac{x^9}{\Gamma(6)} - \dfrac{1}{245760}\dfrac{x^{11}}{\Gamma(7)}$

$J_n(x)$ 的前 5 项

$$-\frac{x^{(n+2)}}{2^{(n+2)}\Gamma(n+2)} + \frac{1}{2}\frac{x^{(n+4)}}{2^{(n+4)}\Gamma(n+3)} - \frac{1}{6}\frac{x^{(n+6)}}{2^{(n+6)}\Gamma(n+4)} + \frac{1}{24}\frac{x^{(n+8)}}{2^{(n+8)}\Gamma(n+5)} - \frac{1}{120}\frac{x^{(n+10)}}{2^{(n+10)}\Gamma(n+6)}$$

6. 证明:(1) 由 Bessel 函数的降阶公式 $J_{n+1}(x) = \frac{2}{x}nJ_n(x) - J_{n-1}(x)$,得

$$J_2(x) = \frac{2}{x}J_1(x) - J_0(x) = -\frac{2}{x}J_0'(x) - J_0(x)$$

再由 $[xJ'_1(x)]' = xJ_0(x)$ 及 $[-xJ_0'(x)]' = -J_0'(x) - xJ_0''(x)$,得

$$J_0(x) = -\frac{1}{x}J_0'(x) - J_0''(x)$$

故 $J_2(x) = -\frac{2}{x}J_0'(x) + \frac{1}{x}J_0'(x) + J_0''(x) = J_0''(x) - \frac{1}{x}J_0'(x)$

(2) 由 $J_0''(x) = -J_1'(x) = -\frac{1}{2}[J_0(x) - J_2(x)]$ 有:

$$J_0'''(x) = -\frac{1}{2}[J_0'(x) - J_2'(x)] = -\frac{1}{2}\left\{-J_1(x) - \frac{1}{2}[J_1(x) - J_3(x)]\right\}$$

$$= \frac{3}{4}J_1(x) - \frac{1}{4}J_3(x)$$

$$J_3(x) + 3J_0'(x) + 4J_0'''(x) = J_3(x) - 3J_1(x) + 4\left[\frac{3}{4}J_1(x) - \frac{1}{4}J_3(x)\right] = 0$$

7. $u(\rho,t) = \frac{2I}{m\pi\varepsilon a}\sum_{n=1}^{\infty}\frac{1}{[x_n^{(0)}J_1(x^{(0)})_n]^2}J_1\left(\frac{x_n^{(0)}\varepsilon}{R}\right)J_0\left(\frac{x_n^{(0)}}{R}\rho\right)\sin\frac{x_n^{(0)}a}{R}t$

8. $u(\rho,t) = \sum_{n=1}^{\infty}\frac{8HJ_0(x_n^{(0)}\rho/b)}{(x_n^{(0)})^3J_1(x_n^{(0)})}\cos(x_n^{(0)}at/b)$

9. $u(\rho,t) = u_0 + \frac{q}{2l}(4a^2t + \rho^2) - \frac{ql}{4}\left[1 + \sum_{n=1}^{\infty}\frac{8e^{-\left(\frac{x_n^{(1)}a}{l}\right)^2t}}{(x_n^{(1)})^2J_0(x_n^{(1)})}J_0\left(\frac{x_n^{(1)}\rho}{l}\right)\right]$

10. $u = 2R^2\sum_{n=0}^{\infty}\frac{J_0\left(\frac{x_n^{(0)}}{R}\rho\right)\text{sh}\left(\frac{x_n^{(0)}}{R}Z\right)}{x_n^{(0)}J_1(x_n^{(0)})\text{sh}\left(\frac{x_n^{(0)}}{R}H\right)}\left(1 - \frac{4}{(x_n^{(0)})^2}\right)$。

习　题　5

1. 解:先令 $A = \frac{h^2}{8\pi^2\mu}, B = Ze^2$,则 Schrödinger 方程可以简单写为

$$A\nabla^2u + \frac{B}{r}u + Eu = 0$$

由 Laplace 算符在球坐标下的表达式,则在球坐标下,Schrödinger 方程的表达式为

$$A\left[\frac{1}{r^2}\frac{\partial}{\partial r}\left(r^2\frac{\partial u}{\partial r}\right) + \frac{1}{r^2\sin\theta}\frac{\partial}{\partial\theta}\left(\sin\theta\frac{\partial u}{\partial\theta}\right) + \frac{1}{r^2\sin^2\theta}\frac{\partial^2u}{\partial\varphi^2}\right] + B\frac{u}{r} + Eu = 0$$

令 $u(r,\theta,\varphi) = R(r)Y(\theta,\varphi)$,代入上式得

$$\frac{AY}{r^2}\frac{\mathrm{d}}{\mathrm{d}r}\left(r^2\frac{\mathrm{d}R}{\mathrm{d}r}\right)+\frac{AR}{r^2\sin\theta}\frac{\partial}{\partial\theta}\left(\sin\theta\frac{\partial Y}{\partial\theta}\right)+\frac{AR}{r^2\sin^2\theta}\frac{\partial^2 Y}{\partial\varphi^2}+\left(\frac{B}{r}+E\right)RY=0$$

两边分别乘以$\frac{r^2}{ARY}$,得

$$\frac{1}{R}\frac{\mathrm{d}}{\mathrm{d}r}\left(r^2\frac{\mathrm{d}R}{\mathrm{d}r}\right)+\frac{r^2}{A}\left(\frac{B}{r}+E\right)=-\frac{1}{Y\sin\theta}\frac{\partial}{\partial\theta}\left(\sin\theta\frac{\partial Y}{\partial\theta}\right)-\frac{1}{Y\sin^2\theta}\frac{\partial^2 Y}{\partial\varphi^2}$$

要使上式成立,则必有两边等于同一个常数,记为$l(l+1)$,从而

$$\frac{\mathrm{d}}{\mathrm{d}r}\left(r^2\frac{\mathrm{d}R}{\mathrm{d}r}\right)+\left[\frac{B}{A}r+Er^2-l(l+1)\right]R=0$$

即

$$\frac{1}{r^2}\frac{\mathrm{d}}{\mathrm{d}r}\left(r^2\frac{\mathrm{d}R}{\mathrm{d}r}\right)+\left[\frac{8\pi^2\mu}{h^2}\left(\frac{Ze^2}{r}+E\right)-\frac{l(l+1)}{r^2}\right]R=0 \tag{1}$$

至于Y则满足球函数方程

$$\frac{1}{\sin\theta}\frac{\partial}{\partial\theta}\left(\sin\theta\frac{\partial Y}{\partial\theta}\right)+\frac{1}{\sin^2\theta}\frac{\partial^2 Y}{\partial\varphi^2}+l(l+1)Y=0 \tag{2}$$

球函数方程(2)的可以进一步分离变,令$Y(\theta,\varphi)=\Theta(\theta)\Phi(\varphi)$代入(2),并有周期条件,则得$\Phi$满足

$$\Phi''+m^2\Phi=0 \tag{3}$$

它的解是

$$\Phi_m=A_m\cos m\varphi+B_m\cos m\varphi \quad (m=0,1,2,\cdots)$$

Θ满足缔合勒让德方程

$$(1-x^2)\frac{\mathrm{d}^2\Theta}{\mathrm{d}\theta^2}-2x\frac{\mathrm{d}\Theta}{\mathrm{d}\theta}+\left[l(l+1)-\frac{m^2}{1-x^2}\right]\Theta=0 \tag{4}$$

其中$x=\cos\theta$。

4. 证明:因为$P_n(x)$满足

$$\frac{\mathrm{d}}{\mathrm{d}x}[(1-x^2)P_n'(x)]=-n(n+1)P_n(x)$$

故

$$\begin{aligned}\int_{-1}^{1}(1-x^2)[P_n'(x)]^2\mathrm{d}x&=\int_{-1}^{1}(1-x^2)P_n'(x)\mathrm{d}[P_n(x)]\\&=(1-x^2)P_n'(x)P_n(x)\Big|_{-1}^{1}-\int_{-1}^{1}P_n(x)\mathrm{d}[(1-x^2)P_n'(x)]\\&=n(n+1)\int_{-1}^{1}P_n^2(x)\mathrm{d}x=\frac{2n(n+1)}{2n+1}\end{aligned}$$

7. 解:设$f(x)=\sum_{l=0}^{\infty}f_lp_l(x)$,其中$f_l=\frac{2l+1}{2}\int_0^1 xp_l\mathrm{d}x$

计算得到 $f_{2n}=\frac{(-1)^{n+1}(4n+1)(2n-2)!}{2(2n-2)!!(2n+2)!!}$,及$f_0=\frac{1}{2}\int_0^1 x\,\mathrm{d}x=\frac{1}{4}$

$$f_{2n+1}=\frac{4n+3}{2^{2n+2}(2n+1)!}\int_0^1 x\frac{\mathrm{d}^{2n+1}}{\mathrm{d}x^{2n+1}}(x^2-1)^{2n+1}\mathrm{d}x$$

$$= \frac{4n+3}{2^{2n+2}(2n+1)!}\left[x\frac{d^{2n}}{dx^{2n}}(x^2-1)^{2n+1}\Big|_0^1 - \int_0^1 x\frac{d^{2n}}{dx^{2n}}(x^2-1)^{2n+1}dx\right]$$

$$= \frac{-(4n+3)}{2^{2n+2}(2n+1)!}\frac{d^{2n-1}}{dx^{2n-1}}(x^2-1)^{2n+1}\Big|_0^1 = 0$$

由二项式$(x^2-1)^{2n+1}$的展开式中只有偶次幂,求导次数为$(2n-1)$奇次数,其积分值总为零。

故$f_{2n+1}=0$, $n=1,2,\cdots$;但上式不适用$n=0$即$l=1$的情况,$\left(因为其中有\frac{d^{2n-1}}{dx^{2n-1}}\right)$

所以f_1应另算出:$f_1=\frac{3}{2}\int_0^1 xP_1(x)dx=\frac{3}{2}\int_0^1 x^2dx=\frac{1}{2}$,于是

$$f(x)=\frac{1}{4}p_0(x)+\frac{1}{2}p_1(x)+\sum_{n=1}^{\infty}(-1)^{n+1}\frac{(4n+1)(2n-2)!}{2(2n-2)!!(2n+2)!!}p_{2n}(x)$$

8. 证明:Legendre多项式的生成函数(母函数)为

$$\frac{1}{\sqrt{1+r^2-2rx}}=\sum_{n=0}^{\infty}P_n(x)r^n \quad (r<1) \tag{1}$$

在(1)中,令$x=-1$可得$\sum\limits_{n=0}^{\infty}P_n(-1)r^n=\frac{1}{\sqrt{1+r^2+2r}}=\frac{1}{1+r}=\sum\limits_{n=0}^{\infty}(-1)^n r^n$,故

$$P_n(-1)=(-1)^n$$

在(1)中,令$x=0$可得

$$\sum_{n=0}^{\infty}P_n(0)r^n=\frac{1}{\sqrt{1+r^2}}=(1+r^2)^{-\frac{1}{2}}=\sum_{n=0}^{\infty}\frac{\left(-\frac{1}{2}\right)\left(-\frac{3}{2}\right)\cdots\left(-\frac{2n-1}{2}\right)}{n!}r^n$$

即

$$P_{2n-1}(0)=0, \quad P_{2n-1}(0)=\frac{(-1)^n(2n)!}{2^{2n}(n!)^2}$$

9. $u(r,\theta)=\sum\limits_{n=0}^{\infty}A_n r^n P_n(\cos\theta)=A_2r^2P_2(\cos\theta)=2r^2(3\cos^2\theta-1)$

10. 解:建立定解问题为

$$\begin{cases}\nabla^2 u=0\\ u|_{r=1}=\begin{cases}A & (0\leqslant\theta\leqslant\alpha)\\ 0 & (\alpha<\theta\leqslant\pi)\end{cases}\end{cases}$$

利用球坐标解定解问题$u=u(r,\theta,\varphi)$满足的方程为

$$\nabla^2 u=\frac{1}{r^2}\frac{\partial}{\partial r}\left(r^2\frac{\partial u}{\partial r}\right)+\frac{1}{r^2\sin\theta}\frac{\partial}{\partial\theta}\left(\sin\theta\frac{\partial u}{\partial\theta}\right)+\frac{1}{r^2\sin^2\theta}\frac{\partial^2 u}{\partial\varphi^2}=0 \quad (r<a)$$

由于边界条件与φ无关,因此知u与φ无关,故可令$u=u(r,\theta)=R(r)\Theta(\theta)$,代入方程,并由原点处有界的自然条件得

$$R_n(r)=A_nr^n+B_nr^{-(n+1)} \qquad (n=0,1,2,\cdots)$$

$$\Theta_n(\theta)=P_n(\cos\theta)$$

于是问题的一般解为

$$u(r,\theta)=\sum_{n=0}^{\infty}[A_n r^n+B_n r^{-(n+1)}]P_n(\cos\theta)$$

由边界条件

$$\begin{cases} u\big|_{r=1}=\begin{cases}A & (0\leqslant\theta\leqslant\alpha)\\ 0 & (\alpha<\theta\leqslant\pi)\end{cases} \\ u\big|_{r=0}<\infty\end{cases}$$

确定常数。由 $u\big|_{r=0}<\infty$ 有 $B_n=0$,故 $u(r,\theta)=\sum\limits_{n=0}^{\infty}A_n r^n P_n(\cos\theta)$

令 $A=\sum\limits_{n=0}^{\infty}f_n P_n(\cos\theta)$,则 $f_n=\dfrac{2n+1}{2}\int_0^{\alpha}AP_n(\cos\theta)\sin\theta\mathrm{d}\theta$,因此

$$f_0=\frac{1}{2}\int_0^{\alpha}A\sin\theta\mathrm{d}\theta=\frac{A}{2}(1-\cos\theta)$$

$$f_1=\frac{3}{2}\int_0^{\alpha}A\cos\theta\sin\theta\mathrm{d}\theta=\frac{3A}{4}(1-\cos^2\theta)$$

$$f_2=\frac{5}{2}\int_0^{\alpha}A\frac{3\cos^2\theta-1}{2}\sin\theta\mathrm{d}\theta=\frac{5A}{4}(1-\cos^2\theta)-\frac{5A}{4}(1-\cos\theta)$$

比较左、右两边系数得

$$A_0=f_0,A_1=f_1,A_2=f_2,\cdots$$

于是问题的解为

$$u(r,\theta)=\sum_{n=0}^{\infty}A_n r^n P_n(\cos\theta)$$

其中 $A_n=f_n,\quad n=0,1,2,\cdots$

习 题 6

1. (1) $u(x,t)=\dfrac{1}{2a}\int_{x-at}^{x+at}\mathrm{d}\xi=t$

(2) $u(x,t)=\dfrac{1}{2}[\sin(x+at)+\sin(x-at)]+\dfrac{1}{2a}\int_{x-at}^{x+at}\xi^2\mathrm{d}\xi$

$=\sin x\sin at+\dfrac{t}{3}(3x^2+a^2t^2)$

(3) $u(x,t)=\dfrac{1}{2}[(x+at)^3+(x-at)^3]+\dfrac{1}{2a}\int_{x-at}^{x+at}\xi\mathrm{d}\xi$

$=x^3+3a^2xt^2+2axt$

(4) $u(x,t)=\dfrac{1}{2}[\cos(x+at)+\cos(x-at)]+\dfrac{e^{-1}}{2a}\int_{x-at}^{x+at}\mathrm{d}\xi$

$=\cos x\cos at+\dfrac{t}{e}$

2. $u(x,t)=\dfrac{1}{2}[\varphi(x+at)+\varphi(x-at)]+\dfrac{1}{2a}\int_{x-at}^{x+at}[-a\varphi'(\xi)]\mathrm{d}\xi$

$$= \frac{1}{2}[\varphi(x+at)+\varphi(x-at)] - \frac{1}{2}[\varphi(x+at)-\varphi(x-at)]$$
$$= \varphi(x-at)$$

3. $u = \frac{1}{6}x^3y^2 + x^2 + \cos y - \frac{1}{6}y^2 + C$,其中 C 为积分常数。

4. 证明:令$\begin{cases}\xi = x - \sin x + y \\ \eta = x + \sin x - y\end{cases}$

则
$$u_x = \frac{\partial u}{\partial \xi}\frac{\partial \xi}{\partial x} + \frac{\partial u}{\partial \eta}\frac{\partial \eta}{\partial x} = \frac{\partial u}{\partial \xi}(1-\cos x) + \frac{\partial u}{\partial \eta}(1+\cos x)$$

$$u_y = \frac{\partial u}{\partial \xi} - \frac{\partial u}{\partial \eta}$$

$$u_{xx} = (1-\cos x)\left[\frac{\partial^2 u}{\partial \xi^2}(1-\cos x) + \frac{\partial^2 u}{\partial \xi \partial \eta}(1+\cos x)\right] + \frac{\partial u}{\partial \xi}\sin x$$
$$+ (1+\cos x)\left[\frac{\partial^2 u}{\partial \xi \partial \eta}(1-\cos x) + \frac{\partial^2 u}{\partial \eta^2}(1+\cos x)\right] - \frac{\partial u}{\partial \eta}\sin x$$

$$u_{yy} = \frac{\partial^2 u}{\partial \xi^2} + \frac{\partial^2 u}{\partial \eta^2}$$

$$u_{xy} = (1-\cos x)\left[\frac{\partial^2 u}{\partial \xi^2} - \frac{\partial^2 u}{\partial \xi \partial \eta}\right] + (1+\cos x)\left[\frac{\partial^2 u}{\partial \xi \partial \eta} - \frac{\partial^2 u}{\partial \eta^2}\right]$$

代入定解问题得到

$$u_{xx} + 2\cos x u_{xy} - \sin^2 x u_{yy} - \sin x u_y = (2 + 2\cos^2 x)\frac{\partial^2 u}{\partial \xi \partial \eta} = 0$$

由于
$$1 + \cos^2 x \neq 0$$

故
$$\frac{\partial^2 u}{\partial \xi \partial \eta} = 0$$

故方程的通解为:

$$u(x,y) = f(\xi) + g(\eta) = f(x - \sin x + y) + g(x + \sin x - y)$$

由边界条件

$$u\big|_{y=\sin x} = f(x) + g(x) = \varphi(x) \tag{1}$$

$$u_y\big|_{y=\sin x} = [f'(\xi) + g'(\eta)]\Big|_{y=\sin x} = f'(x) - g'(x) = \phi(x) \tag{2}$$

对(2) 积分得到

$$f(x) - g(x) = \int_0^x [f'(x) - g'(x)]\mathrm{d}x = \int_0^x \varphi(x)\mathrm{d}x \tag{3}$$

解(1)、(3) 得到

$$\begin{cases} f(x) = \dfrac{\varphi(x) + \int_0^x \phi(x)\mathrm{d}x}{2} \\ g(x) = \dfrac{\varphi(x) - \int_0^x \phi(x)\mathrm{d}x}{2} \end{cases}$$

于是,有

$$f(\xi) = f(x - \sin x + y) = \frac{1}{2}\varphi(x - \sin x + y) + \int_0^{x-\sin x+y} \phi(\xi)\mathrm{d}\xi$$

$$g(\eta) = f(x + \sin x - y) = \frac{1}{2}\varphi(x + \sin x - y) + \int_{x+\sin x-y}^0 \phi(\xi)\mathrm{d}\xi$$

代入通解表达式得

$$u(x,y) = \frac{\varphi(x - \sin x + y) + \varphi(x + \sin x - y)}{2} + \frac{1}{2}\int_{x+\sin x-y}^{x-\sin x+y} \phi(\xi)\mathrm{d}\xi$$

6. $u(M,t) = \dfrac{1}{4\pi a}\left[\iint\limits_{S_{at}^M} \dfrac{\varphi(M')}{at}\mathrm{d}S + \iint\limits_{S_{at}^M} \dfrac{\psi(M')}{at}\mathrm{d}S\right]$

$$= x^2 t + \frac{1}{3}a^2 t^3 + yat$$

7. 证明:由定义式并交换积分次序(由于f_1 和f_2 都是在$(-\infty,\infty)$上绝对可积的,故积分次序可交换),有

$$\frac{1}{2\pi}\int_{\infty}^{\infty} e^{-i\omega x}\mathrm{d}x\int_{\infty}^{\infty} f_1(\xi)f_2(x-\xi)\mathrm{d}\xi = \frac{1}{2\pi}\int_{\infty}^{\infty} f_1(\xi)\mathrm{d}\xi\int_{\infty}^{\infty} f_2(x-\xi)e^{-i\omega x}\mathrm{d}x$$

令 $x - \xi = t, \mathrm{d}x = \mathrm{d}t$, 上式成为

$$\frac{1}{2\pi}\int_{\infty}^{\infty} f_1(\xi)\mathrm{d}\xi\int_{\infty}^{\infty} f_2(t)e^{-i(\xi+t)\omega}\mathrm{d}t = 2\pi\left[\frac{1}{2\pi}\int_{\infty}^{\infty} f_1(\xi)e^{-i\omega\xi}\mathrm{d}\xi\,\frac{1}{2\pi}\int_{\infty}^{\infty} f_2(t)e^{-i\omega t}\mathrm{d}t\right]$$

$= 2\pi F_1(\omega)\cdot F_2(\omega)$

得证。

8. 证明:

$$F^{-1}[e^{-a^2\omega^2 t}] = \frac{1}{2\pi}\int_{\infty}^{\infty} e^{-a^2\omega^2 t}e^{i\omega x}\mathrm{d}\omega = \frac{1}{2\pi}\int_{\infty}^{\infty} e^{-a^2\omega^2 t}(\cos\omega x + i\sin\omega x)\mathrm{d}\omega$$

$$= \frac{1}{2\pi}\int_{\infty}^{\infty} e^{-a^2\omega^2 t}\cos\omega x\mathrm{d}\omega = \frac{1}{2a\sqrt{\pi t}}e^{-\frac{x2}{4a2t}}$$

9. $u(x,y) = \dfrac{y}{\pi}\displaystyle\int_{\infty}^{\infty} \dfrac{f(\xi)}{(x-\xi)^2 + y^2}\mathrm{d}\xi$

10. $u(x,t) = \dfrac{1}{2}[\varphi(x+t) + \varphi(x-t)] + \dfrac{1}{2}\displaystyle\int_{x-t}^{x+t} \psi(\xi)\mathrm{d}\xi$

11. 解:作 Laplace 变换:根据 $L[f'(t)] = pL[f(t)] - f(0)$

$$L\left[\frac{\partial}{\partial y}\left(\frac{\partial u}{\partial x}\right)\right] = pL\left(\frac{\partial u}{\partial x}\right) - \left.\frac{\partial u}{\partial x}\right|_{y=0} = L[1] = \frac{1}{p}$$

因为$\left.\dfrac{\partial u}{\partial x}\right|_{y=0} = 0$　　所以 $pL\left(\dfrac{\partial u}{\partial x}\right) = \dfrac{1}{p}$ 即 $p\cdot\dfrac{\partial u}{\partial x} = \dfrac{1}{p} \Rightarrow \dfrac{\partial u}{\partial x} = \dfrac{1}{p^2}$　　(1)

对 $u\Big|_{x=0}=y+1$,作 Laplace 变换有

$$u(x,p)\mid_{x=0}=\frac{1}{p^2}+\frac{1}{p} \tag{2}$$

由(1)得到 $$u=\frac{x}{p^2}+g(p)$$

由(2)得到 $$g(p)=\frac{2}{p^2}+\frac{1}{p}$$

因此 $u(x,p)=\frac{x}{p^2}+\frac{1}{p^2}+\frac{1}{p}$,再对 $u(x,p)$ 作逆 Laplace 变换得到

$$u(x,y)=xy+y+1$$

12. 解:设 $u(x,t)\leftrightarrow\bar{u}(x,p)$,则定解问题变为

$$\begin{cases}-\dfrac{p}{a^2}\bar{u}=-\dfrac{u_0}{a^2} & (0<x<1)\\ \bar{u}_x\Big|_{x=0}=0, \quad \bar{u}_x\Big|_{x=1}=\dfrac{u_1}{p}\end{cases}$$

这方程的通解是

$$\bar{u}(x,p)=\frac{u_0}{p}+C_1\mathrm{sh}\frac{\sqrt{p}}{a}x+C_2\mathrm{ch}\frac{\sqrt{p}}{a}x$$

而满足边界条件的特解则是

$$\bar{u}(x,p)=\frac{u_0}{p}+\frac{u_1-u_0}{p}\frac{\mathrm{sh}\dfrac{\sqrt{p}}{a}}{\mathrm{ch}\dfrac{\sqrt{p}}{a}}$$

现用展开定理求其原函数,为此注意到上式右端第二项是 p 的单值函数,而且它的奇点 $p=0$ 和 $p=p_n=-\left[\frac{(2n-1)\pi a}{21}\right]^2 \quad (n=1,2,3,\cdots)$ 全为单极点,所以

$$u(x,t)=u_0+\mathrm{Res}\left[\frac{(u_1-u_0)\mathrm{ch}\dfrac{x\sqrt{p}}{a}}{p\mathrm{ch}\dfrac{1\sqrt{p}}{a}}e^{pt}\right]_{p=0}+\sum_{n=1}^{\infty}\mathrm{Res}\left[\frac{(u_1-u_0)\mathrm{ch}\dfrac{x\sqrt{p}}{a}}{p\mathrm{ch}\dfrac{1\sqrt{p}}{a}}e^{pt}\right]_{p=p_n}$$

$$=u_0+\frac{4(u_1-u_0)}{\pi}\sum_{n=1}^{\infty}(-1)^n\frac{1}{2n-1}\cos\frac{(2n-1)\pi x}{21}e^{-\left[\frac{(2n-1)\pi a}{21}\right]^2t}$$

13. 提示:用 Laplace 变换法求解,结果是

$$u(x,t)=u_0\mathrm{erfc}\left(\frac{x}{2a\sqrt{t}}\right)=u_0\left[1-\mathrm{erf}\frac{x}{2a\sqrt{t}}\right]$$

其中 $\mathrm{erfc}(x)=\frac{2}{\sqrt{\pi}}\int_x^{\infty}e^{-u^2}\mathrm{d}u$ 称为与误差函数,而 $\mathrm{erf}(x)=\frac{2}{\sqrt{\pi}}\int_0^{x}e^{-\xi^2}\mathrm{d}\xi$ 称为误差函数。

14. 提示:用 Laplace 变换法求解,结果是

$$u(x,t)=\frac{aA\omega}{E}\left[\frac{\sin\frac{\omega x}{a}\sin\omega t}{\omega^2\cos\frac{\omega x}{a}}-\frac{16l^2}{\pi}\sum_{n=1}^{\infty}(-1)^n\frac{\sin\frac{(2n-1)a\pi t}{2l}\sin\frac{(2n-1)\pi t}{2l}}{(2n-1)[4\omega^2l^2-(2n-1)a^2\pi^2]}\right]$$

习 题 7

1. 解:平面第一边值问题的 Green 函数满足定解问题

$$\begin{cases}\nabla^2G(M_1M_0)=\delta(x-x_0)\delta(y-y_0)\\ G\Big|_{y=0}=0\end{cases}$$

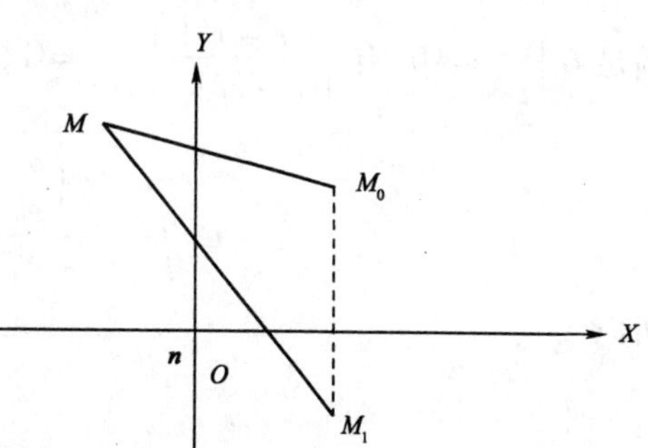

习图 7.1

其解为

$$G(M_1,M_0)=\frac{1}{2\pi}\left[-\ln\frac{1}{|\boldsymbol{r}-\boldsymbol{r}_0|}+\ln\frac{1}{|\boldsymbol{r}-\boldsymbol{r}_1|}\right]$$

式中$\boldsymbol{r}$、$\boldsymbol{r}_0$ 和$\boldsymbol{r}_1$是点$M(x,y)$， $M_0(x,y)$和$M_1(x,y)$的矢径,且M_1是M_0关于平面$y=0$的"电像"。由习图 7.1 知道:

$$|\boldsymbol{r}-\boldsymbol{r}_0|=\sqrt{(x-x_0)^2+(y-y_0)^2}$$

$$|\boldsymbol{r}-\boldsymbol{r}_1|=\sqrt{(x-x_0)^2+(y+y_0)^2}$$

所以

$$\frac{\partial G}{\partial n}\Big|_{\Sigma}=-\frac{\partial G}{\partial y}\Big|_{y=0}=-\frac{1}{2\pi}\left[\frac{y-y_0}{(x-x_0)^2+(y-y_0)^2}-\frac{y+y_0}{(x-x_0)^2+(y+y_0)^2}\right]_{y=0}$$

$$=\frac{1}{\pi}\frac{y_0}{(x-x_0)^2+y_0^2}$$

代入解的积分公式,得到

$$u(x_0,y_0)=\frac{y_0}{\pi}\int_{-\infty}^{\infty}\frac{f(x)}{(x-x_0)^2+y_0^2}\mathrm{d}x$$

2. $u(M)=\dfrac{1}{2\pi}\iint f(x_0,y_0)\dfrac{z}{[(x-x_0)^2+(y-y_0)^2+z]^{\frac{3}{2}}}\mathrm{d}x_0\mathrm{d}y_0$

3. 证明:(1) 作为静电学问题考虑,该定解问题表明,在圆$\rho=a$内点M_0处有一电量为ε_0的电荷(如习图7.2所示)。它所生成的电势$-\dfrac{1}{2\pi}\ln\dfrac{a}{|r-r_0|}+C_1$,其中$C_1$是任意常数。虽已满足此方程,但并不满足齐次边界条件。为了满足此齐次边界条件,在点M_0关于圆$\rho=a$的对称点$M_1(\rho_0')=\dfrac{a^2}{\rho^2}\rho_0$处再放置一个电量为$-\varepsilon_0$的点电荷,它所生成的电势是$-\dfrac{1}{2\pi}\ln\dfrac{a}{|r-r_1|}+C_2$,其中$C_2$是任意常数)。由

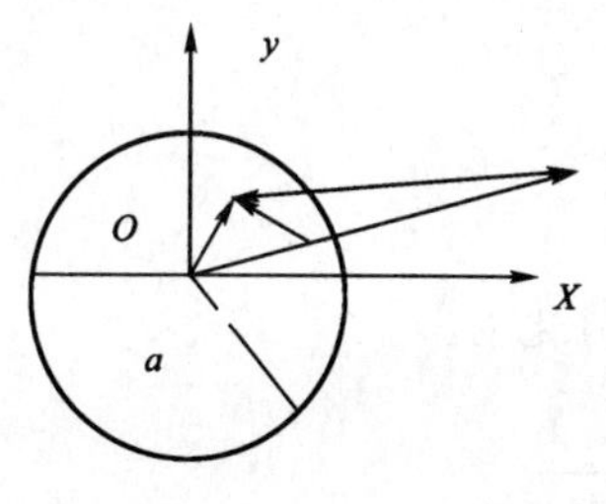

习图 7.2

于点 M_1 在圆之外,所以有

$$\nabla^2\left(-\frac{1}{2\pi}\ln\frac{a}{|r-r'|}+C_2\right)=0(\rho<a) \tag{1}$$

因此, $G(x,y,x_0,y_0)=-\dfrac{1}{2\pi}\ln\dfrac{1}{|r-r_0|}+\dfrac{1}{2\pi}\ln\dfrac{1}{|r-r_1|}+\dfrac{1}{2\pi}\ln\dfrac{a}{\rho}$

$$G(M,M_0)=-\frac{1}{2\pi}\ln\frac{1}{|r-r_0|}+\frac{1}{2\pi}\ln\frac{1}{|r-r_1|}+\frac{1}{2\pi}\ln C \tag{2}$$

其中 C 是待定常数,它与 C_1、C_2 有关。仍满足原定解问题中的方程。现在适当选取 C,使式(2)满足 $G\Big|_{\rho=a}=0$,有 $\dfrac{C|r-r'|}{|r-r_1'|}\Big|_{\rho=a}=1$,即

$$C\sqrt{\frac{a^2+\left(\frac{a^2}{\rho_0}\right)^2-2\frac{a^3}{\rho_0\cos(\varphi-\varphi_0)}}{a^2+\rho_0^2-2a\rho_0\cos(\varphi-\varphi_0)}}=1$$

所以

$$C=\frac{\rho_0}{a}$$

于是

$$G(x,y,x_0,y_0)=-\frac{1}{2\pi}\ln\frac{1}{|r-r_0|}+\frac{1}{2\pi}\ln\frac{1}{|r-r_1|}+\frac{1}{2\pi}\ln\frac{a}{\rho}$$

(2) 这种在平面上在点 M_0 关于圆 $\rho=a$ 的对称点 M_1 处再放置一等量异号电荷(现在电量为 $\pm\varepsilon_0$,ε_0 是真空介电常数)使得由这两个点电荷所构成的系统在圆内与原问题等效的方法,称为电象法。

由题意可得该二维问题的解为

$$\begin{aligned}
u(\rho,\varphi)&=-\oint_{\rho_0=a}f(\varphi_0)\frac{\partial}{\partial\rho_0}G(\rho,\rho_0)\,\mathrm{d}l_0\\
&=-\frac{1}{2\pi}\int_0^{2\pi}f(\varphi_0)\left[\frac{\partial}{\partial\rho_0}\ln\frac{\rho_0|r-r_1|}{a|r-r_0|}\right]\Bigg|_{\rho_0=a}a\,\mathrm{d}\varphi_0\\
&=-\frac{1}{2\pi}\int_0^{2\pi}f(\varphi_0)\left\{\frac{\partial}{\partial\rho_0}\left[\ln\frac{\rho_0}{a}+\ln\sqrt{\rho^2+\left(\frac{a^2}{\rho_0}\right)^2-2\frac{a^2}{\rho_0}\rho\cos(\varphi-\varphi_0)}\right.\right.\\
&\quad\left.\left.-\ln\sqrt{\rho^2+\rho_0^2-2\rho_0\rho\cos(\varphi-\varphi_0)}\right]\right\}\Bigg|_{\rho_0=a}\mathrm{d}\varphi_0\\
&=\frac{a^2-\rho^2}{2\pi}\int_0^{2\pi}\frac{f(\varphi_0)}{a^2-2a\rho_0\cos(\varphi-\varphi_0)+\rho_0^2}\mathrm{d}\varphi_0
\end{aligned}$$

(3) 解:令 $\dfrac{\rho_0}{a}=\varepsilon,(0<\varepsilon<1)$,$\cos\varphi=\dfrac{1}{2}\left(z+\dfrac{1}{z}\right)$,$z=e^{i\varphi}$

$\cos(\varphi-\varphi_0)=\dfrac{1}{2}(e^{-i\varphi_0}z+e^{i\varphi_0})$,$\mathrm{d}\varphi=\dfrac{\mathrm{d}z}{iz}$,代入(2)的结果将积分化为

$$I=\frac{-1}{2\pi}\oint_{|z|=1}\frac{(1+z^2)\mathrm{d}z}{[e^{-i\varphi_0}\varepsilon z^2-(1+\varepsilon)^2z+\varepsilon e^{i\varphi_0}]z}$$

利用留数定理可得

$$I = \frac{2\pi\varepsilon}{1-\varepsilon^2}\cos\varphi_0$$

从而

$$u(\rho_0,\varphi_0) = \frac{A\rho_0}{a}\cos\varphi_0$$

4. $u(x_0,y_0) = \frac{1}{2\pi}\int f(y)\left[\frac{2x_0}{x^2+(y-y_0)^2} - \frac{2x_0}{x^2+(y+y_0)^2}\right]\mathrm{d}y$

5. $u(x,y) = \frac{1}{4\pi}\int_0^{\infty}\int_{\infty}^{\infty} f(x_0,y_0)\ln\left(\frac{(x_0-x)^2+(y_0+y)^2}{(x_0-x)^2+(y_0-y)^2}\right)\mathrm{d}x_0\mathrm{d}y_0$

$$+\frac{y}{\pi}\int_{\infty}^{\infty}\frac{\varphi(x_0)}{(x-x_0)^2+{y_0}^2}\mathrm{d}x_0$$

附录 A　正交曲线坐标系中的 Laplace 算符

在许多数学物理方程中都出现 Laplace 算符,它在直角坐标系中的形式是

$$\nabla^2 = \frac{\partial^2}{\partial x^2} + \frac{\partial^2}{\partial y^2} + \frac{\partial^2}{\partial z^2}$$

在采用正交曲线坐标系求解定解问题时,需要把 Laplace 算符在相应的正交曲线坐标系中表示出来。在正文第 1 章中,我们列出了它在平面极坐标系(ρ,φ)、圆柱坐标系(ρ,φ,z) 和球坐标系(r,θ,φ) 中的表达式,在这里我们给出这些公式的推导。

设有空间曲线坐标系$\{q_1,q_2,q_3\}$,$\boldsymbol{e}_1,\boldsymbol{e}_2,\boldsymbol{e}_3$ 分别为沿 q_1,q_2,q_3 切线方向的单位矢量,若有关系

$$\boldsymbol{e}_i \cdot \boldsymbol{e}_j = \begin{cases} 1 & (i = j) \\ 0 & (i \neq j) \end{cases} \qquad (i、j = 1,2,3)$$

则称$\{q_1,q_2,q_3\}$ 为正交曲线坐标系。设正交曲线坐标系$\{q_1,q_2,q_3\}$ 与直角坐标系$\{x,y,z\}$ 的关系是:

$$x = x(q_1,q_2,q_3),\ y = y(q_1,q_2,q_3),\ z = z(q_1,q_2,q_3)$$

当空间两点有相同的坐标 q_2 和 q_3,而另一个坐标 q_1 相差微元 $\mathrm{d}q_1$ 时,两点间的距离为

$$\begin{aligned} \mathrm{d}s_1 &= \sqrt{(\mathrm{d}x)^2 + (\mathrm{d}y)^2 + (\mathrm{d}z)^2} \\ &= \sqrt{\left(\frac{\partial x}{\partial q_1}\mathrm{d}q_1 + \frac{\partial x}{\partial q_2}\mathrm{d}q_2 + \frac{\partial x}{\partial q_2}\mathrm{d}q_3\right)^2 + \left(\frac{\partial y}{\partial q_1}\mathrm{d}q_1 + \frac{\partial y}{\partial q_2}\mathrm{d}q_2 + \frac{\partial y}{\partial q_2}\mathrm{d}q_3\right)^2 + \left(\frac{\partial z}{\partial q_1}\mathrm{d}q_1 + \frac{\partial z}{\partial q_2}\mathrm{d}q_2 + \frac{\partial z}{\partial q_2}\mathrm{d}q_3\right)^2} \\ &= \sqrt{\left(\frac{\partial x}{\partial q_1}\right)^2 + \left(\frac{\partial y}{\partial q_1}\right)^2 + \left(\frac{\partial z}{\partial q_1}\right)^2}\,dq_1 \\ &\xlongequal{\text{记为}} h_1\mathrm{d}q_1 \end{aligned}$$

$\mathrm{d}s_1$ 称为坐标曲线 q_1 的弧微分。同理,在有增量 $\mathrm{d}q_2$ 发生,而 q_1,q_3 坐标不变时,坐标曲线 q_2 的弧微分为

$$\mathrm{d}s_2 = \sqrt{\left(\frac{\partial x}{\partial q_2}\right)^2 + \left(\frac{\partial y}{\partial q_2}\right)^2 + \left(\frac{\partial z}{\partial q_2}\right)^2}\,\mathrm{d}q_2 = h_2\mathrm{d}q_2$$

显然,q_3 的弧微分为

$$\mathrm{d}s_3 = \sqrt{\left(\frac{\partial x}{\partial q_3}\right)^2 + \left(\frac{\partial y}{\partial q_3}\right)^2 + \left(\frac{\partial z}{\partial q_3}\right)^2}\,\mathrm{d}q_3 = h_3\mathrm{d}q_3$$

其中

$$h_i = \sqrt{\left(\frac{\partial x}{\partial q_i}\right)^2 + \left(\frac{\partial y}{\partial q_i}\right)^2 + \left(\frac{\partial z}{\partial q_i}\right)^2}, \quad (i = 1,2,3)$$

称为度规系数。

由定义，标量函数 $u = u(q_1, q_2, q_3)$ 的梯度在 q_1, q_2, q_3 增长方向上的分量分别等于 u 在这些方向上的变化率，即

$$(\text{grad}u)_1 = \lim_{\Delta s_1 \to 0} \frac{\Delta u}{\Delta s_1} = \lim_{\Delta s_1 \to 0} \frac{\Delta u}{h_1 \Delta q_1} = \frac{1}{h_1} \frac{\partial u}{\partial q_1}$$

同理有

$$(\text{grad}u)_2 = \frac{1}{h_2} \frac{\partial u}{\partial q_2}, (\text{grad}u)_3 = \frac{1}{h_3} \frac{\partial u}{\partial q_3}$$

于是，函数 u 的梯度为

$$\begin{aligned} \text{grad}u &= [(\text{grad}u)_1 \boldsymbol{e}_1 + (\text{grad}u)_2 \boldsymbol{e}_2 + (\text{grad}u)_3 \boldsymbol{e}_3] \\ &= \left\{\frac{1}{h_1} \frac{\partial u}{\partial q_1} + \frac{1}{h_2} \frac{\partial u}{\partial q_2} + \frac{1}{h_3} \frac{\partial u}{\partial q_3}\right\} \\ &\overset{\text{记为}}{=\!=} \left(\frac{1}{h_1} \frac{\partial}{\partial q_1} \boldsymbol{e}_1 + \frac{1}{h_2} \frac{\partial}{\partial q_2} \boldsymbol{e}_2 + \frac{1}{h_3} \frac{\partial}{\partial q_3} \boldsymbol{e}_3\right) u \\ &\overset{\text{记为}}{=\!=} \nabla u \end{aligned}$$

其中

$$\nabla = \frac{1}{h_1} \frac{\partial}{\partial q_1} \boldsymbol{e}_1 + \frac{1}{h_2} \frac{\partial}{\partial q_2} \boldsymbol{e}_2 + \frac{1}{h_3} \frac{\partial}{\partial q_3} \boldsymbol{e}_3$$

称为 Hamilton 算子在正交曲线坐标系 $\{q_1, q_2, q_3\}$ 下的表达式。

再看矢量函数 $\boldsymbol{A}\{a_1, a_2, a_3\}$ 的散度在正交曲线坐标系中的表达式。在矢量场 $\boldsymbol{A}\{a_1, a_2, a_3\}$ 的定义的区域 G 内，取一个由正交曲线坐标面 $q_1, q_1 + \mathrm{d}q_1, q_2, q_2 + \mathrm{d}q_2, q_3, q_3 + \mathrm{d}q_3$ 围成的六面体元（如附图 A.1）矢量场 $\boldsymbol{A}\{a_1, a_2, a_3\}$ 通过前后两个面的净流量为

$$\begin{aligned} \boldsymbol{\Phi}_1 &= a_1 \mathrm{d}\sigma_{q_1} = a_1 \boldsymbol{\sigma}|_{q_1 + \mathrm{d}q_1} - a_1 \boldsymbol{\sigma}|_{q_1} = a_1 h_2 \mathrm{d}q_2 \cdot h_3 \mathrm{d}q_3|_{q_1 + \mathrm{d}q_1} - a_1 h_2 \mathrm{d}q_2 \cdot h_3 \mathrm{d}q_3|_{q_1} \\ &= a_1 (h_2 \cdot h_3|_{q_1 + \mathrm{d}q_1} - a_1 h_2 \cdot h_3|_{q_1}) \mathrm{d}q_2 \mathrm{d}q_3 = \frac{\partial(a_1 h_2 h_3)}{\partial q_1} \mathrm{d}q_1 \mathrm{d}q_2 \mathrm{d}q_3 \end{aligned}$$

矢量场 $\boldsymbol{A}\{a_1, a_2, a_3\}$ 通过左右两个面的净流量为

$$a_2 \mathrm{d}\sigma_{q_2} = a_2 \boldsymbol{\sigma}|_{q_2 + \mathrm{d}q_2} - a_2 \boldsymbol{\sigma}|_{q_2} = \frac{\partial(a_2 h_1 h_3)}{\partial q_2} \mathrm{d}q_1 \mathrm{d}q_2 \mathrm{d}q_3$$

通过上下两个面的净流量为

$$a_3 \mathrm{d}\sigma_{q_3} = a_3 \boldsymbol{\sigma}|_{q_3 + \mathrm{d}q_3} - a_3 \boldsymbol{\sigma}|_{q_3} = \frac{\partial(a_3 h_1 h_2)}{\partial q_3} \mathrm{d}q_1 \mathrm{d}q_2 \mathrm{d}q_3$$

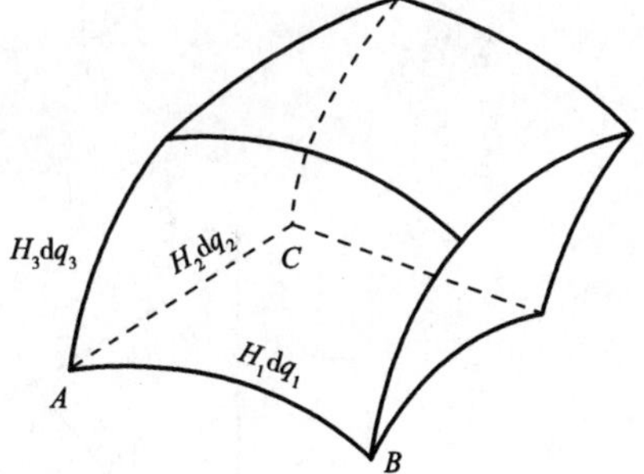

附图 A.1

于是通过微元的总流量为

$$\mathrm{d}Q = \boldsymbol{a} \cdot \mathrm{d}\boldsymbol{\sigma} = (a_1 \mathrm{d}\sigma_{q_1} + a_2 \mathrm{d}\sigma_{q_2} + a_3 \mathrm{d}\sigma_{q_3}),$$

由定义矢量场 $\boldsymbol{A}\{a_1, a_2, a_3\}$ 的散度为

$$\begin{aligned} \text{div}\boldsymbol{a} = \frac{\mathrm{d}Q}{\mathrm{d}v} &= \frac{\left[\frac{\partial(a_1 h_2 h_3)}{\partial q_1} + \frac{\partial(a_2 h_1 h_3)}{\partial q_2} + \frac{\partial(a_3 h_2 h_1)}{\partial q_3}\right] \mathrm{d}q_1 \mathrm{d}q_2 \mathrm{d}q_3}{h_1 h_2 h_3 \mathrm{d}q_1 \mathrm{d}q_2 \mathrm{d}q_3} \\ &= \frac{1}{h_1 h_2 h_3} \left[\frac{\partial(a_1 h_2 h_3)}{\partial q_1} + \frac{\partial(a_2 h_1 h_3)}{\partial q_2} + \frac{\partial(a_3 h_2 h_1)}{\partial q_3}\right] \end{aligned}$$

Laplace 算符作用于标量函数 $u(q_1, q_2, q_3)$ 不过是该标量函数的梯度 ∇u 的散度，即

$$\nabla^2 u = \nabla \cdot (\nabla u) = \frac{1}{h_1 h_2 h_3} \left[\frac{\partial}{\partial q_1}\left(\frac{h_2 h_3}{h_1} \frac{\partial u}{\partial q_1}\right) + \frac{\partial}{\partial q_2}\left(\frac{h_3 h_1}{h_2} \frac{\partial u}{\partial q_2}\right) + \frac{\partial}{\partial q_3}\left(\frac{h_1 h_2}{h_3} \frac{\partial u}{\partial q_3}\right)\right]$$

对于柱坐标系(附图 A.2)$x = p\cos\varphi, y = p\sin\varphi, y = y$,很容易算出其度规系数

$$h_1 = 1, h_2 = p, h_3 = 1$$

所以有

$$\nabla^2_{柱} = \frac{1}{\rho}\frac{\partial}{\partial\rho}\left(\rho\frac{\partial}{\partial\rho}\right) + \frac{1}{\rho^2}\frac{\partial^2}{\partial\varphi^2} + \frac{\partial^2}{\partial z^2}$$

对于球坐标系(附图 A.3),因为

$$x = r\sin\theta cos\varphi, y = r\sin\theta\sin\varphi, z = \gamma\cos\theta$$

所以度规系数为

$$h_1 = 1, h_2 = r, h_3 = r\sin\theta$$

因此为

$$\nabla^2_{球} = \frac{1}{r^2}\frac{\partial}{\partial r}\left(r^2\frac{\partial}{\partial r}\right) + \frac{1}{r^2\sin\theta}\frac{\partial}{\partial\theta}\left(\sin\theta\frac{\partial}{\partial\theta}\right) + \frac{1}{r^2\sin\theta}\frac{\partial^2}{\partial\varphi^2}$$

虽然在平面极坐标系下有

$$\nabla^2_{=} \frac{1}{\rho}\frac{\partial}{\partial\rho}\left(\rho\frac{\partial}{\partial\rho}\right) + \frac{1}{\rho^2}\frac{\partial^2}{\partial\varphi^2} = \frac{\partial^2 u}{\partial\rho^2} + \frac{1}{\rho}\frac{\partial u}{\partial\rho} + \frac{1}{\rho^2}\frac{\partial^2}{\partial\varphi^2}$$

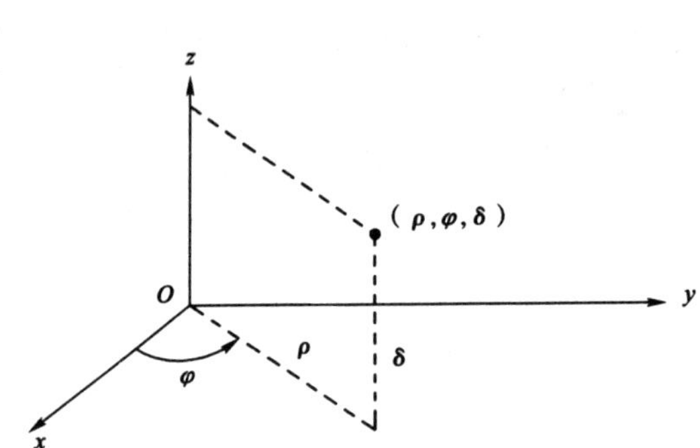

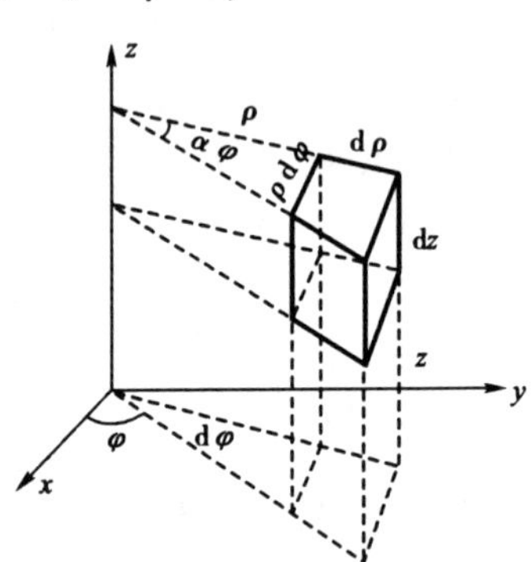

附图 A.2

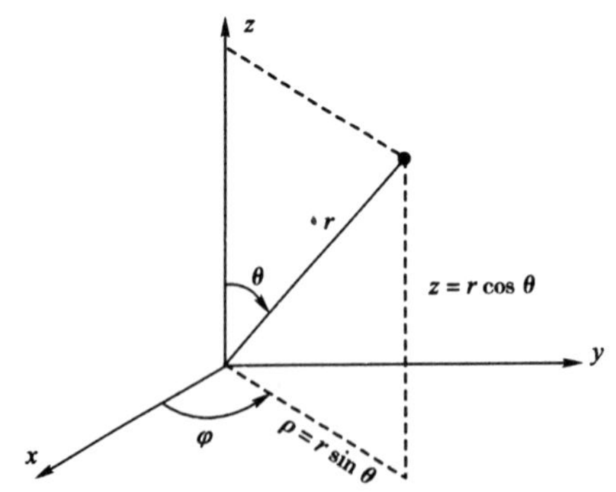

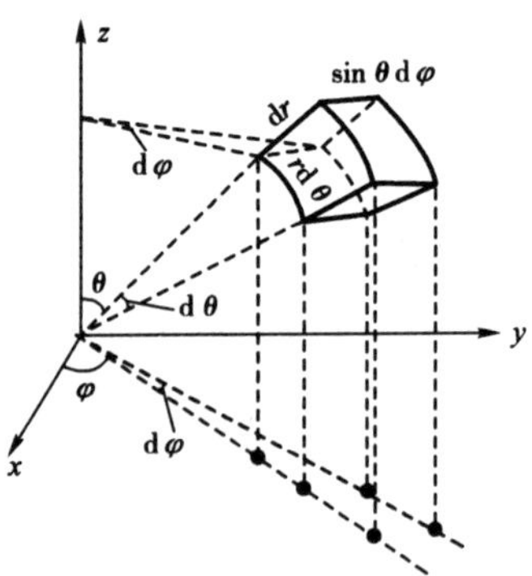

附图 A.3

附录B　Γ函数的定义和基本性质

1. 定义

Γ 函数的通常定义是

$$\Gamma(x)=\int_0^\infty e^{-t}t^{z-1}\mathrm{d}t,\quad (\mathrm{Re}z=x>0) \tag{1}$$

$\mathrm{Re}z=x>0$ 是这个积分收敛的条件。由于被积函数中的因子 t^{z-1} 一般是多值的(当 z 不是整数时),所以应规定其单值分支。通常规定 $\arg t>0$,即 t 在正实轴上。这样当 $t>0$ 时,$t^{z-1}=e^{(z-1)\ln t}$ 中对数 lnt 就取实数值。定义式(1) 中的积分也称为第二类 Euler 积分。

可以证明(1) 式在右半平面 $\mathrm{Re}z>0$ 上代表一个解析函数,在左半平面积分不存在。

2. 性质

Γ 函数有如下性质

(1)$\Gamma(1)=1$

(2) 有递推关系 $\Gamma(z+1)=z\Gamma(z)$,它的特例是

$$\Gamma(n+1)=n!\ (\text{当 } n \text{ 为0或正整数时})。$$

(3)$z\Gamma(z)\Gamma(z-1)=\dfrac{\pi}{\sin\pi z}$

(4)$\Gamma\left(\dfrac{1}{2}\right)=\sqrt{\pi}$

(5)Γ 函数的对数导数为

$$\psi(x)=\frac{\Gamma'(x)}{\Gamma(x)}=-C-\frac{1}{z}+\sum_{n=1}^{\infty}\left(\frac{1}{n}-\frac{1}{n+z}\right)$$

它的一个特例是 $z=m$(整数),此时有

$$\frac{\Gamma'(x)}{\Gamma(x)}=\left(1+\frac{1}{2}+\frac{1}{3}+\cdots+\frac{1}{m-1}\right)-C=-C+\sum_{k=1}^{m-1}\frac{1}{k}$$

其中 C 为 Euler 常数。

(6) 倍乘公式

$$\Gamma(2z)=2^{2z-1}\pi^{-1/2}\Gamma(z)\Gamma\left(z+\frac{1}{2}\right)$$

参考文献

[1] 梁昆淼. 数学物理方法. 第2版. 北京:高等教育出版社,1996.

[2] 谷超豪,李大潜等. 数学物理方法. 第2版. 北京:高等教育出版社,2002年.

[3] 南京工学院数学教研组. 数学物理方法与特殊函数. 第2版. 北京:高等教育出版社,1998.

[4] 姚端正,梁家宝. 数学物理方法. 武昌:武汉大学出版社,1997.

[5] 徐效海. 数学物理方法引论. 南京:南京大学出版社,1999.

[6] 王竹溪,郭敦仁. 特殊函数概论. 北京:北京大学出版社,2000.

[7] A. H. 吉洪诺夫,A. A, 萨马尔斯基,黄克欧等译. 数学物理方程. 北京:高等教育出版社,1959.

[8] A. H. 萨波洛夫斯基,魏执权等译. 特殊函数 . 北京:中国工业出版社出版,1966年.

[9] R. Courant and D. Hillbert, Methods for mathematical physics, Part I and Part II, Mc Graw - Hill, New York, 1953, 1962.

[10] M. R. 施皮格尔著. 于骏民等译. 数学物理方法概论. 上海:上海科技出版社,1981.

[11] 彭芳麟. 数学物理方程的MATLAB解法与可视化. 北京:清华大学出版社,2004.

[12] C. Henry Edwards and David E. Penney, Differential Equations and Boundary Value Problems-Computing and Modeling, 3E. (影印本)北京:清华大学出版社,2004.

[13] Ernic Kamerich著. 唐兢,李静译. Maple指南. 北京:高等教育出版社,2000.